计算机辅助设计案例课堂

AutoCAD 2014 中文版机械设计案例课堂

张云杰　张云静　编著

清华大学出版社

北京

内 容 简 介

在工程应用中，特别是机械行业，CAD 得到了广泛的应用。无论是 CAD 的系统用户，还是其他的计算机使用者，都可能会因 AutoCAD 的诞生与发展而受益匪浅。全书共 15 章，从实用的角度介绍了 AutoCAD 2014 的使用方法，主要包括基本操作和绘图；编辑修改图形、层和块操作；文字操作；表格和打印输出，以及三维绘图方法等内容。另外，本书还配备了交互式多媒体教学光盘，将案例操作过程制作成了多媒体视频课堂进行讲解，更加便于读者学习使用。

本书内容通俗易懂、语言规范、实用性强，并配有详细的教学视频，特别适合初、中级读者学习使用，既可作为广大读者学习掌握 AutoCAD 2014 中文版的自学参考书，也可作为大专院校计算机辅助设计课程的指导教材。

本书封面贴有清华大学出版社防伪标签，无标签者不得销售。

版权所有，侵权必究。侵权举报电话：010-62782989　13701121933

图书在版编目(CIP)数据

AutoCAD 2014 中文版机械设计案例课堂/张云杰，张云静编著. --北京：清华大学出版社，2015
(计算机辅助设计案例课堂)
ISBN 978-7-302-39721-2

Ⅰ. ①A… Ⅱ. ①张… ②张… Ⅲ. ①机械设计—计算机辅助设计—AutoCAD 软件 Ⅳ. ①TH122

中国版本图书馆 CIP 数据核字(2015)第 065972 号

责任编辑：张彦青
装帧设计：杨玉兰
责任校对：马素伟
责任印制：王静怡
出版发行：清华大学出版社
　　　　网　　　址：http://www.tup.com.cn, http://www.wqbook.com
　　　　地　　　址：北京清华大学学研大厦 A 座　　邮　　编：100084
　　　　社 总 机：010-62770175　　　　　　　邮　　购：010-62786544
　　　　投稿与读者服务：010-62776969, c-service@tup.tsinghua.edu.cn
　　　　质量反馈：010-62772015, zhiliang@tup.tsinghua.edu.cn
印 刷 者：北京富博印刷有限公司
装 订 者：北京市密云县京文制本装订厂
经　　销：全国新华书店
开　　本：190mm×260mm　　印　张：26　　字　数：633 千字
　　　　　(附 DVD 1 张)
版　　次：2015 年 6 月第 1 版　　　印　次：2015 年 6 月第 1 次印刷
印　　数：1～3000
定　　价：56.00 元

产品编号：058382-01

计算机辅助设计(Computer Aided Design，CAD)是一种通过计算机来辅助人们进行产品或是工程设计的技术，作为计算机的一种重要应用，CAD 可加快产品的开发、提高生产质量与效率、降低生产成本。因此，在工程应用中，特别是机械行业，CAD 得到了广泛的应用。AutoCAD 作为一种图形化的 CAD 软件设计，其应用程度之广泛已经远远超过其他用途的软件。而 AutoCAD 2014 中文版更是集图形处理之大成，代表了当今 CAD 软件的最新潮流和技术巅峰，也成为机械设计领域 CAD 绘图方面的一大得力助手。

为了使广大用户能尽快掌握用 AutoCAD 2014 进行机械设计和绘图的方法，快速优质地设计绘制机械图纸，笔者编写了本书。本书主要介绍 AutoCAD 2014 软件在机械设计方面的应用，讲解了利用 AutoCAD 2014 软件进行机械设计绘图的多种方法和实用技巧。全书共分 15 章，分别从绘图设置、层管理、绘制平面图形、编辑平面图形、文字操作、尺寸标注、绘制常用件和标准件、绘制零件图、绘制装配图、绘制三维机械零件等诸方面，循序渐进地讲解了用 AutoCAD 2014 绘制机械图的操作方法，并通过将专业设计元素和理念多方位融入设计范例，使全书更加实用和专业。

笔者的 CAX 设计教研室拥有多年使用 AutoCAD 进行机械设计的经验，在编写本书时，力求遵循"完整、准确、全面"的编写方针，在实例的选择上，注重了实例的实战性和教学性相结合，同时融合了多年设计的经验技巧，相信读者能从中学到不少有用的设计知识。总的来说，不论是学习使用 AutoCAD 的制图人员，还是有一定经验的机械设计人员，都能从本书中受益。

本书配备了交互式多媒体教学光盘，将案例操作过程制作成了多媒体视频课堂进行讲解，形式活泼、方便实用，便于读者学习使用。同时光盘中还提供了所有实例的源文件，按章节放置，以便读者练习使用。关于多媒体教学光盘的使用方法，读者可以参看光盘根目录下的光盘说明。另外，本书还提供了网络的免费技术支持，欢迎大家登录云杰漫步多媒体科技的网上技术论坛进行交流：http://www.yunjiework.com/bbs。

本书由张云杰、张云静编著，参加编写工作的人员还有郝利剑、杨飞、尚蕾、刁晓永、靳翔、贺安、董闯、宋志刚、李海霞、贺秀亭、焦淑娟、彭勇、周益斌、杨婷、马永健等，书中的设计实例均由云杰漫步多媒体科技公司 CAX 设计教研室设计制作，这里要感谢云杰漫步多媒体科技公司在多媒体光盘技术上所提供的支持，同时要感谢清华大学出版社的编辑和老师们的大力协助。

　　由于编写人员的水平有限，书中难免有不足之处，望广大读者不吝赐教，对书中的不足之处给予指正。

编　者

目录
Contents

目录
Contents

目录
Contents

目录
Contents

目录
Contents

第 1 章

绘制平面图形

　　任何图形都是由一些基本的图形元素组成的，如圆、直线和多边形等，而绘制这些基本图形是绘制复杂图形的基础。本章的目标就是使读者学会如何绘制一些基本图形，并掌握一些基本的绘图技巧，为本书后面的绘图学习奠定坚实的基础。

1.1 坐 标 系

为了说明质点的位置运动的快慢、方向等，必须选择参照系。在参照系中，为确定空间一个点的位置，按规定方法选取的一组有次序的数据，叫作坐标。

1.1.1 坐标系的分类

AutoCAD 中的坐标系按定制对象的不同，可分为世界坐标系(WCS)和用户坐标系(UCS)。

1. 世界坐标系

根据笛卡儿坐标系的习惯，沿 X 轴正方向向右为水平距离增加的方向，沿 Y 轴正方向向上为竖直距离增加的方向，垂直于 XY 平面，沿 Z 轴正方向从所视方向向外为距离增加的方向。这一套坐标轴确定了世界坐标系(World Coordinate System，WCS)。该坐标系的特点：它总是存在于一个设计图形之中，并且不可更改。

2. 用户坐标系

相对于 WCS，可以创建无限多的坐标系，这些坐标系通常被称为用户坐标系(User Coordinate System，UCS)，通过调用 UCS 命令可以创建用户坐标系。尽管 WCS 是固定不变的，但可以从任意角度、任意方向来观察 WCS。AutoCAD 提供的 WCS 坐标系图标，可以在同一图纸不同坐标系中保持同样的视觉效果。WCS 图标将通过指定 X、Y 轴的正方向来显示当前 UCS 的方位。

1.1.2 坐标系的调用方法

调用用户坐标系需要执行用户坐标命令，其操作方法有以下几种。
(1) 在菜单栏中选择【工具】|【新建 UCS】|【三点】菜单命令，执行用户坐标命令。
(2) 调出 UCS 工具栏，单击其中的【三点】按钮 ，执行用户坐标命令。
(3) 在命令行中输入"UCS"命令，执行用户坐标命令。

1.1.3 坐标系的表示方法

使用 AutoCAD 进行绘图的过程中，绘图区中的任何一个图形都有自己的坐标位置。在绘图过程中通过指定点的坐标位置来确定点，可以精确、有效地完成绘图。
常用的坐标表示方法有：绝对直角坐标、相对直角坐标、绝对极坐标和相对极坐标。

1. 绝对直角坐标

绝对直角坐标是以坐标原点(0,0,0)为基点定位所有的点。用户可以通过输入(X,Y,Z)坐标的方式来定义一个点的位置。

如图 1-1 所示，O 点绝对坐标为(0,0,0)，A 点绝对坐标为(4,4,0)，B 点绝对坐标为(12,4,0)，C 点绝对坐标为(12,12,0)。

如果 Z 方向坐标为 0，则可省略，则 A 点绝对坐标为(4,4)，B 点绝对坐标为(12,4)，C 点绝对坐标为(12,12)。

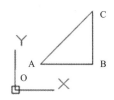

图 1-1　绝对直角坐标

2. 相对直角坐标

相对直角坐标是以某点相对于另一特定点的相对位置定义一个点的位置。相对特定坐标点(X,Y,Z)增量为(△X, △Y, △Z)的坐标点的输入格式为"@ △X, △Y, △Z"。@字符的使用相当于输入一个相对坐标值(@0,0)或相对极坐标，

在图 1-1 所示的绝对直角坐标图形中，O 点绝对坐标为(0,0,0)，A 点相对于 O 点相对坐标为(@4,4)，B 点相对于 O 点相对坐标为(@12,4)，B 点相对于 A 点相对坐标为(@8,0)，C 点相对于 O 点相对坐标为(@12,12)，C 点相对于 A 点相对坐标为(@8,8)，C 点相对于 B 点相对坐标为(@0,8)。

3. 绝对极坐标

绝对极坐标是以坐标原点(0,0,0)为极点定位所有的点，通过输入相对于极点的距离和角度的方式来定义一个点的位置。AutoCAD 默认角度的正方向是逆时针方向，起始点为正向 X 轴，输入极线距离再加一个角度即可指明一个点的位置。其使用格式为"距离<角度"。如要指定相对于原点距离为 100，角度为 45°的点，输入"100<45"即可。

其中，角度按逆时针方向增大，按顺时针方向减小。如果要向顺时针方向移动，应输入负的角度值，如输入"10<-70"等价于输入"10<290"。

4. 相对极坐标

相对极坐标是以某一特定点为参考极点，输入相对于参考极点的距离和角度来定义一个点的位置。其使用格式为"@距离<角度"。如要指定相对于前一点距离为 60，角度为 45°的点，输入"@60<45"即可。在绘图中，多种坐标输入方式配合使用会使绘图更灵活，如果再配合目标捕捉、夹点编辑等方式，则会使绘图操作更快捷。

利用坐标系绘图案例 1——绘制机轴面

案例文件：ywj\01\1-1-1.dwg。

视频文件：光盘\视频课堂\第 1 章\1.1.1。

案例操作步骤如下。

step 01 选择【绘图】|【直线】菜单命令，输入绝对直角坐标(50,80)定位第一点，输入(100,80)定位第二点，绘制的直线如图 1-2 所示。

step 02 利用绝对直角坐标绘制其他直线，完成机轴面的绘制，如图 1-3 所示。

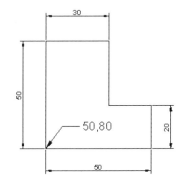

图 1-2 利用绝对直角坐标绘制的直线　　　图 1-3 利用绝对直角坐标绘制的机轴面

利用坐标系绘图案例 2——绘制三角形 1

> 案例文件：ywj\01\1-1-2.dwg。
>
> 视频文件：光盘\视频课堂\第 1 章\1.1.2。

案例操作步骤如下。

step 01 选择【绘图】|【直线】菜单命令，指定坐标原点为直线第一点，输入绝对级坐标(20<0)定位直线第二点，如图 1-4 所示。

step 02 输入(10<90)定位第三点，输入"C"闭合图形，绘制完成的三角形如图 1-5 所示。

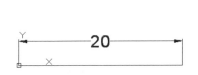

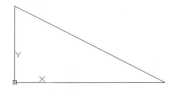

图 1-4 利用绝对极坐标绘制的直线　　　　图 1-5 利用绝对极坐标绘制的三角形

利用坐标系绘图案例 3——绘制三角形 2

> 案例文件：ywj\01\1-1-3.dwg。
>
> 视频文件：光盘\视频课堂\第 1 章\1.1.3。

案例操作步骤如下。

step 01 选择【绘图】|【直线】菜单命令，指定坐标原点为直线第一点，输入(@0,30)定位直线第二点，绘制的直线如图 1-6 所示。

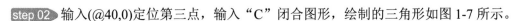

step 02 输入(@40,0)定位第三点，输入"C"闭合图形，绘制的三角形如图 1-7 所示。

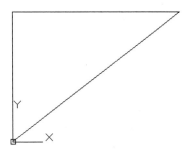

图 1-6　利用相对直角坐标绘制的直线　　　　图 1-7　利用相对直角坐标绘制的三角形

利用坐标系绘图案例 4——绘制五角星

> 案例文件：ywj\01\1-1-4.dwg。
>
> 视频文件：光盘\视频课堂\第 1 章\1.1.4。

案例操作步骤如下。

step 01 选择【文件】|【新建】菜单命令，新建一个空白文件。

step 02 单击【绘图】面板中的【直线】按钮，绘制五角星，如图 1-8 所示。

命令行提示如下。

```
命令: _line                              \\使用直线命令
指定第一个点: 120,120                     \\输入起点坐标
指定下一点或 [放弃(U)]: @80<252           \\输入第二点坐标
指定下一点或 [放弃(U)]: 159.091,90.870    \\输入第三点坐标
指定下一点或 [闭合(C)/放弃(U)]: @80,0     \\输入第四点坐标
指定下一点或 [闭合(C)/放弃(U)]: u         \\选择放弃命令
指定下一点或 [闭合(C)/放弃(U)]: @-80,0    \\输入第五点坐标
指定下一点或 [闭合(C)/放弃(U)]: 144.721,43.196  \\输入第六点坐标
指定下一点或 [闭合(C)/放弃(U)]: c         \\选择闭合命令
```

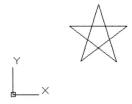

图 1-8　绘制完成的五角星

1.2　辅助绘图工具

本节对设置捕捉和栅格、自动捕捉和极轴等辅助绘图工具进行简单讲解。

 　　　在绘图过程中，用户仍然可以根据实际需要对图形单位、线型、图层等内容进行重新设置，以免因设置不合理而影响绘图效率。

1.2.1　栅格和捕捉

【捕捉模式】和【栅格显示】开关按钮位于主窗口底部的应用程序状态栏中，如图 1-9 所示。

栅格是点的矩阵，遍布指定为图形栅格的整个区域。使用栅格类似于在图形下放置一张坐标纸。利用栅格可以对齐对象并直观显示对象之间的距离。栅格不会被打印。如果放大或缩小图形，可能需要调整栅格间距，使其更适合新的比例。如图 1-10 所示为启用栅格后绘图区的效果。

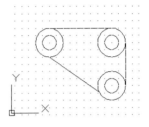

图 1-9　【捕捉模式】和【栅格显示】开关按钮　　　图 1-10　启用栅格后绘图区的效果

捕捉模式可用于限制十字光标，使其按照用户定义的间距移动。捕捉模式有助于使用箭头键或定点设备来精确地定位点。

栅格显示和捕捉模式各自独立，但经常同时打开。

选择【工具】|【绘图设置】菜单命令，或者在命令行中输入"Dsettings"，都会打开【草图设置】对话框，单击【捕捉和栅格】标签，切换到【捕捉和栅格】选项卡，可以对栅格捕捉属性进行设置，如图 1-11 所示。

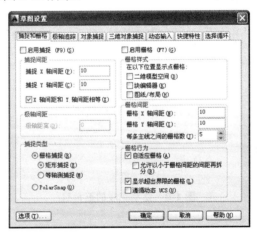

图 1-11　【草图设置】对话框中的【捕捉和栅格】选项卡

1.2.2　对象捕捉

在绘制精度要求非常高的图纸时，细小的差错也会造成重大的失误，为尽可能提高绘图的精度，AutoCAD 提供了对象捕捉功能，这样可以快速、准确地绘制图形。

使用对象捕捉功能可以迅速指定对象上的精确位置，而不必输入坐标值或绘制构造线。该功能可将指定点限制在现有对象的确切位置上，如中点或交点等，例如使用对象捕捉功能可以绘制到圆心或多段线中点的直线。

选择【工具】|【工具栏】| AutoCAD |【对象捕捉】菜单命令，如图 1-12 所示，可以打开【对象捕捉】工具栏，如图 1-13 所示。

图 1-12　选择【对象捕捉】菜单命令

图 1-13　【对象捕捉】工具栏

如果需要对【对象捕捉】属性进行设置，可选择【工具】|【草图设置】菜单命令，或者在命令行中输入"Dsettings"，打开【草图设置】对话框，单击【对象捕捉】标签，切换到【对象捕捉】选项卡进行设置，如图 1-14 所示。

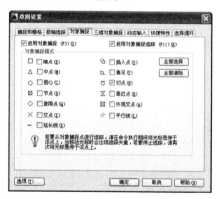

图 1-14　【草图设置】对话框中的【对象捕捉】选项卡

对象捕捉有两种方式。

(1) 如果在绘图时设置对象捕捉，则当该命令结束时，捕捉也结束，这叫单点捕捉。这种捕捉形式一般是通过单击对象捕捉工具栏中的相关命令按钮来实现。

(2) 如果在绘图前设置捕捉，则该捕捉在绘图过程中一直有效，该捕捉形式在【草图设置】对话框的【对象捕捉】选项卡中进行设置。

1.2.3　极轴追踪

极轴追踪主要用来创建或修改对象时，使用【极轴追踪】以显示由指定的极轴角度所定义的临时对齐路径。可以使用极轴追踪沿对齐路径按指定距离进行捕捉。

使用极轴追踪，光标将按指定角度进行移动。

例如，绘制一条从点 1 到点 2 的两个单位的直线，然后绘制一条到点 3 的两个单位的直线，并与第一条直线成 45°角。如果打开了 45°极轴角增量，当光标跨过 0°或 45°角时，将显示对齐路径和工具栏提示。当光标从该角度移开时，对齐路径和工具栏提示消失，如图 1-15 所示。

如果需要对【极轴追踪】属性进行设置，可选择【工具】|【绘图设置】菜单命令，或者在命令行中输入"Dsettings"，打开【草图设置】对话框，单击【极轴追踪】标签，切换到【极轴追踪】选项卡进行设置，如图 1-16 所示。

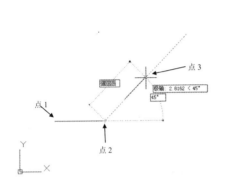

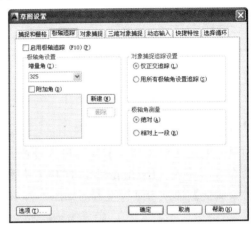

图 1-15　使用【极轴追踪】命令绘制图形　　图 1-16　【草图设置】对话框中的【极轴追踪】选项卡

辅助绘图工具案例 1——绘制圆的公切线

📷 案例文件：ywj\01\1-2-1.dwg。

🎬 视频文件：光盘\视频课堂\第 1 章\1.2.1。

案例操作步骤如下。

step 01 选择【绘图】|【直线】菜单命令，绘制长度分别为 100、50、30 的垂直相交中心线，如图 1-17 所示。

step 02 选择【绘图】|【圆】菜单命令，分别以水平中心线与竖直中心线的两个交点为圆心，绘制半径为 15、10 的两个圆，如图 1-18 所示。

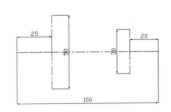

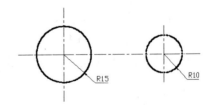

图 1-17　绘制的中心线　　　　　　　　　图 1-18　绘制的圆

step 03　在状态栏中的【对象捕捉】按钮上右击，在弹出的快捷菜单中选择【切点】命令，如图 1-19 所示。

step 04　单击【默认】选项卡中【绘图】面板上的【直线】按钮，捕捉圆的切点为直线端点绘制圆的外公切线与内公切线，如图 1-20 所示。

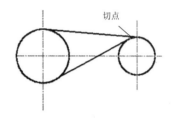

图 1-19　弹出的快捷菜单　　　　　　　　图 1-20　绘制完成的公切线

　对象捕捉追踪是在对象捕捉功能的基础上发展起来的，该功能可以使光标从对象捕捉点开始，沿着对齐路径追踪，并找到需要的精确位置。

辅助绘图工具案例 2——绘制固定板

　案例文件：ywj\01\1-2-2.dwg。

　视频文件：光盘\视频课堂\第 1 章\1.2.2。

案例操作步骤如下。

step 01　选择【绘图】|【矩形】菜单命令，绘制长为 100，宽为 50 的矩形，如图 1-21 所示。

step 02　单击【绘图】面板中的【圆】按钮，配合中点捕捉和对象追踪功能，以矩形的两条中线的交点为圆心，绘制半径为 15 的圆，完成固定板的绘制，如图 1-22 所示。

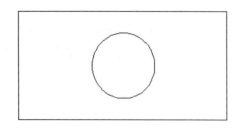

图 1-21　绘制的矩形　　　　　　　　图 1-22　利用对象捕捉和追踪功能绘制的圆

辅助绘图工具案例 3——绘制直轴面

📖 案例文件：ywj\01\1-2-3.dwg。

💿 视频文件：光盘\视频课堂\第 1 章\1.2.3。

案例操作步骤如下。

step 01 单击状态栏中的【正交】按钮 正交 ，激活正交功能。

step 02 单击【绘图】面板中的【直线】按钮 ，指定一点作为直线的起点，向右移动光标，引出水平正交追踪线，输入长度值 145，绘制长度为 145 的水平直线，如图 1-23 所示。

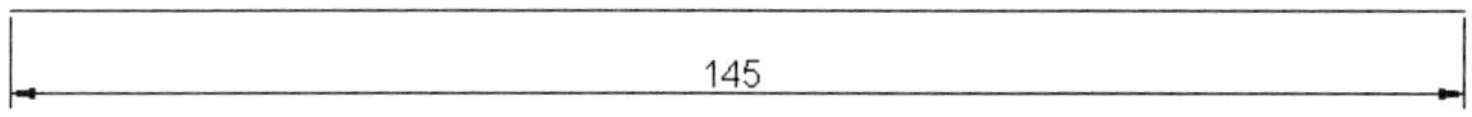

145

图 1-23　正交模式下绘制的直线

step 03 重复直线命令，绘制其他直线，绘制完成的直轴面如图 1-24 所示。

🔍提示　在 AutoCAD 绘图过程中，经常需要绘制水平直线和垂直直线，但是用鼠标拾取线段的端点时，很难保证两个点严格在水平方向或垂直方向上，为此 AutoCAD 提供了正交功能，当启用正交模式时，画线或移动对象时只能沿水平方向或垂直方向移动光标。

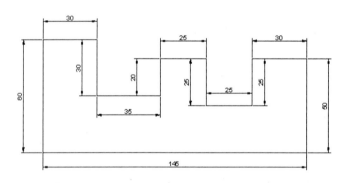

图 1-24　绘制完成的直轴面

辅助绘图工具案例 4——绘制方头平键左视图

📖 案例文件：ywj\01\1-2-4-1.dwg，ywj\01\1-2-4-2.dwg。

💿 视频文件：光盘\视频课堂\第 1 章\1.2.4。

案例操作步骤如下。

step 01 打开 1-2-4-1 文件，如图 1-25 所示。

step 02 选择【工具】|【绘图设置】菜单命令，弹出【草图设置】对话框，单击【极轴追踪】标签，切换到【极轴追踪】选项卡，选中【启用极轴追踪】复选框，并将当前的【增量角】设置为 45，如图 1-26 所示。

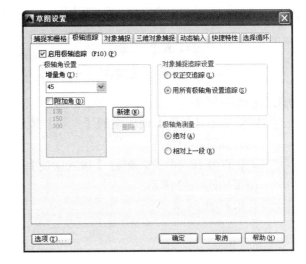

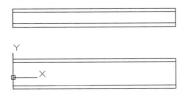

图 1-25　打开的 1-2-4-1 文件　　　　图 1-26　设置极轴追踪参数

step 03 选择【绘图】｜【构造线】菜单命令，配合【极轴追踪】功能绘制一条与水平线呈-45°的构造线，如图 1-27 所示。

step 04 重复构造线命令，绘制两条经过俯视图矩形边的水平构造线，捕捉水平构造线与斜构造线交点为指定点绘制两条竖直构造线，如图 1-28 所示。

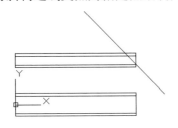

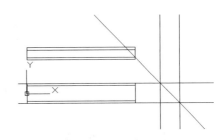

图 1-27　绘制的斜构造线　　　　　　图 1-28　绘制的构造线

step 05 选择【绘图】｜【矩形】菜单命令，以主视图矩形的两条延长线与竖直构造线的交点为对角点，绘制一个倒角距离为 2 的倒角矩形，如图 1-29 所示。

step 06 删除构造线，最终完成的方头平键左视图如图 1-30 所示。

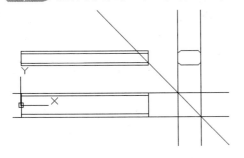

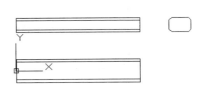

图 1-29　绘制的倒角矩形　　　　　图 1-30　删除构造线后的方头平键左视图

辅助绘图工具案例 5——绘制定位孔板

📄 **案例文件**：ywj\01\1-2-5.dwg。

💿 **视频文件**：光盘\视频课堂\第 1 章\1.2.5。

案例操作步骤如下。

step 01 单击【绘图】面板中的【直线】按钮／，绘制一个长度为 70、宽度为 40 的矩形，如图 1-31 所示。

step 02 重复直线命令，配合【端点捕捉】和【临时追踪点】功能，绘制倾斜轮廓线，结果如图 1-32 所示。

命令行提示如下。

```
命令：_line                          \\使用直线命令
指定第二个点：                        \\按住 Ctrl 键右击，选择右键快捷菜单中的【临时追
                                      踪点】功能
 _tt 指定临时对象追踪点：              \\ 捕捉外轮廓左下角点作为临时追踪点
指定第一个点：10                      \\向右移动光标，引出水平临时追踪线，定位起点
指定下一点或 [放弃(U)]：              \\再次激活【临时追踪点】功能
 _tt 指定临时对象追踪点：              \\ 再次捕捉外轮廓左下角点作为临时追踪点
指定下一点或 [放弃(U)]：17            \\向上移动光标，引出水平临时追踪线，定位第二点
指定下一点或 [放弃(U)]：              \\按 Enter 键确认
```

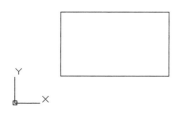

图 1-31 绘制的矩形

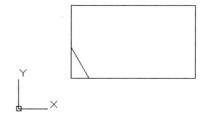

图 1-32 利用临时追踪功能绘制的倾斜轮廓线

 绘制图形对象时，除了可以进行自动追踪外，还可以指定临时点作为基点进行临时追踪。

step 03 重复上一步操作，绘制其他倾斜轮廓线，绘制结果如图 1-33 所示。

step 04 单击【绘图】面板中的【圆】按钮⊙，配合【中点捕捉】和【临时追踪点】功能，分别绘制直径为 12 和半径为 4 的圆，完成绘制的定位孔板如图 1-34 所示。

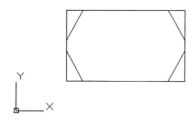

图 1-33 利用临时追踪功能绘制的其他倾斜轮廓线

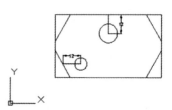

图 1-34 绘制完成的定位孔板

1.3　绘制平面图形

平面图形是指在二维平面空间中绘制的图形。AutoCAD 提供了大量的绘图工具，本节所涉及的命令主要集中在【绘图】菜单和【绘图】工具栏中，【绘图】命令主要包括点、线、矩形、圆、圆弧、正多边形、多段线、样条曲线、多线、面域、图案填充等。

1.3.1　绘制点

点是一个零维度对象。点作为最简单的几何元素，通常是几何、物理、矢量图形中最基本的组成部分。

1. 绘制点的方法

AutoCAD 2014 提供的绘制点的方法有以下几种。

(1) 在【绘图】面板中单击【多点】下拉列表，显示绘制点的按钮，从中进行选择，如图 1-35 所示。

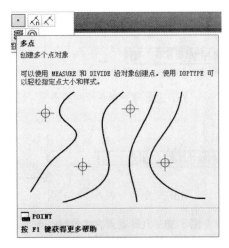

图 1-35　【多点】下拉列表

 　　　　单击【多点】按钮也可进行单点的绘制，在【绘图】面板中没有显示【单点】按钮，若需要使用，可在菜单栏中选择。

(2) 在命令行中输入"point"后按 Enter 键。

(3) 在菜单栏中，选择【绘图】|【点】菜单命令。

2. 绘制点的方式

绘制点的方式有以下几种。

(1) 单点：按照前面的方法运行后，当用户确定了点的位置后，绘图区就会出现一个点，如图 1-36(a)所示。

（2）多点：按照前面的方法运行后，用户可以同时画多个点，如图 1-36(b)所示。

（3）定数等分画点：指定一个实体，然后输入该实体被等分的数目后，AutoCAD 2014 会自动在相应的位置上画出点，如图 1-36(c)所示。

（4）定距等分画点：选择一个实体，输入每一段的长度值后，AutoCAD 2014 会自动在相应的位置上画出点，如图 1-36(d)所示。

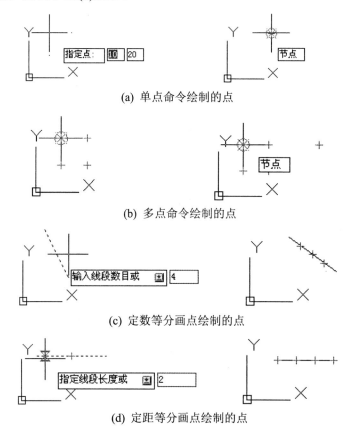

(a) 单点命令绘制的点

(b) 多点命令绘制的点

(c) 定数等分画点绘制的点

(d) 定距等分画点绘制的点

图 1-36　几种画点方式绘制的点

1.3.2　绘制线

AutoCAD 中常用的直线类型有直线、射线、构造线。

1. 直线

AutoCAD 中的直线如同线段，两点即可确定一条直线。

直线命令调用方法有以下几种。

（1）单击【绘图】面板中的【直线】按钮 。

（2）在命令行中输入"line"后按 Enter 键。

（3）在菜单栏中，选择【绘图】|【直线】菜单命令。

2．射线

射线是一种单向无限延伸的直线，在绘制机械图形时，经常把它作为绘图辅助线来确定一些特殊点或边界。

射线命令调用方法如下。

(1) 在命令行中输入"ray"后按 Enter 键。

(2) 在菜单栏中，选择【绘图】|【射线】菜单命令。

3．构造线

构造线是一种双向无限延伸的直线，在绘制机械图形时，经常把它作为绘图辅助线来确定一些特殊点或边界。

构造线命令调用方法如下。

(1) 单击【绘图】面板中的【构造线】按钮。

(2) 在命令行中输入"xline"后按 Enter 键。

(3) 在菜单栏中，选择【绘图】|【构造线】菜单命令。

1.3.3　绘制矩形

矩形(又称长方形)是指 4 个内角相等的四边形，即所有内角均为直角。绘制矩形时，需要指定矩形的两个对角点。

矩形命令调用方法如下。

(1) 单击【绘图】面板中的【矩形】按钮。

(2) 在命令行中输入"rectang"后按 Enter 键。

(3) 在菜单栏中，选择【绘图】|【矩形】菜单命令。

1.3.4　绘制正多边形

正多边形是指有 3～1024 条等长边的闭合多段线。

多边形命令调用方法如下。

(1) 单击【绘图】面板中的【多边形】按钮。

(2) 在命令行中输入"polygon"后按 Enter 键。

(3) 在菜单栏中，选择【绘图】|【多边形】菜单命令。

1.3.5　绘制圆、圆弧、圆环、椭圆

1．圆

圆与 AutoCAD 中的直线一样，使用非常频繁，在工程制图中常用来表示柱、孔、轴等基本构件。

圆命令调用方法如下。

(1) 单击【绘图】面板中的【圆】按钮 ⊘▾ 。

(2) 在命令行中输入"circle"后按 Enter 键。

(3) 在菜单栏中，选择【绘图】|【圆】菜单命令。

2．圆弧

圆弧即圆的一部分曲线，是与其半径相等的圆周的一部分。

圆弧命令调用方法如下。

(1) 单击【绘图】面板中的【圆弧】按钮 ⌒▾ 。

(2) 在命令行中输入"arc"后按 Enter 键。

(3) 在菜单栏中，选择【绘图】|【圆弧】菜单命令。

3．圆环

圆环即一个大圆盘挖去一个小同心圆盘后剩下的部分。

圆环命令调用方法如下。

(1) 单击【绘图】面板中的【圆环】按钮 ◎ 。

(2) 在命令行中输入"donut"后按 Enter 键。

(3) 在菜单栏中，选择【绘图】|【圆环】菜单命令。

4．椭圆

椭圆的形状由长轴和短轴确定，AutoCAD 为绘制椭圆提供了以下 3 种可以直接使用的方法。

(1) 单击【绘图】面板中的【椭圆】按钮 ⊕ 。

(2) 在命令行中输入"ellipse"后按 Enter 键。

(3) 在菜单栏中，选择【绘图】|【椭圆】菜单命令。

1.3.6　绘制样条曲线

样条曲线是经过或接近一系列给定点的光滑曲线，可以控制曲线与点的拟合程度。可以通过指定点来创建样条曲线，也可以封闭样条曲线，使起点和端点重合。在 AutoCAD 2014 中附加编辑选项可用于修改样条曲线对象的形状。

用户可以通过以下几种方法绘制样条曲线。

(1) 单击【绘图】面板上的【样条曲线】按钮 ∿ 。

(2) 在命令行中输入"spline"后按 Enter 键。

(3) 在菜单栏中，选择【绘图】|【样条曲线】菜单命令。

1.3.7　绘制多线

多线是工程中常用的一种对象。多线对象由 1～16 条平行线组成，这些平行线称为元素。绘制多线时，可以使用包含两个元素的 STANDARD 样式，也可以指定一个以前创建的样式。在开始绘制之前，可以修改多线的对正和比例。要修改多线及其元素，可以使用通用编辑命令、多线编辑命令和多线样式。

多线命令调用方法如下。

(1) 在命令行中输入"mline"后按 Enter 键。

(2) 在菜单栏中，选择【绘图】│【多线】菜单命令。

运用多线命令可以同时绘制若干条平行线，大大减轻了用直线命令绘制平行线的工作量。在机械图形绘制中，这条命令常用于绘制厚度均匀类零件的剖切面轮廓线或它在某视图上的轮廓线。

1.3.8　绘制多段线

多段线是作为单个对象创建的相互连接的序列线段，可以用于创建直线段、弧线段或两者的组合线段，可以修改多段线对象的形状，也可以合并各自独立的多段线。

多段线是指由相互连接的直线段或直线段与圆弧的组合作为单一对象使用。可以一次性编辑多段线，也可以分别编辑各条线段。用多段线命令可以生成任意宽度的直线，任意形状、任意宽度的曲线，或者二者的结合体。机械图形绘制中如果已知零件复杂轮廓(直线、曲线混合)的具体尺寸，则可以方便地用一条多段线命令绘制该轮廓，而避免交叉使用直线命令和曲线命令。

多段线命令调用方法如下。

(1) 单击【绘图】面板或【绘图】工具栏中的【多段线】按钮 ⊃。

(2) 在命令行中输入"pline"后按 Enter 键。

(3) 在菜单栏中，选择【绘图】│【多段线】菜单命令。

1.3.9　图案填充

在机械绘图中，经常需要用某种特定的图案填充某个区域，从而表达该区域的特征，这种填充操作称为图案填充。图案填充的应用非常广泛，例如，在机械工程图中，可以用图案填充表达一个剖面的区域，也可以使用不同的图案填充来表达不同的零部件或材料。

在对图形进行图案填充时，可以使用预定义的填充图案，也可以使用当前线型定义简单的填充图案，还可以创建更复杂的填充图案。有一种图案类型叫作实体，即使用实体颜色填充区域。也可以创建渐变填充，渐变填充是指在一种颜色的不同灰度之间或两种颜色之间使用过渡。

执行图案填充的方法如下。

(1) 单击【绘图】面板或【绘图】工具栏中的【图案填充】按钮 ▨。

(2) 在命令行中输入"bhatch"后按 Enter 键。

(3) 在菜单栏中，选择【绘图】│【图案填充】菜单命令。

执行【图案填充】命令后将打开【图案填充创建】选项卡，如图 1-37 所示。

图 1-37　【图案填充创建】选项卡

用户可以在该选项卡中进行快捷设置，也可单击【选项】面板中的【图案填充设置】按钮，打开如图 1-38 所示的【图案填充和渐变色】对话框，在【图案填充】选项卡中定义要应用的填充图案的外观，在【渐变色】选项卡中定义要应用的渐变填充的外观。

图 1-38　【图案填充和渐变色】对话框

1.3.10　创建面域

在使用 AutoCAD 绘制图形时，有时需要计算许多图形的面积，面域可以把几条相交并闭合的线条合成为一个对象。合成以后就可以计算这个对象的周长和面积等相关参数了。AutoCAD 提供了一种有效的工具——"面域"。面域是用形成闭合环的对象创建的二维闭合区域，可以提高绘制图形的效率，减少计算量。

在 AutoCAD 2014 中，可以将某些对象围成的封闭区域转换为面域，这些封闭区域可以是圆、椭圆、封闭的二维多线段或封闭的样条曲线等对象，也可以是由圆弧、直线、二维多段线、椭圆弧、样条曲线等对象构成的闭合图形。

在 AutoCAD 2014 中，可以通过以下 3 种方法创建面域。

(1)　在命令行中输入"REGION"后按 Enter 键。

(2)　在菜单栏中，选择【绘图】|【面域】菜单命令。

(3)　单击【绘图】面板中的【面域】按钮◎。

执行面域命令，然后选择一个或多个要转换为面域的封闭图形，按 Enter 键确认，即可将其转换为面域。因为圆、多边形等封闭图形属于线框模型，而面域属于实体模型，因此它们在选中时表现的形式也有区别。如图 1-39 所示为选择圆和圆面域的效果。

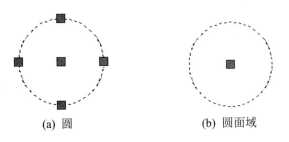

(a) 圆   (b) 圆面域

图 1-39 圆与圆面域选中时的效果

在菜单栏中选择【绘图】|【边界】菜单命令，打开【边界创建】对话框，可以在其中定义面域。在【对象类型】下拉列表框中选择【面域】选项，如图 1-40 所示，单击【确定】按钮，创建的图形将为一个面域。

图 1-40 【边界创建】对话框

面域总是以线框形式显示，可以对其进行复制、移动和旋转等编辑操作。在创建面域时，如果系统变量 DELOBJ 的值为 1，AutoCAD 在定义了面域后将删除原始对象；如果系统变量 DELOBJ 的值为 0，则不删除原始对象。用户还可根据需要在菜单栏中选择【修改】|【分解】菜单命令，将面域转换成相应的组成图形。

绘制平面图形案例 1——绘制笑脸

> 案例文件：ywj\01\1-3-1.dwg。
>
> 视频文件：光盘\视频课堂\第 1 章\1.3.1。

案例操作步骤如下。

step 01 单击【绘图】面板中的【圆】按钮◎，绘制圆心为(200,200)，半径为 25 的圆，如图 1-41 所示。

step 02 单击【圆】按钮◎，利用【两点】方式绘制另一个半径为 25 的圆，结果如图 1-42 所示。

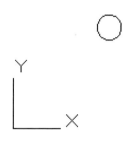

图 1-41　绘制的圆　　　　　　　　　　图 1-42　以"两点"方式绘制的圆

step 03　单击【圆】按钮⊘，以【相切，相切，半径】方式，绘制半径为 50 的圆，如图 1-43 所示。

step 04　选择【绘图】|【圆】|【相切，相切，相切】菜单命令，绘制外围的大圆，完成的笑脸如图 1-44 所示。

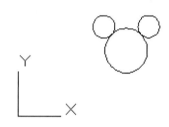
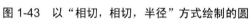
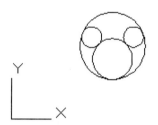

图 1-43　以"相切，相切，半径"方式绘制的圆　　　　图 1-44　绘制完成的笑脸

绘制平面图形案例 2——绘制圆头平键

> 案例文件：ywj\01\1-3-2.dwg。
>
> 视频文件：光盘\视频课堂\第 1 章\1.3.2。

案例操作步骤如下。

step 01　单击【绘图】面板中的【直线】按钮╱，绘制两条坐标分别为 {(100,100)，(150,100)} 和 {(100,130)，(150,130)} 的直线，结果如图 1-45 所示。

step 02　单击【绘图】面板中的【圆弧】按钮╱，绘制以两条直线的左端点为端点的圆弧，如图 1-46 所示。

命令行提示如下。

```
命令：_arc                                    \\使用圆弧命令
圆弧创建方向：逆时针(按住 Ctrl 键可切换方向)。
指定圆弧的起点或 [圆心(C)]：                   \\指定圆弧起点
指定圆弧的第二个点或 [圆心(C)/端点(E)]：e      \\选择圆弧端点
指定圆弧的端点：                              \\指定圆弧端点
指定圆弧的圆心或 [角度(A)/方向(D)/半径(R)]：d  \\选择圆弧方向
指定圆弧的起点切向：180                        \\输入起点切向值
```

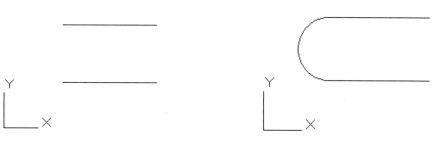

| 图 1-45　绘制的直线 | 图 1-46　绘制的圆弧 |

step 03 单击【绘图】面板中的【圆弧】按钮 ，绘制以两条直线的右端点为端点的圆弧，命令行提示如下，完成绘制的圆头平键如图 1-47 所示。

```
命令：_arc
圆弧创建方向：逆时针(按住 Ctrl 键可切换方向)。
指定圆弧的起点或 [圆心(C)]：
指定圆弧的第二个点或 [圆心(C)/端点(E)]：e
指定圆弧的端点：
指定圆弧的圆心或 [角度(A)/方向(D)/半径(R)]：a 指定包含角：-180
```

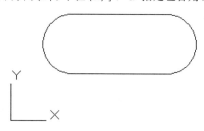

图 1-47　绘制完成的圆头平键

在 AutoCAD 2014 中绘制圆弧时，按住 Ctrl 键可切换所绘制圆弧的方向。

绘制平面图形案例 3——绘制滚珠面

 案例文件：ywj\01\1-3-3.dwg。

视频文件：光盘\视频课堂\第 1 章\1.3.3。

案例操作步骤如下。

step 01 选择【绘图】|【椭圆】|【轴、端点】菜单命令，绘制长轴为 100，短轴为 60 的椭圆，如图 1-48 所示。

step 02 选择【绘图】|【椭圆】|【圆心】菜单命令，以椭圆中心点为中心，绘制长轴为 30，短轴为 12 的同心椭圆，如图 1-49 所示。

step 03 单击【绘图】面板中的【圆】按钮 ，以椭圆轴上距离中心点 30 的点为圆心，绘制 4 个半径为 5 的对称圆，完成绘制的滚珠面如图 1-50 所示。

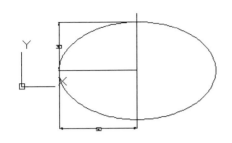

图 1-48　绘制的椭圆

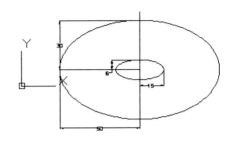

图 1-49　绘制的同心椭圆

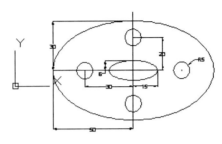

图 1-50　绘制完成的滚珠面

　　根据两个端点定义第一条轴，第一条轴的角度确定了整个椭圆的角度。绘制的第一条轴既可以是椭圆的长轴也可以是椭圆的短轴。

绘制平面图形案例 4——绘制变形体

📝 案例文件：ywj\01\1-3-4.dwg。

💿 视频文件：光盘\视频课堂\第 1 章\1.3.4。

案例操作步骤如下。

step 01 选择【格式】|【多线样式】菜单命令，打开【多线样式】对话框，如图 1-51 所示。

图 1-51　【多线样式】对话框

step 02 单击对话框中的【修改】按钮 修改(M)... ，弹出【修改多线样式】对话框，在其中设置新样式的参数，如图 1-52 所示。

图 1-52 设置新样式的参数

step 03 选择【绘图】|【多线】菜单命令，绘制长度为 21.5 的多线，如图 1-53 所示。

step 04 重复多线命令，绘制经过竖直多线中点的水平多线，完成绘制的变形体如图 1-54 所示。

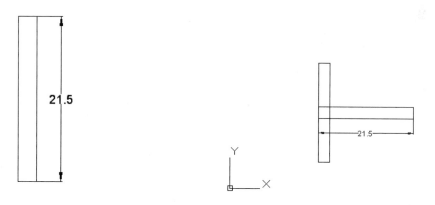

图 1-53 绘制的多线　　　　　　　图 1-54 绘制完成的变形体

　　使用多线命令绘制的多线不能被修剪、延伸、打断和圆角编辑，必须先将多线分解后才可编辑对象。

绘制平面图形案例 5——绘制螺母面

案例文件：ywj\01\1-3-5.dwg。

视频文件：光盘\视频课堂\第 1 章\1.3.5。

案例操作步骤如下。

step 01 单击【绘图】面板中的【圆】按钮⊙，绘制一个半径为 50 的圆，如图 1-55 所示。

step 02 选择【绘图】|【多边形】菜单命令，绘制一个外切于圆的正六边形，如图 1-56 所示。

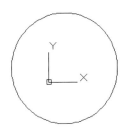
图 1-55　绘制的圆

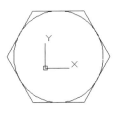
图 1-56　绘制的正六边形

step 03 重复执行圆命令，绘制一个半径为 30 的同心圆，完成绘制的螺母面如图 1-57 所示。

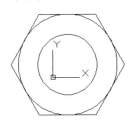
图 1-57　绘制完成的螺母面

绘制平面图形案例 6——绘制方面

📖 案例文件：ywj\01\1-3-6.dwg。

🎬 视频文件：光盘\视频课堂\第 1 章\1.3.6。

案例操作步骤如下。

step 01 选择【绘图】|【矩形】菜单命令，绘制一个圆角半径为 5，长度为 140，宽度 为 100 的圆角矩形，如图 1-58 所示。

step 02 重复执行矩形命令，绘制一个长度为 80、宽度为 30 的直角矩形，如图 1-59 所示。

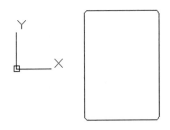
图 1-58　绘制的圆角矩形

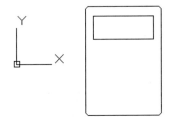
图 1-59　绘制的直角矩形

step 03 单击【绘图】面板中的【圆】按钮⊙，绘制两个半径为 10 的圆，完成绘制的方面如图 1-60 所示。

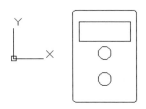

图 1-60 绘制完成的方面

绘制平面图形案例 7——绘制雨伞

案例文件：ywj\01\1-3-7.dwg。

视频文件：光盘\视频课堂\第 1 章\1.3.7。

案例操作步骤如下。

step 01 选择【绘图】|【圆弧】|【圆心、起点、角度】菜单命令，绘制一个角度为 180°的圆弧，如图 1-61 所示。

step 02 选择【绘图】|【样条曲线】|【拟合点】菜单命令，绘制伞面底边的样条曲线，如图 1-62 所示。

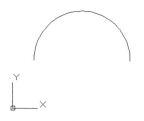

图 1-61 绘制的圆弧

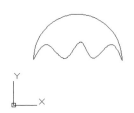

图 1-62 绘制的样条曲线

step 03 选择【绘图】|【圆弧】|【三点】菜单命令，绘制伞面的各条圆弧，如图 1-63 所示。

step 04 选择【绘图】|【多段线】菜单命令，绘制伞顶和伞把，绘制完成的雨伞如图 1-64 所示。

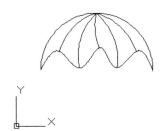

图 1-63 绘制伞面的各条圆弧

图 1-64 绘制完成的雨伞

绘制平面图形案例 8——绘制花键面

📂 案例文件：ywj\01\1-3-8.dwg。

🎬 视频文件：光盘\视频课堂\第 1 章\1.3.8。

案例操作步骤如下。

step 01 单击【绘图】面板中的【圆】按钮⊙，绘制一个半径为 25 的圆，如图 1-65 所示。

step 02 选择【绘图】|【多边形】菜单命令，以圆的象限点为中心，绘制一个边长为 3 的正八边形，如图 1-66 所示。

step 03 选择【修改】|【阵列】|【环形阵列】菜单命令，将八边形环形阵列，项目总数为 8，填充角度 360°，如图 1-67 所示。

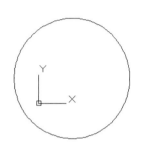 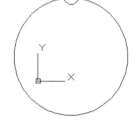 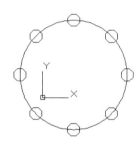

图 1-65　绘制的圆　　　　图 1-66　绘制的正八边形　　　　图 1-67　环形阵列

step 04 选择【绘图】|【边界】菜单命令，打开【边界创建】对话框，单击左上角的【拾取点】按钮，在圆内部拾取一点，创建一个闭合的虚线边界，如图 1-68 所示。

step 05 选择【修改】|【移动】菜单命令，选择刚绘制的虚线边界，将其移至圆外，花键面绘制完成，如图 1-69 所示。

 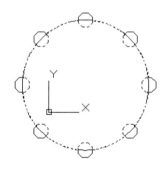

图 1-68　【边界创建】对话框和创建的闭合虚线边界

提示

边界命令可用于从多个相交对象提取一个或多个闭合的多段线边界或面域，以便于填充图案或计算面积、周长等。

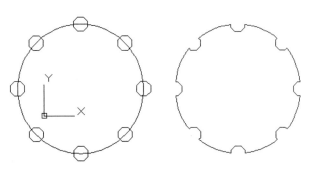

图 1-69　绘制完成的花键面

绘制平面图形案例 9——绘制滚花零件

> 📇 **案例文件**：ywj\01\1-3-9-1.dwg，ywj\01\1-3-9-2.dwg。
>
> 📀 **视频文件**：光盘\视频课堂\第 1 章\1.3.9。

案例操作步骤如下。

step 01 打开的 1-3-9-1 文件，如图 1-70 所示。

step 02 选择【绘图】|【图案填充】菜单命令，在打开的【图案填充和渐变色】对话框中进行设置，如图 1-71 所示。

step 03 单击右上角的【添加：拾取点】按钮🔳，系统切换到绘图平面，在断面处拾取一点，对断面进行图案填充，如图 1-72 所示。

step 04 继续执行图案填充命令，选中【双向】复选框，其余设置保持不变，绘制滚花表面，如图 1-73 所示。至此，滚花零件绘制完成。

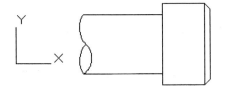

图 1-70　打开的 1-3-9-1 文件　　　　图 1-71　【图案填充和渐变色】对话框

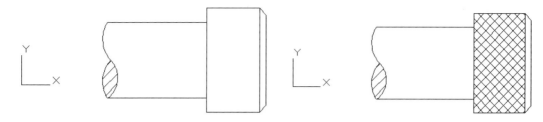

图 1-72 填充结果   图 1-73 绘制完成的滚花零件

在机械工程图中，可以用图案填充表达一个剖面的区域，也可以使用不同的图案填充来表达不同的零部件或材料。

绘制平面图形案例 10——绘制三角铁

案例文件：ywj\01\1-3-10.dwg。

视频文件：光盘\视频课堂\第 1 章\1.3.10。

案例操作步骤如下。

step 01 单击【绘图】面板中的【多边形】按钮 ⬠|，绘制一个正三角形，如图 1-74 所示。

step 02 单击【绘图】面板中的【圆】按钮 ⊚。分别以三角形的顶点、中点及中心点为圆心绘制 7 个半径为 5 的圆，如图 1-75 所示。

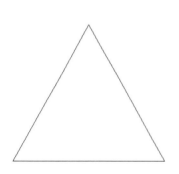

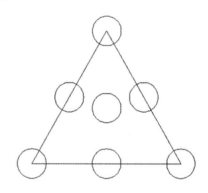

图 1-74 绘制的正三角形   图 1-75 绘制的圆

step 03 单击【绘图】面板中的【面域】按钮 ▣，选择正三角形及其边上的 6 个圆，将其转换成面域，如图 1-76 所示。

step 04 选择【修改】|【实体编辑】|【并集】菜单命令，将正三角形分别与 3 个角上的圆进行并集处理，如图 1-77 所示。

step 05 选择【修改】|【实体编辑】|【差集】菜单命令，以三角形为主体对象，3 个边中间位置的圆为参照体进行差集处理，三角铁绘制完成，如图 1-78 所示。

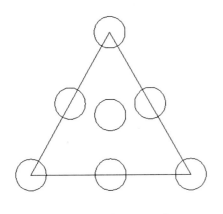

图 1-76 转换后的面域

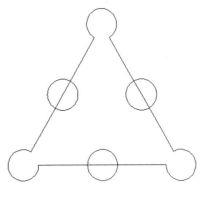

图 1-77 对图形进行并集处理

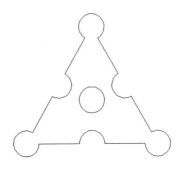

图 1-78 绘制完成的三角铁

提示

面域是用形成闭合环的对象创建的二维闭合区域，可以提高绘制图形的效率，减少计算量。

1.4 本章小结

本章主要介绍了 AutoCAD 2014 中的坐标系的分类和应用，并对 AutoCAD 辅助绘图工具以及绘制平面图形的技巧进行了详细的讲解。通过本章的学习，读者应该熟练掌握 AutoCAD 2014 中绘制基本二维图形的方法。

第 2 章

二维图形的高效绘制与编辑

　　通过上一章的学习，读者已经知道了如何绘制一些基本的图形。但在绘图的过程中，某些图形不是一次就可以绘制完成的，并且会不可避免地出现一些操作错误，这时就要用到编辑命令。通过本章的学习，读者可学会编辑命令的运用，如删除、移动和旋转、拉伸、比例缩放及拉长、修剪和分解等。

　　二维图形的编辑操作与绘图命令配合使用可以完成复杂图形对象的绘制工作，并能让用户合理安排和组织图形，保证作图准确，减少重复工作。因此，对编辑命令的熟练掌握和使用有助于提高设计与绘图的效率。

2.1 改变几何特性类命令

改变几何特性类编辑命令是指在使用命令对指定对象进行编辑后，被编辑对象的几何特性发生了改变的命令。这类命令主要包括修剪、延伸、打断、打断于点、合并、拉长、拉伸、倒角、圆角等。

2.1.1 修剪命令

修剪命令的功能是将一个对象以另一个对象或它的投影面作为边界进行精确的修剪编辑。

执行【修剪】命令有 3 种方法。

(1) 单击【修改】面板上的【修剪】按钮 。

(2) 在命令行中输入"trim"后按 Enter 键。

(3) 在菜单栏中，选择【修改】|【修剪】菜单命令。

选择【修剪】命令后会出现 图标，在命令行中出现提示要求用户选择实体作为将要被修剪实体的边界，这时可选取要修剪实体的边界。

> 提示　在选择修剪命令后，AutoCAD 会一直认为用户要修剪实体，直至按空格键或 Enter 键为止。

2.1.2 延伸命令

AutoCAD 提供的延伸命令正好与修剪命令相反，它是将一个对象或它的投影面作为边界进行延长编辑。

执行【延伸】命令有 3 种方法。

(1) 单击【修改】面板上的【延伸】按钮 。

(2) 在命令行中输入"extend"后按 Enter 键。

(3) 在菜单栏中，选择【修改】|【延伸】菜单命令。

执行【延伸】命令后会出现捕捉按钮图标 ，在命令行中出现提示要求用户选择实体作为将要被延伸的边界，这时可选取要延伸实体的边界。

2.1.3 打断命令

打断命令用于将直线或弧段分解成多个部分，或者删除直线或弧段的某个部分。被打断的线条只能是单独的线条，不能打断组合形体，如图块等。

执行【打断】命令有 3 种方法。

(1) 单击【修改】面板上的【打断】按钮 。

(2) 在命令行中输入"break"后按 Enter 键。

(3) 在菜单栏中，选择【修改】|【打断】菜单命令。

2.1.4 打断于点命令

打断于点是指在对象上指定一点，从而把对象从此点拆分成两部分，此命令与打断命令类似。

执行【打断于点】命令有两种方法。

(1) 单击【修改】面板上的【打断于点】按钮▢。

(2) 在命令行中输入"break"后按 Enter 键。

2.1.5 合并命令

合并命令是指将相似的对象合并为一个整体。它可以将多个对象进行合并。

执行【合并】命令有 3 种方法。

(1) 单击【修改】面板上的【合并】按钮⊹。

(2) 在命令行中输入"join"后按 Enter 键。

(3) 在菜单栏中，选择【修改】|【合并】菜单命令。

2.1.6 拉长命令

使用拉长命令，可以拉长或缩短线段，以及改变圆弧的圆心角。

执行【拉长】命令有 3 种方法。

(1) 单击【修改】面板上的【拉长】按钮╱。

(2) 在命令行中输入"lengthen"后按 Enter 键。

(3) 在菜单栏中，选择【修改】|【拉长】菜单命令。

2.1.7 拉伸命令

拉伸命令是指通过沿拉伸路径平移夹点的位置，使图形产生拉伸变形的效果。

执行【拉伸】命令有 3 种方法。

(1) 单击【修改】面板上的【拉伸】按钮▢。

(2) 在命令行中输入"stretch"后按 Enter 键。

(3) 在菜单栏中，选择【修改】|【拉伸】菜单命令。

2.1.8 倒角命令

倒角是指用斜线连接两个不平行的线性对象。可以用斜线连接直线段、双向无限长线、射线和多段线。

执行【倒角】命令有两种方法。

(1) 单击【修改】面板上的【倒角】按钮▱。

(2) 在菜单栏中，选择【修改】|【倒角】菜单命令。

2.1.9 圆角命令

圆角是指用指定半径决定的一段平滑的圆弧连接两个对象。

执行【圆角】命令有两种方法。

(1) 单击【修改】面板上的【圆角】按钮⌒。

(2) 在菜单栏中，选择【修改】|【圆角】菜单命令。

2.1.10 分解命令

图形块是作为一个整体插入到图形中的，用户不能对它的单个图形对象进行编辑。若需要对图形块中的单个对象进行编辑时，就需要用到【分解】命令。【分解】命令将块打碎，把块分解为原始的图形对象，这样用户就可以方便地编辑单个对象了。

执行【分解】命令的 3 种方法如下。

(1) 单击【修改】面板中的【分解】按钮⊡。

(2) 在命令行中输入"explode"后按 Enter 键。

(3) 在菜单栏中，选择【修改】|【分解】菜单命令。

改变几何特性类编辑命令案例 1——绘制曲柄面

📁 **案例文件**：ywj\02\2-1-1.dwg。

🎬 **视频文件**：光盘\视频课堂\第 2 章\2.1.1。

案例操作步骤如下。

step 01 单击【绘图】面板中的【圆】按钮◎，分别绘制直径为 50 和 30 的同心圆、直径为 36 和 20 的同心圆，如图 2-1 所示。

step 02 选择【绘图】|【圆】|【相切，相切，半径】菜单命令，绘制半径分别为 80 和 60 的两个辅助圆，然后以半径为 80 圆的圆心为圆心，绘制半径为 72 的辅助圆，如图 2-2 所示。

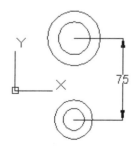

图 2-1 绘制的同心圆

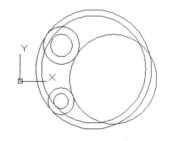

图 2-2 绘制的辅助圆

step 03 单击【绘图】面板中的【直线】按钮╱，绘制直径为 50 和 36 的两圆的公切线，如图 2-3 所示。

step 04 选择【修改】|【修剪】菜单命令，对图形进行修剪，完成曲柄面的绘制，如图 2-4 所示。

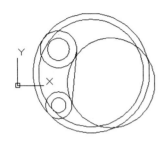 

图 2-3 绘制的公切线　　　　　　　图 2-4 绘制完成的曲柄面

改变几何特性类编辑命令案例 2——绘制螺栓

> 案例文件：ywj\02\2-1-2-1.dwg，ywj\02\2-1-2-2.dwg。
>
> 视频文件：光盘\视频课堂\第 2 章\2.1.2。

案例操作步骤如下。

step 01 打开的 2-1-2-1 文件，如图 2-5 所示。

step 02 选择【修改】|【延伸】菜单命令，将细实线延伸至倒角处，完成螺栓的绘制，如图 2-6 所示。

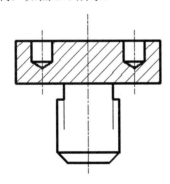 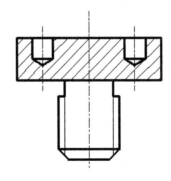

图 2-5 打开的 2-1-2-1 文件　　　　　图 2-6 绘制完成的螺栓

 　　在延伸命令中，AutoCAD 会一直认为用户要延伸实体，直至用户按空格键或按 Enter 键为止。

改变几何特性类编辑命令案例 3——绘制轴中心线

> 案例文件：ywj\02\2-1-3-1.dwg，ywj\02\2-1-3-2.dwg。
>
> 视频文件：光盘\视频课堂\第 2 章\2.1.3。

案例操作步骤如下。

step 01 ▶ 打开的 2-1-3-1 文件，如图 2-7 所示。

step 02 ▶ 选择【修改】|【打断】菜单命令，选择将要作为轴中心线的线段进行打断，再选择打断的线段使其显示夹点，如图 2-8 所示。

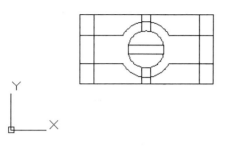

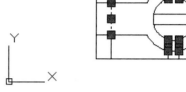

图 2-7　打开的 2-1-3-1 文件　　　　　　　　　图 2-8　打断的线段

step 03 ▶ 打开【图层】下拉列表，将其修改为中心线层，轴中心线绘制完成，如图 2-9 所示。

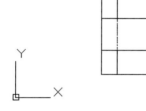

图 2-9　绘制完成的轴中心线

改变几何特性类编辑命令案例 4——绘制箱体面

> 📖 案例文件：ywj\02\2-1-4-1.dwg，ywj\02\2-1-4-2.dwg。
>
> 🎬 视频文件：光盘\视频课堂\第 2 章\2.1.4。

案例操作步骤如下。

step 01 ▶ 打开的 2-1-4-1 文件，如图 2-10 所示。

step 02 ▶ 选择【修改】|【合并】菜单命令，将顶部的几段圆弧连接为一个对象。绘制完成的箱体面如图 2-11 所示。

提示　　　合并功能，可以将直线、圆、椭圆弧和样条曲线等独立的线段合并为一个对象。

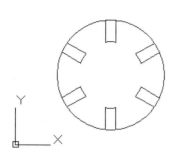

图 2-10　打开的 2-1-4-1 文件

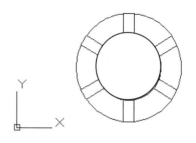

图 2-11　绘制完成的箱体面

改变几何特性类编辑命令案例 5——拉长箱体线

📁 案例文件：ywj\02\2-1-5-1.dwg，ywj\02\2-1-5-2.dwg。

💿 视频文件：光盘\视频课堂\第 2 章\2.1.5。

案例操作步骤如下。

step 01 ▶ 打开的 2-1-5-1 文件，如图 2-12 所示。

step 02 ▶ 选择【修改】|【拉长】菜单命令，拉长后的箱体线如图 2-13 所示。

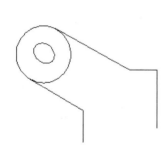

图 2-12　打开的 2-1-5-1 文件

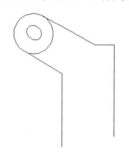

图 2-13　拉长后的箱体线

　　在绘制好的图形上，有时需要将图形的直线、圆弧的尺寸放大或缩小，或者要知道直线的长度值，这时可以用拉长命令来改变长度或读出长度值。

改变几何特性类编辑命令案例 6——绘制拉伸面

📁 案例文件：ywj\02\2-1-6-1.dwg，ywj\02\2-1-6-2.dwg。

💿 视频文件：光盘\视频课堂\第 2 章\2.1.6。

案例操作步骤如下。

step 01 ▶ 打开的 2-1-6-1 文件，如图 2-14 所示。

step 02 ▶ 选择【修改】|【拉伸】菜单命令，将图形拉伸 10 个绘图单位，如图 2-15 所示。

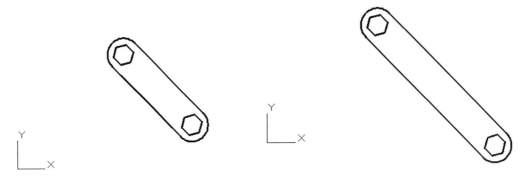

图 2-14 打开的 2-1-6-1 文件   图 2-15 拉伸后的图形

改变几何特性类编辑命令案例 7——绘制倒角面

📷 案例文件：ywj\02\2-1-7-1.dwg，ywj\02\2-1-7-2.dwg。

🎬 视频文件：光盘\视频课堂\第 2 章\2.1.7。

案例操作步骤如下。

step 01 打开的 2-1-7-1 文件，如图 2-16 所示。

step 02 选择【修改】|【倒角】菜单命令，设置倒角距离为 1，对螺栓的底部进行倒角，如图 2-17 所示。

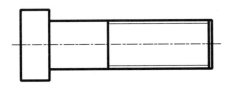   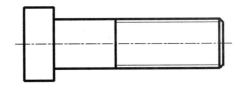

图 2-16 打开的 2-1-7-1 文件   图 2-17 倒角后的螺栓

 倒角和圆角是机械设计中常用的工艺，可以使工件相邻两表面在相交处以斜面或圆弧平滑过渡。

改变几何特性类编辑命令案例 8——绘制挂轮架

📷 案例文件：案例文件：ywj\02\2-1-8-1.dwg，ywj\02\2-1-8-2.dwg。

🎬 视频文件：光盘\视频课堂\第 2 章\2.1.8。

案例操作步骤如下。

step 01 打开的 2-1-8-1 文件，如图 2-18 所示。

step 02 选择【修改】|【圆角】菜单命令，设置圆角半径为 4，对挂轮架的顶部进行圆角，完成圆角的挂轮架如图 2-19 所示。

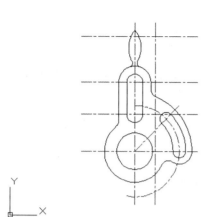

图 2-18　打开的 2-1-8-1 文件

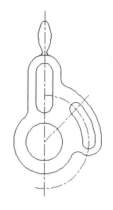

图 2-19　完成圆角的挂轮架

2.2　改变位置类命令

此类编辑命令的功能是按照指定要求，改变当前图形或图形某部分的位置，主要包括旋转、移动和缩放等命令。

2.2.1　旋转命令

旋转对象是指将图形对象转一个角度使之符合用户的要求，旋转后的对象与原对象的距离取决于旋转的基点与被旋转对象的距离。

执行旋转命令有 3 种方法。

(1)　单击【修改】面板上的【旋转】按钮 。

(2)　在命令行中输入"rotate"后按 Enter 键。

(3)　在菜单栏中，选择【修改】｜【旋转】菜单命令。

执行【旋转】命令后会出现 □ 图标，移动鼠标到要旋转的图形对象的位置，然后单击选择需要移动的图形对象后右击，AutoCAD 会提示用户选择基点，选择完基点后移动鼠标至相应的位置，单击后即可旋转对象。

2.2.2　移动命令

移动图形对象是使某一图形沿着基点移动一段距离，使对象到达合适的位置。

执行移动命令有 3 种方法。

(1)　单击【修改】面板上的【移动】按钮 ✛。

(2)　在命令行中输入"move"后按 Enter 键。

(3)　在菜单栏中，选择【修改】｜【移动】菜单命令。

2.2.3 缩放命令

缩放命令是将已有图形对象以基点为参照，进行等比缩放，从而调整对象的大小。

执行缩放命令有 3 种方法。

(1) 单击【修改】面板上的【缩放】按钮 ⬚。

(2) 在命令行中输入"scale"后按 Enter 键。

(3) 在菜单栏中，选择【修改】|【缩放】菜单命令。

改变位置类编辑命令案例 1——绘制轴承面

> 📝 案例文件：ywj\02\2-2-1-1.dwg，ywj\02\2-2-1-2.dwg。
>
> 💿 视频文件：光盘\视频课堂\第 2 章\2.2.1。

案例操作步骤如下。

step 01 ▶ 打开的 2-2-1-1 文件，如图 2-20 所示。

step 02 ▶ 选择【修改】|【旋转】菜单命令，将同心圆部分复制并旋转 63°，绘制完成的轴承面如图 2-21 所示。

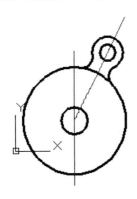

图 2-20 打开的 2-2-1-1 文件

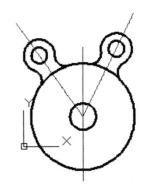

图 2-21 绘制完成的轴承面

改变位置类编辑命令案例 2——缩放阀体面

> 📝 案例文件：ywj\02\2-2-2-1.dwg，ywj\02\2-2-2-2.dwg。
>
> 💿 视频文件：光盘\视频课堂\第 2 章\2.2.2。

案例操作步骤如下。

step 01 ▶ 打开的 2-2-2-1 文件，如图 2-22 所示。

step 02 ▶ 选择【修改】|【缩放】菜单命令，以轴孔圆心为基点将轴孔放大 1.5 倍，放大后的阀体面如图 2-23 所示。

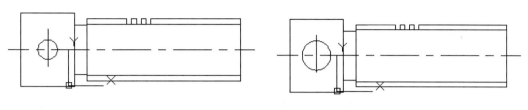

图 2-22 打开的 2-2-2-1 文件   图 2-23 放大后的阀体面

改变位置类编辑命令案例 3——绘制底座面

案例文件：ywj\02\2-2-3-1.dwg，ywj\02\2-2-3-2.dwg。

视频文件：光盘\视频课堂\第 2 章\2.2.3。

案例操作步骤如下。

step 01 打开的 2-2-3-1 文件，如图 2-24 所示。

step 02 在命令行中输入"align"，激活【对齐】命令，将图形对齐，绘制完成的底座面如图 2-25 所示。

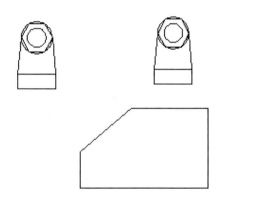

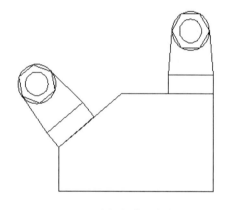

图 2-24 打开的 2-2-3-1 文件   图 2-25 绘制完成的底座面

提示   使用对齐命令时，需要在源对象上拾取 3 个用于对齐的源点，在目标对象上拾取 3 个相应的目标对齐点，另外对齐命令不仅适应与二维平面图形对齐，同样也适应与三维平面图形对齐。

2.3 复制类命令

复制类编辑命令可以复制图形对象，从而创建出与原图相同或相似的图形，主要包括复制、偏移、镜像和阵列等命令。

2.3.1 复制命令

AutoCAD 为用户提供了复制命令，可以把绘制好的图形复制到其他的地方。

执行复制命令的 3 种方法如下。

(1) 单击【修改】面板上的【复制】按钮 。

(2) 在命令行中输入 "copy" 后按 Enter 键。

(3) 在菜单栏中，选择【修改】|【复制】菜单命令。

2.3.2 偏移图形

偏移对象是指保持选择的对象的形状，而在不同的位置以不同尺寸大小新建一个对象。

执行偏移命令的 3 种方法如下。

(1) 单击【修改】面板上的【偏移】按钮 。

(2) 在命令行中输入 "offset" 后按 Enter 键。

(3) 在菜单栏中，选择【修改】|【偏移】菜单命令。

2.3.3 镜像图形

AutoCAD 为用户提供了镜像命令，可以把选择的对象围绕一条镜像线进行对称复制。

执行镜像命令的 3 种方法如下。

(1) 单击【修改】面板上的【镜像】按钮 。

(2) 在命令行中输入 "mirror" 后按 Enter 键。

(3) 在菜单栏中，选择【修改】|【镜像】菜单命令。

2.3.4 阵列图形

AutoCAD 为用户提供了阵列命令，建立阵列是指多重复制选择的对象，并把这些副本按矩形或环形排列。把副本按矩形排列称为矩形阵列，按环形排列称为环形阵列。

执行阵列命令的 3 种方法如下。

(1) 单击【修改】工具栏上的【阵列】按钮 。

(2) 在命令行中输入 "arrayclassic" 后按 Enter 键。

(3) 在菜单栏中，选择【修改】|【阵列】菜单命令。

执行阵列命令后，AutoCAD 会自动打开如图 2-26 所示的【阵列】对话框。

当选中【环形阵列】单选按钮后，【阵列】对话框如图 2-27 所示。

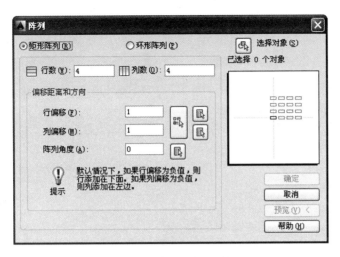

图 2-26　【阵列】对话框

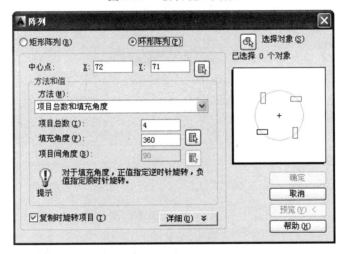

图 2-27　选中【环形阵列】单选按钮后的【阵列】对话框

复制类编辑命令绘图案例 1——绘制挡圈

案例文件：ywj\02\2-3-1.dwg。

视频文件：光盘\视频课堂\第 2 章\2.3.1。

案例操作步骤如下。

step 01　单击【绘图】面板中的【直线】按钮／，绘制中心线，如图 2-28 所示。

step 02　单击【绘图】面板中的【圆】按钮⊙，分别绘制半径为 4 和 3 的挡圈内孔和小孔，如图 2-29 所示。

step 03　选择【修改】|【偏移】菜单命令，将挡圈内孔分别向外偏移 3、38 和 40 个绘图单位，挡圈绘制完成，如图 2-30 所示。

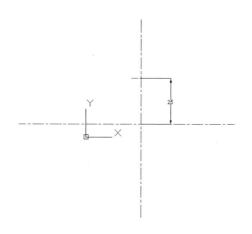

图 2-28 绘制的中心线

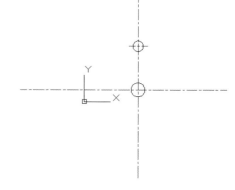

图 2-29 绘制的内孔和小孔

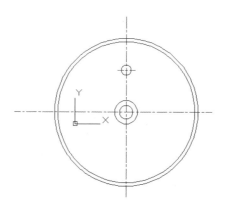

图 2-30 绘制完成的挡圈

 当两个图形严格相似，只是在位置上有偏差时，可以用偏移命令。特别是要绘制许多相似的图形时，使用偏移命令要比使用复制命令快捷。

复制类编辑命令绘图案例 2——绘制机体面

📝 **案例文件**：ywj\02\2-3-2-1.dwg，ywj\02\2-3-2-2.dwg。

🎬 **视频文件**：光盘\视频课堂\第 2 章\2.3.2。

案例操作步骤如下。

step 01 打开的 2-3-2-1 文件，如图 2-31 所示。

step 02 选择【修改】|【复制】菜单命令，以小圆圆心为基点，对圆进行多重复制，绘制完成的机体面如图 2-32 所示。

图 2-31　打开的 2-3-2-1 文件

图 2-32　绘制完成的机体面

　复制命令是指在不改变图形大小和方向的前提下，重新生成一个或多个与原对象一模一样的图形。在命令执行过程中，需要确认的参数有复制对象、基点和第二点。

复制类编辑命令绘图案例 3——绘制卡盘

案例文件：ywj\02\2-3-3.dwg。

视频文件：光盘\视频课堂\第 2 章\2.3.3。

案例操作步骤如下。

step 01　单击【绘图】面板中的【直线】按钮，绘制中心线，如图 2-33 所示。

step 02　单击【绘图】面板中的【圆】按钮，分别绘制直径为 40 和 25 的同心圆，如图 2-34 所示。

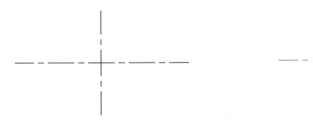

图 2-33　绘制的中心线　　　　图 2-34　绘制的同心圆

step 03　选择【绘图】|【多段线】菜单命令，绘制图形的右上部分，如图 2-35 所示。

step 04　选择【修改】|【镜像】菜单命令，镜像多段线。卡盘绘制完成，如图 2-36 所示。

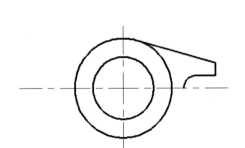

图 2-35　绘制的多段线

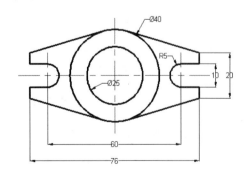

图 2-36　绘制完成的卡盘

> **提示** 镜像对象是指把选择的对象围绕一条镜像线进行对称复制。镜像操作完成后，可以保留原对象，也可以将其删除。

复制类编辑命令绘图案例 4——绘制机板

> 案例文件：ywj\02\2-3-4-1.dwg，ywj\02\2-3-4-2.dwg。
>
> 视频文件：光盘\视频课堂\第 2 章\2.3.4。

案例操作步骤如下。

step 01 打开的 2-3-4-1 文件，如图 2-37 所示。

step 02 在命令行输入"ARRAYCLASSIC"后按 Enter 键，打开【阵列】对话框，选中【矩形阵列】单选按钮，设置矩形阵列的【行数】为 3，【列数】为 3，如图 2-38 所示。

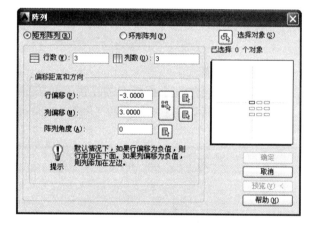

图 2-37　打开的 2-3-4-1 文件

图 2-38　设置矩形阵列参数

step 03 在对话框中单击【选择对象】按钮，选择小圆，阵列该图形，机板绘制完成，如图 2-39 所示。

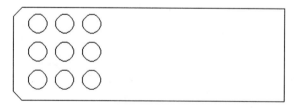

图 2-39　绘制完成的机板

> **提示** 矩形阵列用于多重复制呈行列状排列的图形，在命令执行过程中，需要确认的参数有复制对象、基点和第二点。

复制类编辑命令绘图案例 5——绘制孔板

案例文件：ywj\02\2-3-5-1.dwg，ywj\02\2-3-5-2.dwg。

视频文件：光盘\视频课堂\第 2 章\2.3.5。

案例操作步骤如下。

step 01 打开的 2-3-5-1 文件，如图 2-40 所示。

step 02 在命令行输入"ARRAYCLASSIC"后按 Enter 键，打开【阵列】对话框，选中【环形阵列】单选按钮，设置环形阵列的【项目总数】为 6，【填充角度】为 360°，如图 2-41 所示。

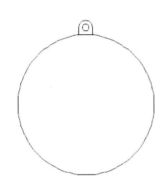

图 2-40 打开的 2-3-5-1 文件

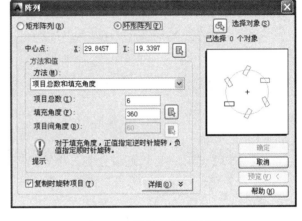

图 2-41 设置环形阵列参数

step 03 在对话框中单击【选择对象】按钮 ，选择大圆顶部图形，以大圆的圆心为中心点环形阵列该图形，完成孔板的绘制，如图 2-42 所示。

提示　　环形阵列可将图形以某一点为中心点进行环形复制，阵列结果是阵列对象沿中心点的四周均匀排列形成环形。

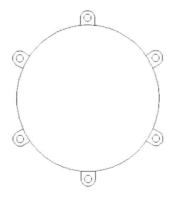

图 2-42 绘制完成的孔板

2.4 选 择 图 形

AutoCAD 用虚线亮显选择的对象，这些对象将构成选择集，选择集可以包括单个的对象，也可以包括复杂的对象编组。在 AutoCAD 2014 中，选择菜单栏中的【工具】|【选项】菜单命令，打开【选项】对话框，在其中的【选择集】选项卡中可以设置集模式、拾取框的大小及夹点等。

2.4.1 选择对象的方法

选择对象的方法很多。例如可以通过单击对象选择，也可以利用矩形窗口或交叉窗口选择；可以选择最近创建的对象，或图形中的所有对象，也可以向选择集中添加或删除对象。

在命令行中输入"SELECT"后按 Enter 键，然后在命令行中输入"?"按 Enter 键，命令行提示如下。

需要点或窗口(W)/上一个(L)/窗交(C)/框(BOX)/全部(ALL)/栏选(F)/圈围(WP)/圈交(CP)/编组(G)/添加 A)/删除(R)/多个(M)/前一个(P)/放弃(U)/自动(AU)/单个(SI)/子对象(SU)/对象(O)

根据提示信息，在命令行中输入相应的字母即可指定选择对象的模式，其中主要选项的含义如下。

(1)【窗口】选项：可以通过绘制一个矩形窗口来选择对象。当指定了矩形窗口的两个对角点时，所有部分均位于矩形窗口内的对象将被选中，效果如图 2-43 所示。

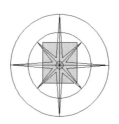

图 2-43 使用【窗口】选项选择图形

(2)【窗交】选项：使用交叉窗口选择对象时，全部位于窗口之内或与窗口边界相交的对象都将被选中。在定义交叉窗口的矩形窗口时，以虚线方式显示矩形边界，以区别于【窗口】选择方式，效果如图 2-44 所示。

图 2-44 使用【窗交】选项选择图形

(3)【编组】选项：使用组名称来选择一个已定义的对象编辑组。使用该选项的前提是必须有编组对象，例如，新建一个编组，组名设为"小圆"，使用该方法选择"小圆"后的效果如图 2-45 所示。

图 2-45　使用【编组】选项选择图形

2.4.2　过滤选择图形

在命令行中输入"FILTER"后按 Enter 键，弹出【对象选择过滤器】对话框，如图 2-46 所示。在其中可以以对象的类型(圆、圆弧等)、图层、颜色、线型或线宽等特性为条件，过滤选择符合设定条件的图形对象。此时，必须要考虑图形中的这些特性是否设置为随层改变。

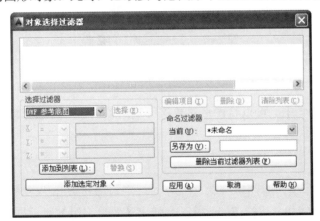

图 2-46　【对象选择过滤器】对话框

【对象选择过滤器】对话框最上面的列表中将显示当前设置的过滤条件，该对话框中其他主要选项的含义如下。

(1)　【选择过滤器】选项组：在其中设置选择过滤器的类型。该选项组主要包括【选择过滤器】下拉列表框，X、Y、Z 下拉列表框，【添加到列表】按钮，【替换】按钮和【添加选定对象】按钮。

(2)　【编辑项目】按钮：单击该按钮，可以编辑过滤器列表框中选中的选项。

(3)　【删除】按钮：单击该按钮，可以删除过滤器列表框中选中的选项。

(4)　【命名过滤器】选项组：选择已命名的过滤器。该选项组主要包括【当前】下拉列表框、【另存为】按钮和【删除当前过滤器列表】按钮。

2.4.3　快速选择图形

在 AutoCAD 2014 中，当需要选择具有某些共同特性的对象时，可以通过选择【工具】|【快速选择】菜单命令，弹出【快速选择】对话框，如图 2-47 所示，在对话框中根据对象的图层、线型、颜色、图案填充等特性，创建选择集。

图 2-47　【快速选择】对话框

2.4.4　使用编组

在 AutoCAD 2014 中，可以将图形对象进行编组以创建一种选择集，从而使进行图形编辑时选择图形更加方便、快捷、准确。

1. 创建编组

编组是命名的选择集，随图层一起被保存，一个对象可以作为多个编组的成员。在命令行输入"CLASSICGROUP"后按 Enter 键，会弹出【对象编组】对话框，如图 2-48 所示，从而创建编组。

图 2-48　【对象编组】对话框

2. 修改编组

在【对象编组】对话框中，使用【修改编组】选项组中的选项，可以修改对象编组中的单个成员或编组对象本身。只有在【编组名】列表框中选择一个对象编组后，该选项区的按钮才可以用。

2.5 删除和恢复图形

在绘制图形的过程中，经常需要删除一些辅助图形及多余的图形，有时还需要对误删的图形进行恢复操作，本节将介绍删除和恢复图形的方法。

2.5.1 删除图形

在绘图的过程中，要删除一些多余的图形，就要用到删除命令。

执行删除命令的 3 种方法如下。

(1) 单击【修改】面板中的【删除】按钮 。

(2) 在命令行中输入"E"后按 Enter 键。

(3) 在菜单栏中，选择【修改】│【删除】菜单命令。

执行上面任意一种操作后在编辑区都会出现 □ 图标，而后移动鼠标到要删除图形对象的位置。单击图形后再右击或按 Enter 键，即可完成删除图形的操作。

2.5.2 恢复图形

用户在执行"删除"命令时，可能会不小心删除某些有用的图形，这时可以用"恢复"命令来撤销误操作。用户只要在命令行中输入"OOPS"后按 Enter 键确认，就可以恢复到上一步。

> **注意**　"恢复"命令只能恢复最近一次删除命令所删除的图形对象。若连续多次使用"删除"命令后，想要恢复前几次删除的图形对象，则只能使用"放弃"命令。

2.6 放弃和重做

在绘制圆形的过程中，有时并不是当时就能发现错误，往往要等到绘制了多步后才会发现，此时就不能用"恢复"命令，而只能使用"放弃"命令，放弃前几步所绘制的图形。在进行机械设计时，一次性设计成功的概率往往很小，需要经常使用"放弃"或"重做"命令来纠正错误。

2.6.1 放弃命令

在 AutoCAD 2014 中，可以通过以下 3 种方法执行放弃命令。

(1) 单击【编辑】|【放弃】菜单命令。

(2) 在命令行中输入"UNDO"后按 Enter 键。

(3) 在【快速访问工具】上单击【放弃】按钮 ↰。

2.6.2 重做命令

重做的功能是重做上一次使用 UNDO 命令所放弃的命令操作。在 AutoCAD 2014 中，可以通过以下 4 种方法调用"重做"命令。

(1) 单击【编辑】|【重做】菜单命令。

(2) 在命令行中输入"REDO"后按 Enter 键。

(3) 在【快速访问工具】上单击【重做】按钮 ↳。

(4) 使用 Ctrl+Y 快捷键。

2.7 图形高效绘制和编辑综合案例

图形高效绘制和编辑案例 1——绘制夹板

📋 案例文件：ywj\02\2-7-1-1.dwg，ywj\02\2-7-1-2.dwg。

🎬 视频文件：光盘\视频课堂\第 2 章\2.7.1。

案例操作步骤如下。

step 01 打开的 2-7-1-1 文件，如图 2-49 所示。

step 02 在无命令行执行的情况下，单击文件中的正多边形使其显示夹点，如图 2-50 所示。

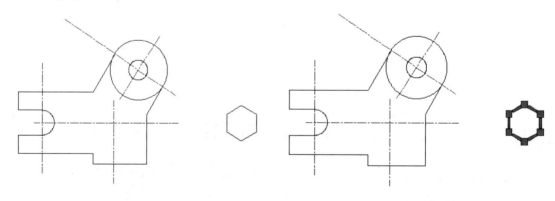

图 2-49 打开的 2-7-1-1 文件   图 2-50 夹点显示

step 03 单击其中一个夹点，进入夹点编辑模式，右击，在弹出的夹点编辑菜单中选择【移动】命令，将正多边形移动至左边图形中，绘制完成的夹板如图 2-51 所示。

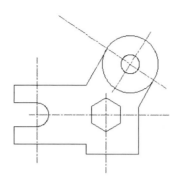

图 2-51　绘制完成的夹板

　在 AutoCAD 中，夹点是一种集成的编辑模式，提供了一种方便快捷的编辑操作途径。在不执行任何命令的情况下选择对象，将显示其夹点。

图形高效绘制和编辑案例 2——绘制斜板

案例文件：ywj\02\2-7-2.dwg。

视频文件：光盘\视频课堂\第 2 章\2.7.2。

案例操作步骤如下。

step 01　选择【工具】|【绘图设置】菜单命令，打开【草图设置】对话框，切换到【极轴追踪】选项卡，选中【启用极轴追踪】复选框，并将当前的增量角设置为 30°，如图 2-52 所示。

step 02　单击【绘图】面板中的【直线】按钮，绘制外侧的结构轮廓线，如图 2-53 所示。

图 2-52　【草图设置】对话框

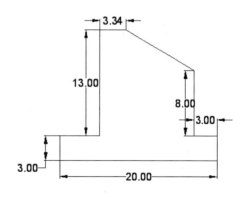

图 2-53　绘制的外侧轮廓线

step 03　选择【修改】|【偏移】菜单命令，将长度为 13 的边向右偏移 3 个绘图单位，

长度为 3.34 的边向下偏移 5 个绘图单位，如图 2-54 所示。

step 04 单击【绘图】面板中的【圆】按钮⊘，以上一步绘制的线段的交点为圆心，绘制半径为 2 的圆，如图 2-55 所示。

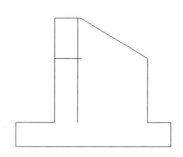
图 2-54　偏移的线段

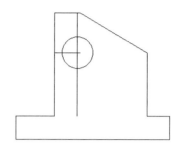
图 2-55　绘制的圆

step 05 删除辅助线，选择【绘图】|【直线】菜单命令，利用极轴功能绘制长度为 5、宽度为 2 的矩形，斜板绘制完成，如图 2-56 所示。

 提示　绘制倾斜结构时，我们可以通过极轴追踪和对象捕捉绘制图形。

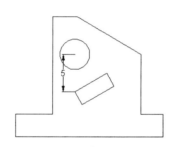
图 2-56　绘制完成的斜板

图形高效绘制和编辑案例 3——绘制泵盖面

案例文件：ywj\02\2-7-3.dwg。

视频文件：光盘\视频课堂\第 2 章\2.7.3。

案例操作步骤如下。

step 01 单击【绘图】面板中的【直线】按钮／，绘制中心线，如图 2-57 所示。

step 02 单击【绘图】面板中的【圆】按钮⊘，分别绘制半径为 51、18 和 8 的同心圆，如图 2-58 所示。

step 03 选择【修改】|【偏移】菜单命令，将水平中心线向上偏移 10 个绘图单位，如图 2-59 所示。

step 04 单击【绘图】面板中的【圆】按钮⊘，分别绘制半径为 16 和 2 的圆，如图 2-60 所示。

图 2-57　绘制的中心线

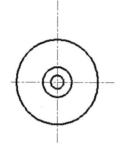

图 2-58　绘制的同心圆

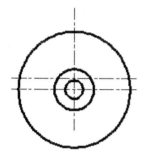

图 2-59　偏移后的中心线

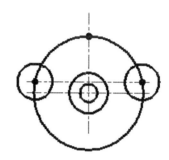

图 2-60　绘制的圆

step 05　将半径为 51 的圆的图层转换为中心线层，选择【绘图】|【圆】|【相切，相切，半径】菜单命令，绘制半径为 61 的外圆，如图 2-61 所示。

step 06　选择【修改】|【圆角】菜单命令，分别为半径为 16 和 18 的圆进行圆角，圆角半径为 24，如图 2-62 所示。

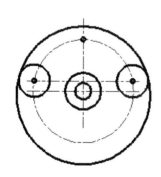

图 2-61　绘制的外圆

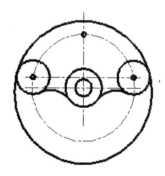

图 2-62　圆角

step 07　选择【修改】|【修剪】菜单命令，修剪刚绘制的图形，泵盖面绘制完成，如图 2-63 所示。

　　在绘制相切结构的过程中，主要综合使用半径画圆、直径画圆、相切圆以及偏移修剪等工具，创建图形的内外切结构。

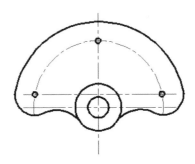

图 2-63　绘制完成的泵盖面

2.8　本　章　小　结

　　本章主要介绍了在 AutoCAD 2014 中如何更加快捷地选择图形以及图形编辑命令的使用，并对 AutoCAD 的图形编辑技巧进行了详细的讲解。通过本章的学习，读者应该可以熟练掌握 AutoCAD 2014 中关于选择、编辑图形的操作方法。

第 3 章
图形的管理、共享与高效组合

在绘制图形时，如果图形中含有大量相同或相似的内容，或者所绘制的图形与已有的图形文件相同，则可以把要重复绘制的图形创建成块(也称图块)，并根据需要为块创建属性，指定块的名称、用途及设计者等信息，在需要时直接插入它们。当然，用户也可以把已有的图形文件以参照的形式插入到当前图形中(即外部参照)，或是通过 AutoCAD 设计中心浏览、查找、预览、使用和管理 AutoCAD 图形、块、外部参照等不同的资源文件。

计
算
机
辅
助
设
计
案
例
课
堂

3.1　图　块　操　作

在使用 AutoCAD 绘制图形时，会遇到大量相似的图形实体，如果重复绘制，会浪费很多时间。对此 AutoCAD 提供了一种有效的工具——"块"。块是由一组图形集合在一起形成的实体，它可以作为单个目标来应用，可以由 AutoCAD 中的任何图形实体组成。块的广泛应用是由于它本身的特点决定的。

3.1.1　创建块

创建块是指把一个或是一组实体定义为一个整体。可以通过以下方式来创建块。

(1)　单击【块】面板中的【创建块】按钮 。

(2)　在命令行中输入"block"后按 Enter 键。

(3)　在命令行中输入"bmake"后按 Enter 键。

(4)　在菜单栏中，选择【绘图】|【块】|【创建】菜单命令。

执行上述任一操作后，AutoCAD 会打开如图 3-1 所示的【块定义】对话框，在其中可以定义块的名称、选择块的图形等。

图 3-1　【块定义】对话框

3.1.2　将块保存为文件

用户创建的块会保存在当前图形文件的块的列表中，当保存图形文件时，块的信息和图形一起保存。当再次打开该图形时，块信息也同时被载入。但是当用户需要将所定义的块应用于另一个图形文件时，就需要先将定义的块保存，然后再调出使用。

使用"wblock"命令，块就会以独立的图形文件(.dwg)的形式保存。同样，任何.dwg 图形文件也可以作为块来插入。执行保存块的操作步骤如下。

(1)　在命令行中输入"wblock"后按 Enter 键。

(2)　在打开的如图 3-2 所示的【写块】对话框中进行设置后，单击【确定】按钮即可。

图 3-2　【写块】对话框

3.1.3　插入块

定义块和保存块的目的是为了使用块，在使用块时可通过插入命令将块插入到当前的图形中。

图块是 CAD 操作中比较核心的工作，许多程序员与绘图工作者都建立了各种各样的图块，我们能像使用砖瓦一样使用这些图块。如工程制图中建立各个规格的齿轮与轴承等图块，建筑制图中建立一些门、窗、楼梯、台阶等图块以便在绘制时方便调用。

在插入一个块到图形中时，用户必须指定插入的块名、插入点的位置、插入的比例系数以及图块的旋转角度。块的插入可以分为两类：单块插入和多重插入。下面分别讲述这两个插入命令。

1. 单块插入

(1)　在命令行中输入"insert"或"ddinsert"后按 Enter 键。
(2)　在菜单栏中，选择【插入】|【块】菜单命令。
(3)　单击【块】面板中的【插入】按钮 🔲 。

执行上述任一操作，都会打开如图 3-3 所示的【插入】对话框，可设置插入块的名称、位置、比例等参数。

图 3-3　【插入】对话框

2．多重插入

有时同一个块在一幅图中要插入多次，并且这种插入具有一定的规律性，如阵列方式，这时可以直接采用多重插入命令。这种方法不但可以大大节省绘图时间，提高绘图速度，而且可以节约磁盘空间。

多重插入的步骤如下。

在命令行中输入"minsert"后按 Enter 键，命令行提示如下。

```
命令: _minsert
输入块名或 [?] <新块>:                              //输入将要被插入的块名
单位: 毫米   转换:   1.0000
指定插入点或 [基点(B)/比例(S)/X/Y/Z/旋转(R)]:       //输入插入块的基点
输入 X 比例因子，指定对角点，或 [角点(C)/XYZ(XYZ)] <1>: //输入 X 方向的比例
输入 Y 比例因子或 <使用 X 比例因子>:                 //输入 Y 方向的比例
指定旋转角度 <0>:                                  //输入旋转块的角度
输入行数 (---) <1>:                                //输入阵列的行数
输入列数 (||||) <1>:                               //输入阵列的列数
输入行间距或指定单位单元 (---):                     //输入行间距
指定列间距 (||||):                                 //输入列间距
```

按照提示进行相应的操作即可。

3.1.4 设置基点

要设置当前图形的插入基点，可以选用下列一种方法。

(1) 单击【块】面板中的【基点】按钮 🖳。

(2) 在菜单栏中，选择【绘图】|【块】|【基点】菜单命令。

(3) 在命令行中输入"Base"后按 Enter 键。

3.2 块 的 属 性

在一个块中，附带有很多信息，这些信息被称为属性。属性是块的一个组成部分，从属于块，可以随块一起保存并随块一起插入到图形中。属性为用户提供了一种将文本附于块的交互式标记，每当用户插入一个带有属性的块时，AutoCAD 就会提示用户输入相应的数据。

既可以在建立块时定义属性，也可以在插入块时增加属性。AutoCAD 还允许用户自定义一些属性。属性具有以下特点。

(1) 一个属性包括属性标志和属性值两个部分。

(2) 在定义块之前，每个块属性要用命令进行定义。由块的属性来具体规定属性缺省值、属性标志、属性提示以及属性的显示格式等具体信息。属性定义后，该属性会在图形中显示出来，并把有关信息保留在图形文件中。

(3) 在插入块之前，AutoCAD 将通过属性提示要求用户输入属性值。插入块后，属性以属性值表示。因此同一个定义块，在不同的插入点可以有不同的属性值。如果在定义属性时，把属性值定义为常量，则 AutoCAD 将不询问属性值。

3.2.1 创建块属性

块属性是附属于块的非图形信息，是块的组成部分，是可以包含在块定义中的文字对象。在定义一个块时，属性必须预先定义而后选定。通常属性用于在块的插入过程中进行自动注释。

要创建一个块的属性，可以先用 ddattdef 或 attdef 命令建立一个属性定义来描述属性特征，包括标记、提示符、属性值、文本格式、位置以及可选模式等，具体操作步骤如下。

(1) 选用下列中的一种方法打开【属性定义】对话框。

● 在命令行中输入"ddattdef"或"attdef"后按 Enter 键。

● 在菜单栏中，选择【绘图】|【块】|【属性定义】菜单命令。

● 单击【块】面板中的【属性定义】按钮。

(2) 在打开的如图 3-4 所示的【属性定义】对话框中，设置块的一些插入点及属性标记等，然后单击【确定】按钮即可完成块属性的创建。

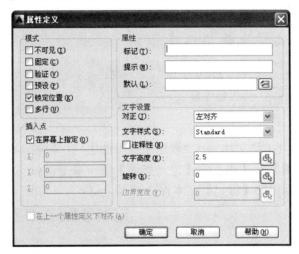

图 3-4　【属性定义】对话框

3.2.2 编辑属性定义

创建完属性后，就可以定义带属性的块了。定义带属性的块可以按照如下步骤来进行。

(1) 在命令行中输入"Block"后按 Enter 键，或者在菜单栏中选择【绘图】|【块】|【创建】菜单命令，打开【块定义】对话框。

(2) 下面的操作和创建块基本相同，步骤可以参考后面创建块案例的步骤，在此不再赘述。

3.2.3 编辑块属性

定义带属性的块后，用户需要插入此块，在插入带有属性的块后，可以使用以下任一种方法打开【编辑属性】对话框来编辑属性。

(1) 在命令行中输入"attedit"或"ddatte"后按 Enter 键，用鼠标选取某块，打开【编辑属性】对话框。

(2) 选择【修改】|【对象】|【属性】|【块属性管理器】菜单命令，打开【块属性管理器】对话框，单击其中的【编辑】按钮，打开【编辑属性】对话框。

如图 3-5 所示，用户可以在此对话框中修改块的属性。

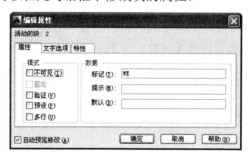

图 3-5　【编辑属性】对话框

块操作案例 1——编辑表面粗糙度图块

案例文件：ywj\03\3-2-1-1.dwg，ywj\03\3-2-1-2.dwg。

视频文件：光盘\视频课堂\第 3 章\3.2.1。

案例操作步骤如下。

step 01 打开的 3-2-1-1 块文件——"表面粗糙度图块"，如图 3-6 所示。

step 02 选择【绘图】|【块】|【定义属性】菜单命令，弹出【属性定义】对话框，在【属性】选项组的【标记】文本框中输入"ABC"，如图 3-7 所示。

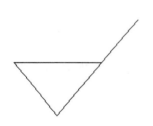

图 3-6　打开的 3-2-1-1 文件

图 3-7　【属性定义】对话框参数设置

step 03 选择【绘图】|【块】|【创建】菜单命令，打开【块定义】对话框，如图 3-8 所示。

step 04 单击对话框中的【拾取点】按钮，切换到绘图区，拾取三角形顶点为基点，单击【选择对象】按钮，选择整个图形作为块定义对象，如图 3-9 所示。

step 05 ▶ 单击对话框中的【确定】按钮，弹出【编辑属性】对话框，并在文本框中输入 "3.2"，如图 3-10 所示。

step 06 ▶ 单击对话框中的【确定】按钮，编辑完成的表面粗糙度图块如图 3-11 所示。

图 3-8　【块定义】对话框

图 3-9　定义块之后的对话框

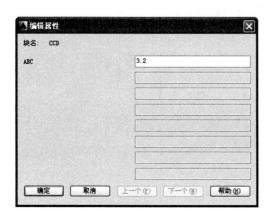

图 3-10　【编辑属性】对话框参数设置

图 3-11　编辑完成的表面粗糙度图块

块是一个或多个对象组成的对象集合，常用于绘制复杂、重复的图形。一旦一组对象组合成块，就可以根据作图需要将这组对象插入到图中的任意指定位置，而且还可以按不同的比例和旋转角度插入。

块操作案例 2——轴承盖零件图的编组

✍ 案例文件：ywj\03\3-2-2-1.dwg，ywj\03\3-2-2-2.dwg。

🎨 视频文件：光盘\视频课堂\第 3 章\3.2.2。

案例操作步骤如下。

step 01 打开的 3-2-2-1 文件——"轴承盖零件图"，如图 3-12 所示。

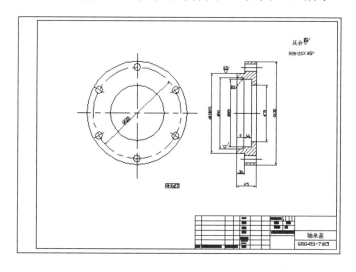

图 3-12　打开的 3-2-2-1 文件

step 02 在命令行中输入"classicgroup"后按 Enter 键，打开【对象编组】对话框，如图 3-13 所示。

图 3-13　【对象编组】对话框

第3章　图形的管理、共享与高效组合

step 03　在【编辑名】文本框中输入"明细表"作为新组名称。单击【新建】按钮，返回绘图区，选择图 3-14 所示的标题栏作为编组对象，创建一个对象组。

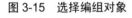

图 3-14　选择明细表

step 04　在【编辑名】文本框中输入"零件表"作为新组名称，然后单击【新建】按钮，选择图 3-15 所示的轴承盖的主视图和侧视图作为编组对象，创建另一对象组。

step 05　单击【确定】按钮，在当前图形文件中创建了两个对象组，如图 3-16 所示。

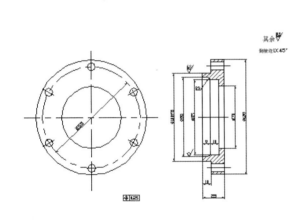

图 3-15　选择编组对象

图 3-16　创建的两个对象组

　　　使用【对象编组】命令，可以将众多的图形对象进行分类编组，编辑成多个单一对象组。

块操作案例 3——插入零件齿轮装置

案例文件：ywj\03\3-2-3-1.dwg，ywj\03\3-2-3-2.dwg。

视频文件：光盘\视频课堂\第 3 章\3.2.3。

案例操作步骤如下。

step 01　单击【绘图】面板中的【直线】按钮，绘制齿轮的中心线，如图 3-17 所示。

step 02　把【轮廓线】图层置为当前层，重复【直线】命令，以中心线交点为起点，依次输入直线长度为 53、13、11、5、16、5、27，绘制的直线如图 3-18 所示。

65

图 3-17　绘制的齿轮中心线　　　　　　　　图 3-18　绘制的直线

step 03　单击【修改】面板中的【倒角】按钮，设置倒角边为"1"，对绘制的直线进行倒角操作，如图 3-19 所示。

step 04　单击【修改】面板中的【镜像】按钮，分别以两条中心线为轴线镜像图形，如图 3-20 所示。

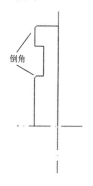

倒角

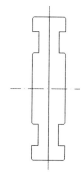

图 3-19　倒角后的效果　　　　　　　　　　图 3-20　镜像后的效果

step 05　用【直线】命令绘制内部轮廓线，如图 3-21 所示。

step 06　把【填充线】图层置为当前层，单击【绘图】面板中的【图案填充】按钮，对图形进行填充，如图 3-22 所示。

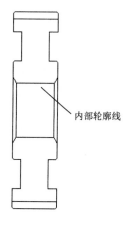

内部轮廓线

图 3-21　绘制的内部轮廓线　　　　　　　　图 3-22　填充后的图形

step 07 单击【块】面板中的【创建】按钮，弹出【块定义】对话框，在【名称】文本框中输入"齿轮剖面图"，如图 3-23 所示。

图 3-23 【块定义】对话框参数设置

step 08 单击【拾取点】按钮，切换至绘图区域，拾取图形上的任意一点，返回【块定义】对话框，然后单击【选择对象】按钮，切换至绘图区域，选择绘制的"齿轮"，按 Enter 键返回【块定义】对话框，单击【确定】按钮，创建块。

step 09 在【插入】选项卡的【块】面板中单击【插入】按钮，弹出【插入】对话框，在其中单击【浏览】按钮，弹出【选择图形文件】对话框，从中选择 3-2-3-1 文件，单击【打开】按钮，返回【插入】对话框，单击【确定】按钮插入素材 3-2-3-1，如图 3-24 所示。

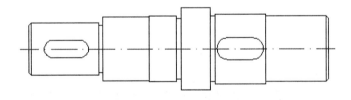

图 3-24 导入的素材

step 10 选择【插入】|【块】菜单命令，弹出【插入】对话框，在【名称】下拉列表框中选择【齿轮剖面图】选项，在【插入点】选项组中选中【在屏幕上指定】复选框，如图 3-25 所示，单击【确定】按钮，在绘图区指定插入位置，插入"齿轮剖面图"块。再选中"齿轮剖面图"块，单击【修改】面板上的【移动】按钮，将其移动至合适的位置，如图 3-26 所示。至此，完成齿轮装配图的绘制。

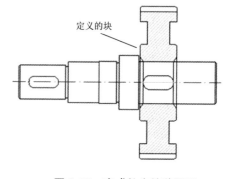

定义的块

图 3-25　【插入】对话框　　　　　　　　图 3-26　完成的齿轮装配图

块操作案例 4——编写箱体零件图零件序号

📷 **案例文件**：ywj\03\3-2-4-1.dwg，ywj\03\3-2-4-2.dwg。

🎬 **视频文件**：光盘\视频课堂\第 3 章\3.2.4。

案例操作步骤如下。

step 01 打开的 3-2-4-1 文件——"箱体零件图"，如图 3-27 所示。

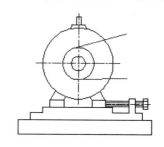

图 3-27　打开的 3-2-4-1 文件

step 02 选择【格式】|【文字样式】菜单命令，在打开的【文字样式】对话框中设置新的文字样式，如图 3-28 所示。

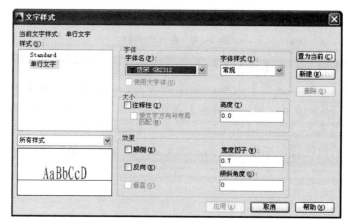

图 3-28　【文字样式】对话框参数设置

step 03 单击【绘图】面板中的【圆】按钮⊙，绘制半径为 8 的圆。选择【绘图】|【块】|【定义属性】菜单命令，打开【属性定义】对话框，在【属性】选项组的【标记】文本框中输入"A"，如图 3-29 所示。

step 04 单击【确定】按钮，返回绘图区，捕捉圆的圆心作为插入点，如图 3-30 所示。

图 3-29　【属性定义】参数设置　　　　　　图 3-30　选择插入点

step 05 单击【块】面板中的【创建】按钮🛗，弹出【块定义】对话框，在【名称】文本框中输入"零件序号"，单击【拾取点】按钮🖳，切换至绘图区域，拾取图形上任意一点，返回【块定义】对话框，然后单击【选择对象】按钮🖳，切换至绘图区域，选择绘制的"序号圆"，按 Enter 键返回【块定义】对话框，单击【确定】按钮创建块，如图 3-31 所示。

图 3-31　创建"零件序号"图块

step 06 在命令行中输入"LE"激活引线命令，弹出【引线设置】对话框，在【注释】选项卡的【注释类型】选项组中选中【块参照】单选按钮，如图 3-32 所示。然后切换到【引线和箭头】选项卡，在【引线】选项组选中【直线】单选按钮，在【箭头】选项组选择【小点】选项，如图 3-33 所示。

图 3-32　【注释】选项卡参数设置

图 3-33　【引线和箭头】选项卡参数设置

step 07　单击【确定】按钮，插入刚创建的属性块，如图 3-34 所示。

step 08　重复【引线】命令，标注其他位置序号，完成箱体零件图零件序号的编写，如图 3-35 所示。

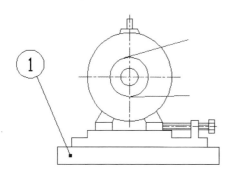

图 3-34　插入刚创建的属性块

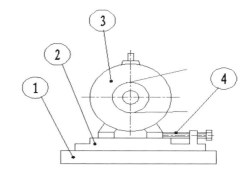

图 3-35　完成编写的箱体零件图零件序号

3.3　外　部　参　照

在把图形作为块插入时，块定义和所有相关联的几何图形都将存储在当前的图形数据库中。如果修改原图形，块不会随之更新。而使用外部参照方法，不但可以插入图形，而且还能使块更新。

3.3.1　外部参照概述

外部参照(External Reference，Xref)提供了更为灵活的图形引用方法。使用外部参照可以将多个图形链接到当前图形中，并且作为外部参照的图形会随着原图形的修改而更新。此外，外部参照不会明显地增加当前图形的文件大小，从而可以节省磁盘空间，也利于保持系统的性能。

当一个图形文件被作为外部参照插入到当前图形中时，外部参照中每个图形的数据仍然分别保存在各自的源图形文件中，当前图形中所保存的只是外部参照的名称和路径。无论一个外部参照文件多么复杂，AutoCAD 都会把它作为一个单一对象来处理，而不允许进行分解。用户可以对外部参照进行比例缩放、移动、复制、镜像或旋转等操作，还可以控制外部参照的显示状态，但这些操作都不会影响原文件。

AutoCAD 允许在绘制当前图形的同时，显示多达 32 000 个图形参照，并且可以对外部参照进行嵌套，嵌套的层次可以为任意多层。当打开或打印附着有外部参照的图形文件时，AutoCAD 自动对每一个外部参照图形文件进行重载，从而确保每个外部参照图形文件反映的都是它们的最新状态。

3.3.2　使用外部参照

以外部参照的方式将图形插入某一图形(称之为主图形)后，被插入图形文件的信息并不直接加入到主图形中，主图形只记录参照的关系，例如，参照图形文件的路径等信息。如果外部参照中包含任何可变块属性，它们将被忽略。另外，对主图形的操作不会改变外部参照图形文件的内容。当打开具有外部参照的图形时，系统会自动把各外部参照图形文件重新调入内存并在当前图形中显示出来。

选择【插入】|【外部参照】菜单命令，可以打开【外部参照】选项板，如图 3-36 所示。

图 3-36　【外部参照】选项板

使用外部参照案例——创建外部资源块

> 案例文件：ywj\03\花键.dwg，花键块.dwg，ywj\03\开口销.dwg，开口销块.dwg。
>
> 视频文件：光盘\视频课堂\第 3 章\3.3。

案例操作步骤如下。

step 01 打开"开口销"和"花键"两个图形文件。选择【窗口】|【垂直平铺】菜单命令，将两个图形文件垂直平铺，如图 3-37 所示。

step 02 在命令行中输入"wblock"后按 Enter 键，打开【写块】对话框，设置【文件名和路径】，如图 3-38 所示。

step 03 单击【拾取点】按钮，返回绘图区，选择图 3-39 所示的花键中心线交点作为基点。返回【写块】对话框，设置参数，这里均采用默认设置。

step 04 单击【选择对象】按钮，返回绘图区，选择花键作为块对象。单击【确定】按钮，此时，所选择的花键图形被转换为一个高效的外部块储存在相关目录下。

step 05 按照相同的操作，将"开口销"也转换为高效外部块。

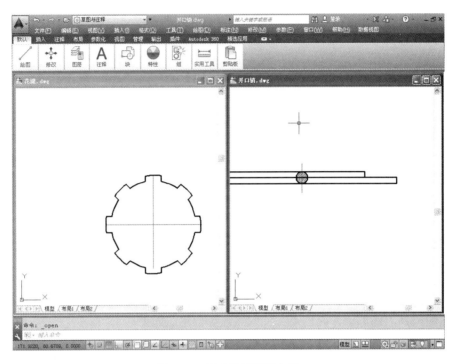

图 3-37　垂直平铺图形文件

图 3-38　【写块】对话框参数设置

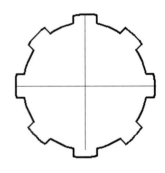

图 3-39　选择基点

3.4　图形设计辅助工具——AutoCAD 设计中心

AutoCAD 设计中心是为用户提供了一个直观且高效的管理工具，它与 Windows 资源管理器类似。

3.4.1 利用设计中心打开图形

打开设计中心的操作方法有以下几种。

● 选择【工具】|【选项板】|【设计中心】菜单命令。

● 在【视图】选项卡中单击【选项板】面板中的【设计中心】按钮 。

● 在命令行中输入"adcenter"后按 Enter 键。

执行以上任一操作，都将打开如图 3-40 所示的【设计中心】对话框。

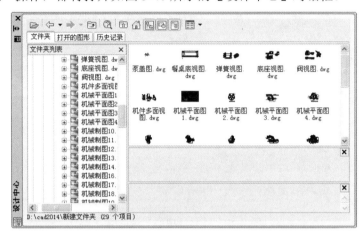

图 3-40 【设计中心】对话框

从【文件夹列表】中任意找到一个 AutoCAD 文件，选中文件并右击，在弹出的快捷菜单中选择【在应用程序窗口中打开】命令，将图形打开，如图 3-41 所示。

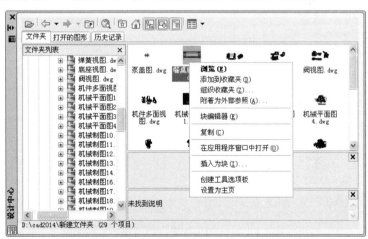

图 3-41 选择【在应用程序窗口中打开】命令

3.4.2 使用设计中心插入块

使用设计中心可以把其他图形中的块引用到当前图形中。

具体操作步骤如下。

(1) 打开一个 "dwg" 图形文件。

(2) 在【选项板】面板中单击【设计中心】按钮🔲，打开【设计中心】对话框。

(3) 在【文件夹列表】中，双击要插入到当前图形中的图形文件，在右边栏中会显示出图形文件所包含的标注样式、文字样式、图层、块等内容，如图 3-42 所示。

图 3-42　【设计中心】对话框

(4) 双击【块】，显示出图形中包含的所有块，如图 3-43 所示。

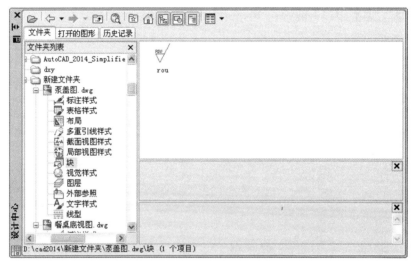

图 3-43　显示所有【块】的【设计中心】对话框

(5) 双击要插入的块，会出现【插入】对话框，如图 3-44 所示。

图 3-44 【插入】对话框

(6) 在【插入】对话框中可以指定插入点的位置、旋转角度和比例等，设置完成后单击【确定】按钮，返回当前图形，完成对块的插入。

3.4.3 设计中心的拖放功能

使用设计中心的拖放功能可以把其他文件中的块、文字样式、标注样式、表格、外部参照、图层和线型等复制到当前文件中，步骤如下。

(1) 新建一个文件"拖放.dwg"，通过下面操作把块拖放到"拖放.dwg"文件中。

(2) 在【选项板】面板上单击【设计中心】按钮，打开【设计中心】对话框。

(3) 双击要插入到当前图形中的图形文件，在内容区显示图形中包含的标注样式、文字样式、图层、块等内容。

(4) 双击【块】，显示出图像中包含的所有块。

(5) 拖动"rou"到当前图形文件，可以把块复制到"拖放.dwg"文件中，如图 3-45 所示。

(6) 按住 Ctrl 键，选择要复制的所有图层设置，然后将其拖动到当前文件的绘图区，这样就可以把图层设置一并复制到"拖放.dwg"文件中。

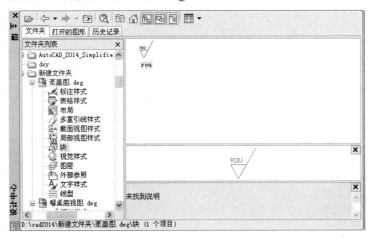

图 3-45 拖放块到当前图形

3.4.4 利用设计中心引用外部参照

利用设计中心将一个文件作为外部参照插入到另一文件中的操作步骤如下。

(1) 新建"外部参照.dwg"图形文件。

(2) 在【选项板】面板上单击【设计中心】按钮▥，打开【设计中心】对话框。

(3) 在【文件夹列表】中找到"机械平面图 2.dwg"文件所在目录，在右边的文件显示栏中右击该文件，在弹出的快捷菜单中选择【附着为外部参照】命令，打开【附着外部参照】对话框，如图 3-46 所示。

图 3-46 【附着外部参照】对话框

(4) 在【附着外部参照】对话框中进行外部参照设置，设置完成后，单击【确定】按钮，返回到绘图区，指定插入图形的位置，"机械平面图 2.dwg"就被插入到了"外部参照.dwg"图形中。

图形设计辅助工具案例 1——绘制联轴器

> 📖 **案例文件**：ywj\03\阶梯轴.dwg，ywj\03\球轴承.dwg，ywj\03\3-4-1.dwg。
>
> 🎬 **视频文件**：光盘\视频课堂\第 3 章\3.4.1。

案例操作步骤如下。

step 01 选择【工具】|【选项板】|【设计中心】菜单命令，打开【设计中心】选项板，如图 3-47 所示。

step 02 在【文件夹】选项卡中找到"阶梯轴.dwg"文件。在该文件上右击，从弹出的快捷菜单中选择【在应用程序窗口中打开】命令，如图 3-48 所示，打开此文件，打开的图形如图 3-49 所示。

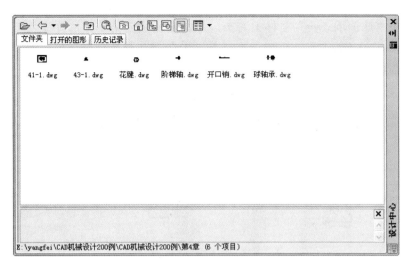

图 3-47 设计中心选项板

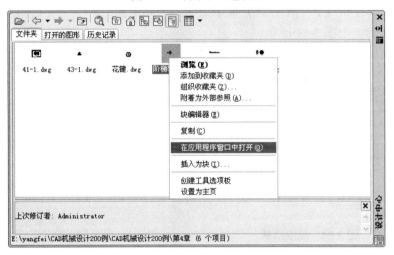

图 3-48 打开阶梯轴文件

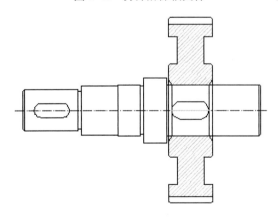

图 3-49 打开的阶梯轴

step 03 在"球轴承.dwg"文件上右击，从弹出的快捷菜单中选择【复制】命令，复制此文件。在当前图形文件中选择【粘贴】命令，系统将自动以块的形式，将其共享到当前文件，结果如图 3-50 所示。

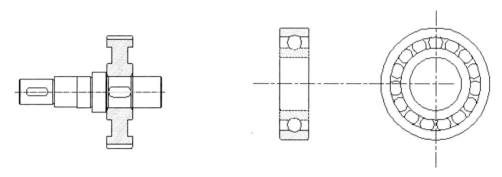

图 3-50　复制结果

step 04 选择【修改】|【分解】菜单命令，分解刚插入的块。使用删除命令，删除多余的图形，如图 3-51 所示。

step 05 使用移动命令，将定位套组装在阶梯轴上，联轴器绘制完成，如图 3-52 所示。

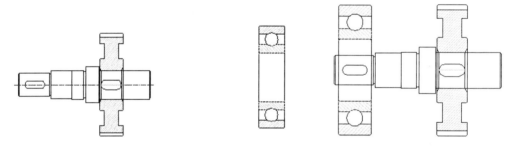

图 3-51　删除结果　　　　　　　　图 3-52　绘制完成的联轴器

图形设计辅助工具案例 2——引用外部资源绘制盘盖零件

　　🏠 **案例文件：** ywj\03\3-4-2-1.dwg，ywj\03\3-4-2-2.dwg。

　　🎥 **视频文件：** 光盘\视频课堂\第 3 章\3.4.2。

案例操作步骤如下。

step 01 打开的 3-4-2-1 文件，如图 3-53 所示。

step 02 选择【工具】|【选项板】|【工具选项板】菜单命令，打开【工具选项板】面板，如图 3-54 所示。

step 03 单击　六角螺母－公制　图标，将其拖至绘图区，如图 3-55 所示。

step 04 单击刚插入的六角螺母图块，弹出如图 3-56 所示的螺母型号选择菜单，从中选择"M6"更改动态块的尺寸，如图 3-57 所示。

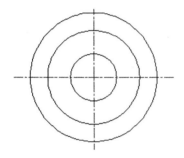

图 3-53　打开的 3-4-2-1 文件

图 3-54　工具选项板

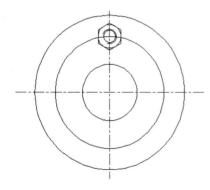

图 3-55　插入块

图 3-56　螺母型号选择菜单

step 05 选择【修改】|【阵列】|【环形阵列】菜单命令，以圆心为基点将六角螺母图块环形阵列，绘制的盘盖零件如图 3-58 所示。

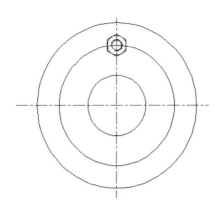

图 3-57　更改结果

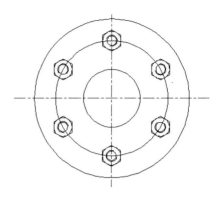

图 3-58　绘制完成的盘盖零件

3.5　本 章 小 结

　　本章主要介绍了如何在 AutoCAD 2014 中创建和编辑块、创建和管理属性块以及如何使用外部参照等操作方法，并对 AutoCAD 设计中心的使用方法进行了详细的讲解。通过本章的学习，读者应该能够熟练掌握创建、编辑和插入块的方法。

第 4 章
快速创建文字、字符与表格

　　使用表格和文字可以使信息表达得有条理、便于阅读，尤其在建筑类设计中经常要用到门窗表、钢筋表、原料单和下料单等表格，在机械类设计中也会经常用到一些装配图中的零件明细栏、标题栏和技术说明栏等。本章将为读者讲述如何在 AutoCAD 2014 中快速创建需要的文字、字符、表格。

4.1 文 字 标 注

在 AutoCAD 图形中，所有的文字都有与之相关的文字样式。当输入文字时，AutoCAD
会使用当前的文字样式作为其默认的样式，该样式包括字体、样式、高度、宽度比例和其他
文字特性。

打开文字样式对话框有以下几种方法。

(1) 在命令行中输入"style"后按 Enter 键。

(2) 在【默认】选项卡的【注释】面板中单击【文字样式】按钮 A。

(3) 在菜单栏中选择【格式】|【文字样式】菜单命令。

打开的【文字样式】对话框如图 4-1 所示，它包含了 4 组参数选项组：【样式】选项
组，【字体】选项组，【大小】选项组和【效果】选项组。【大小】选项组中的参数通常会
按照默认进行设置，不做修改。

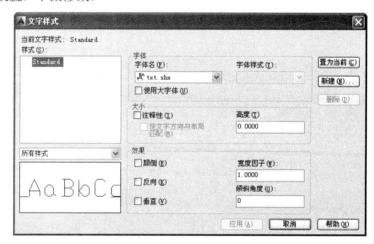

图 4-1 【文字样式】对话框

用户可以创建两种性质的文字，分别是单行文字和多行文字。其中，单行文字常用于不
需要使用多种字体的简短内容中；多行文字主要用于一些复杂的说明性文字中，用户可为其
中的不同文字设置不同的字体和大小，也可以方便地在文本中添加一些特殊符号。

4.1.1 创建单行文字

作为图形的一个组成部分，单行文字一般用于对图形对象的规格、标题栏信息和标签等
的说明。对于这种不需要使用多种字体的简短内容，可以使用【单行文字】命令建立单行
文字。

创建单行文字有以下几种方法。

(1) 在命令行中输入"dtext"后按 Enter 键。

(2) 在【默认】选项卡中的【注释】面板或【注释】选项卡中的【文字】面板中单击

【单行文字】按钮A̲。

（3）在菜单栏中选择【绘图】|【文字】|【单行文字】菜单命令。

每行文字都是独立的对象，可对其进行重新定位、调整格式或其他修改。

在创建单行文字时，要指定文字样式并设置对正方式。文字样式可设置为文字对象的默认特征。对正决定字符的那一部分与插入点要对正。

4.1.2　创建多行文字

对于较长和较为复杂的内容，可以使用【多行文字】命令来创建多行文字。多行文字可以布满指定的宽度，在垂直方向上无限延伸。用户可以自行设置多行文字对象中的单个字符的格式。

多行文字由任意数目的文字行或段落组成，与单行文字不同的是在一个多行文字编辑任务中创建的所有文字行或段落都被当作同一个多行文字对象。多行文字可以被移动、旋转、删除、复制、镜像、拉伸或比例缩放。

可以将文字高度、对正、行距、旋转、样式和宽度应用到文字对象中或将字符格式应用到特定的字符中。对齐方式要考虑文字边界以决定文字要插入的位置。

与单行文字相比，多行文字具有更多的编辑选项。可以将下划线、字体、颜色和高度变化应用到段落中的单个字符、词语或词组。

单击【多行文字】按钮，在主窗口会打开如图 4-2 所示的文字编辑器选项卡，以及如图 4-3 所示的在位文字编辑器以及【标尺】。

图 4-2　文字编辑器选项卡

图 4-3　在位文字编辑器以及【标尺】

文字编辑器选项卡包括【样式】、【格式】、【段落】、【插入】、【拼写检查】、【工具】、【选项】、【关闭】8 个面板，可根据不同的需要对多行文字进行编辑和修改。

文字标注案例 1——标注零件图单行注释

📋 案例文件：ywj\04\4-1-1-1.dwg，ywj\04\4-1-1-2.dwg。

💿 视频文件：光盘\视频课堂\第 4 章\4.1.1。

案例操作步骤如下。

step 01 打开的 4-1-1-1 文件——"箱体零件图"，如图 4-4 所示。

step 02 选择【格式】|【文字样式】菜单命令，打开【文字样式】对话框，如图 4-5 所示。

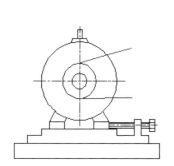

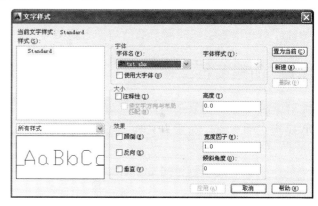

图 4-4　打开的 4-1-1-1 文件　　　　　图 4-5　【文字样式】对话框

step 03 单击【新建】按钮，在弹出的【新建文字样式】对话框输入新建样式名称，如图 4-6 所示。

step 04 单击【确定】按钮，返回【文字样式】对话框，在【字体】选项组的【字体名】下拉列表框中选择【仿宋_GB2312】， 在【效果】选项组的【宽度因子】微调框中输入"0.7"，如图 4-7 所示。单击【应用】按钮。

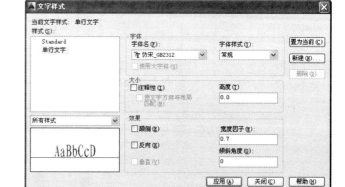

图 4-6　【新建文字样式】对话框　　　　图 4-7　【文字样式】对话框参数设置

提示　　　国家标准规定工程图样中的汉字多采用仿宋体，且宽高比为 0.7。

step 05 单击【置为当前】按钮，将刚创建的文字样式置为当前，再单击【应用】按钮，关闭对话框。单击【绘图】面板中的【直线】按钮，绘制文字注释的指示线，如图 4-8 所示。

step 06 选择【绘图】|【文字】|【单行文字】菜单命令，为左右两边的零件添加注释，如图 4-9 所示。

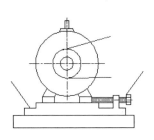

图 4-8　绘制的文字指示线

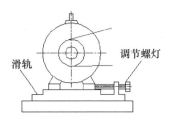

图 4-9　标注单行文字

文字标注案例 2——在零件图中添加特殊字符

🖺 案例文件：ywj\04\4-1-2-1.dwg，ywj\04\4-1-2-2.dwg。

🎬 视频文件：光盘\视频课堂\第 4 章\4.1.2。

案例操作步骤如下。

step 01 打开的 4-1-2-1 文件——"阀体零件图"，如图 4-10 所示。

step 02 选择【标注】|【直径标注】菜单命令，标注圆的注释，如图 4-11 所示。

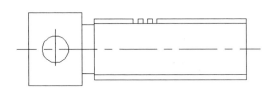

图 4-10　打开的 4-1-2-1 文件

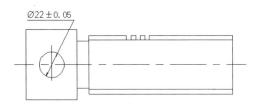

图 4-11　标注圆的注释

提示　在 AutoCAD 中给图形标注文字时，会用到很多特殊的字符。在使用这些特殊字符对图形进行标注时可通过控制字符来实现。标注 AutoCAD 中图形的特殊字符及其对应的控制字符如表 4-1 所示。

表 4-1　特殊字符及其对应的控制字符表

特殊符号或标注	控制字符	示　例
圆直径标注符号(ϕ)	%%c	$\phi 48$
百分号	%%%	%30
正/负公差符号(±)	%%p	20±0.8
度符号(°)	%%d	48°
字符数 nnn	%%nnn	Abc
加上划线	%%o	$\overline{123}$
加下划线	%%u	$\underline{123}$

文字标注案例 3——为零件图添加多行注释

📖 案例文件：ywj\04\4-1-3-1.dwg，ywj\04\4-1-3-2.dwg。

🎬 视频文件：光盘\视频课堂\第 4 章\4.1.3。

案例操作步骤如下。

step 01 ▶ 打开的 4-1-3-1 文件——"箱体零件图"，如图 4-12 所示。

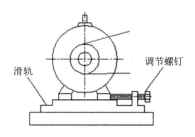

调节螺钉

滑轨

图 4-12　打开的 4-1-3-1 文件

step 02 ▶ 选择【格式】|【文字样式】菜单命令，打开【文字样式】对话框，在【字体】选项组的【字体名】下拉列表框中选择【宋体】选项，在【效果】选项组的【宽度因子】文本框中输入"1.0"，如图 4-13 所示。

图 4-13　【文字样式】对话框参数设置

step 03 ▶ 选择【绘图】|【文字】|【多行文字】菜单命令，输入零件图说明，如图 4-14 所示。

提示　如果段落文字不太合适，可以使用【移动】命令进行适当调整。

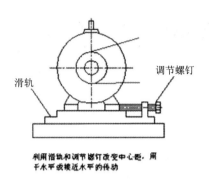

图 4-14　标注多行文字注释

文字标注案例 4——在零件图多行注释中添加特殊字符

📷 案例文件：ywj\04\4-1-4-1.dwg，ywj\04\4-1-4-2.dwg。

💿 视频文件：光盘\视频课堂\第 4 章\4.1.4。

案例操作步骤如下。

step 01　打开的 4-1-4-1 文件——"底座零件图"，如图 4-15 所示。

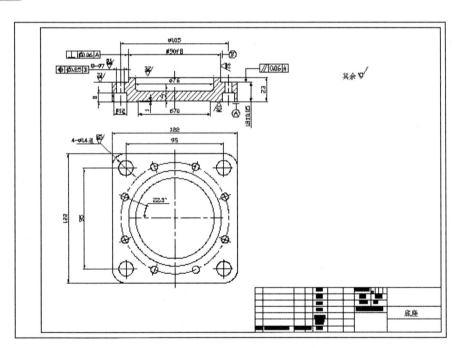

图 4-15　打开的 4-1-4-1 文件

step 02　选择【格式】|【文字样式】菜单命令，打开【文字样式】对话框，在【字体】选项组的【字体名】下拉列表框中选择【宋体】选项，在【效果】选项组的【宽度因子】文本框中输入"1.0"，如图 4-16 所示。

图 4-16 　【文字样式】对话框参数设置

step 03 　选择【绘图】|【文字】|【多行文字】菜单命令，输入图纸的技术要求，如
图 4-17 所示。

step 04 　在命令行输入 "%%d"，插入角度符号，如图 4-18 所示，编辑完成的图样如
图 4-19 所示。

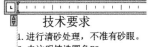

技术要求

1. 进行清砂处理，不准有砂眼。
2. 未注明铸造圆角R3。
3. 未注明倒角1X45

3. 未注明倒角1X45°

图 4-17　输入图纸的技术要求　　　　　　图 4-18　插入角度符号

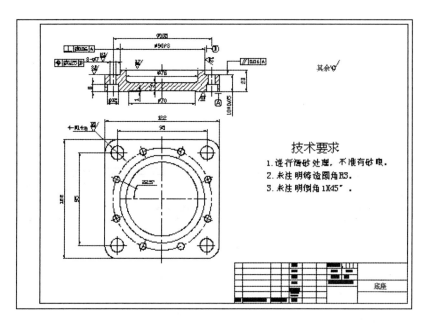

图 4-19　编辑完成的图样

文字标注案例 5——标注引线注释

📝 案例文件：ywj\04\4-1-5-1.dwg，ywj\04\4-1-5-2.dwg。

💽 视频文件：光盘\视频课堂\第 4 章\4.1.5。

案例操作步骤如下。

step 01 ▶ 打开的 4-1-5-1 文件——"阀体零件图"，如图 4-20 所示。

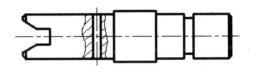

图 4-20　打开的 4-1-5-1 文件

step 02 ▶ 选择【格式】|【多重引线样式】菜单命令，打开【多重引线样式管理器】对话框，如图 4-21 所示。

step 03 ▶ 单击【新建】按钮，弹出【创建新多重引线样式】对话框，在【新样式名】文本框中输入新建样式名称，其余采用默认设置，如图 4-22 所示。

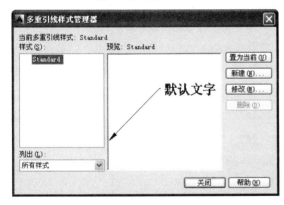

图 4-21　【多重引线样式管理器】对话框　　图 4-22　【创建新多重引线样式】对话框参数设置

step 04 ▶ 单击【继续】按钮，弹出【修改多重引线样式】对话框，在【箭头】选项组的【符号】下拉列表框中选择【无】选项，然后单击【引线结构】标签，切换到【引线结构】选项卡，在【最大引线点数】微调框中输入 2，如图 4-23 所示。

step 05 ▶ 单击【内容】标签，切换到【内容】选项卡，在【文字选项】选项组的【文字高度】微调框中输入"4"，如图 4-24 所示。

step 06 ▶ 单击【确定】按钮，返回【多重引线样式管理器】对话框，将刚创建的引线样式置为当前，并关闭对话框。

step 07 ▶ 选择【标注】|【多重引线】菜单命令，对图形进行引线标注，如图 4-25 所示。

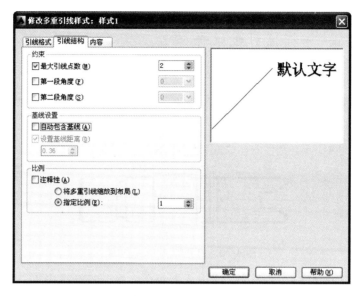

图 4-23　【引线结构】选项卡参数设置

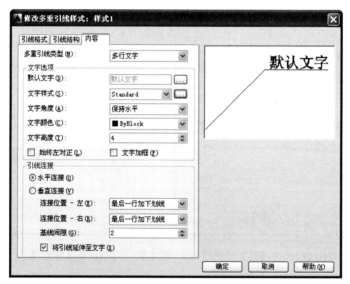

图 4-24　【内容】选项卡参数设置

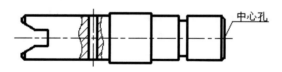

图 4-25　引线标注

　　　引线尺寸标注是从图形上的指定点引出连续的引线，用户可以在引线上输入标注文字。

4.2　文　本　编　辑

与绘图类似的是，在建立文字时，也有可能出现错误操作，这时就需要编辑文字。

4.2.1　编辑单行文字

1．编辑单行文字的方法

(1) 在【命令行】中输入"ddedit"后按 Enter 键。

(2) 用鼠标双击文字，即可实现编辑单行文字操作。

2．编辑单行文字

在【命令行】中输入"ddedit"后按 Enter 键，出现捕捉标志 ▫。移动鼠标使此捕捉标志至需要编辑的文字位置，然后单击选中文字。

在其中可以修改的只是单行文字的内容，修改完文字内容后按两次 Enter 键即可。

4.2.2　编辑多行文字

1．编辑多行文字的方法

(1) 在命令行中输入"mtedit"后按 Enter 键。

(2) 在菜单栏中选择【修改】|【对象】|【文字】|【编辑】菜单命令。

2．编辑多行文字

在【命令行】中输入"mtedit"后，选择多行文字对象，会重新打开文字编辑器选项卡和【在位文字编辑器】，可以将原来的文字重新编辑为用户所需要的文字。

文字编辑案例——修改轴零件图注释

> 案例文件：ywj\04\4-2-1.dwg，ywj\04\4-2-2.dwg。
>
> 视频文件：光盘\视频课堂\第 4 章\4.2。

案例操作步骤如下。

`step 01` 打开的 4-2-1 文件——"箱体零件图"，如图 4-26 所示。

`step 02` 选择【修改】|【对象】|【文字】|【编辑】菜单命令，选择零件图的多行说明文字进行编辑，如图 4-27 所示，编辑后的零件说明文字如图 4-28 所示。

　提示　编辑标注文字用来编辑标注文字的位置和方向。

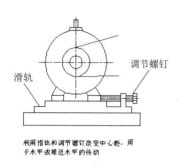

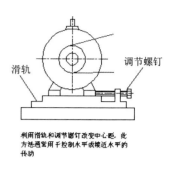

图 4-26　打开的 4-2-1 文件　　　　图 4-27　编辑多行文字　　　　图 4-28　编辑后的结果

4.3　表格的创建与编辑

4.3.1　创建表格

在 AutoCAD 中，除了可以使用【表格】命令创建表格外，还可以从 Microsoft Excel 中直接复制表格，并将其作为 AutoCAD 表格对象粘贴到图形中，也可以从外部直接导入表格对象。此外，还可以输出来自 AutoCAD 的表格数据，以供 Microsoft Excel 或其他应用程序使用。

4.3.2　新建表格样式

在 AutoCAD 2014 中，可以通过以下两种方法创建表格样式。

(1)　在命令行中输入"TABLESTYLE"命令后按 Enter 键。

(2)　在菜单栏中，选择【格式】|【表格样式】菜单命令。

使用以上任意一种方法，均会打开如图 4-29 所示的【表格样式】对话框。在此对话框中可以设置当前表格样式，以及创建、修改和删除表格样式。

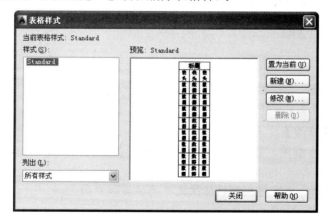

图 4-29　【表格样式】对话框

4.3.3 插入表格

在 AutoCAD 2014 中，可以通过以下两种方法插入表格。

(1) 在命令行中输入"TABLE"后按 Enter 键。

(2) 单击【注释】面板中【表格】按钮。

使用以上任意一种方法，均可打开如图 4-30 所示的【插入表格】对话框。

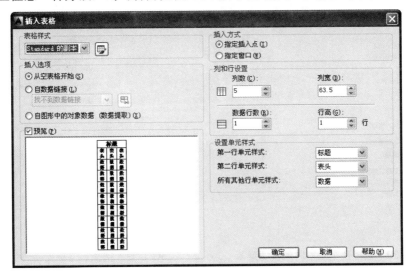

图 4-30 【插入表格】对话框

4.3.4 编辑表格

在选择表格后，表格的四周、标题行上将显示若干个夹点，用户可以根据这些夹点来编辑表格，如图 4-31 所示。

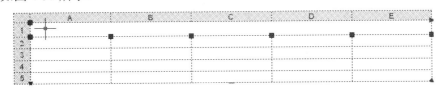

图 4-31 选择表格时出现的夹点

在 AutoCAD 2014 中，用户还可以使用快捷菜单来编辑表格。首先选择整个表格，然后右击，弹出如图 4-32 所示的快捷菜单。在其中选择所需的命令，可以对整个表格进行相应的操作；选择表格单元格时，右击，弹出如图 4-33 所示的快捷菜单，在其中选择相应的命令，可对表格的某个单元格进行操作。

从选择整个表格时的快捷菜单中可以看到用户可对表格进行剪切、复制、删除、移动、缩放和旋转等简单操作的菜单项。

从选择表格单元格时的快捷菜单中还可以看出，用户可对表格单元格进行编辑的菜单项。

图 4-32　选择整个表格时的快捷菜单　　　　图 4-33　选择表格单元格时的快捷菜单

表格的创建与编辑案例 1——创建装配体零件表

案例文件：ywj\04\4-3-1.dwg。

视频文件：光盘\视频课堂\第 4 章\4.3.1。

案例操作步骤如下。

step 01 选择【格式】|【表格样式】菜单命令，打开【表格样式】对话框，如图 4-34 所示。

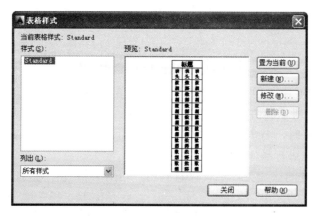

图 4-34　【表格样式】对话框

step 02 单击【新建】按钮，在弹出的【创建新的表格样式】对话框的【新样式名】文本框中输入要建立的表格名称"表格1"，如图 4-35 所示。

step 03 单击【继续】按钮，打开【新建表格样式：表格 1】对话框，这里采用默认设置，如图 4-36 所示。单击【确定】按钮，保存并关闭【新建表格样式】对话框。

图 4-35 【创建新的表格样式】对话框参数设置　　　图 4-36 表格样式参数设置

step 04 选择【绘图】|【表格】菜单命令，打开【插入表格】对话框，在【设置单元样式】选项组的【第一行单元样式】下拉列表框中选择【数据】选项，在【第二行单元样式】下拉列表框中选择【数据】选项，在【所有其他行单元样式】下拉列表框中选择【数据】选项；在【列和行设置】选项组的【列数】微调框中输入"4"，【数据行数】微调框中输入"5"，如图 4-37 所示。

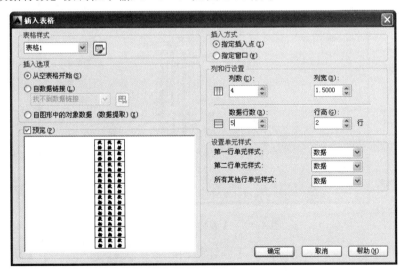

图 4-37 【插入表格】对话框参数设置

step 05 单击【确定】按钮，插入的表格如图 4-38 所示。

step 06 在表格中插入如图 4-39 所示的文字。

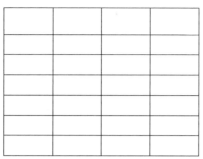

序号	名称	数量	材料

图 4-38　插入的表格　　　　　　　　　　图 4-39　输入的文字

提示　　　在产品设计过程中，表格主要用来展示与图形相关的标准、数据、信息、材料和装配信息等内容。

表格的创建与编辑案例 2——绘制空白标题栏

📁 案例文件：ywj\04\4-3-2.dwg。

💿 视频文件：光盘\视频课堂\第 4 章\4.3.2。

案例操作步骤如下。

step 01 选择【格式】|【表格样式】菜单命令，弹出【表格样式】对话框，如图 4-40 所示。

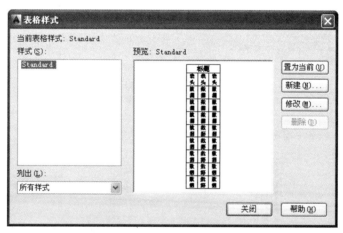

图 4-40　【表格样式】对话框

step 02 单击【新建】按钮，弹出【创建新的表格样式】对话框。在【新样式名】文本框中输入要建立的表格名称"标准件表"，如图 4-41 所示。

step 03 单击【继续】按钮，出现如图 4-42 所示的【新建表格样式：标准件表】对话框，这里我们采用默认设置。

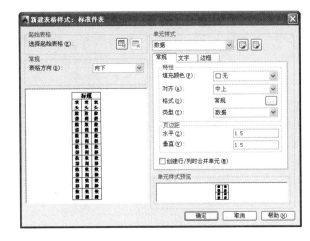

图 4-41 【创建新的表格样式】对话框参数设置　　　　图 4-42 表格样式参数设置

step 04 选择【绘图】|【表格】菜单命令或在【命令行】中输入"TABLE"后按 Enter 键，都可出现【插入表格】对话框，在【设置单元样式】选项组的【第一行单元样式】下拉列表框中选择【标题】选项，在【第二行单元样式】下拉列表框中选择【表头】选项，在【所有其他行单元样式】下拉列表框中选择【数据】选项；在【列和行设置】选项组的【列数】微调框中输入"5"，【数据行数】微调框中输入"4"，如图 4-43 所示。

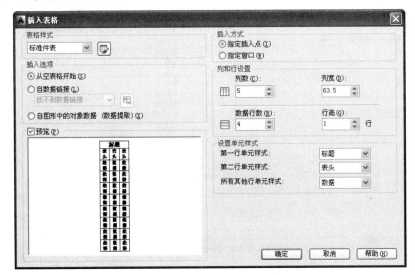

图 4-43 【插入表格】对话框参数设置

step 05 单击【确定】按钮，在当前图形插入"标准件表"表格，同时弹出如图 4-44 所示的【文字格式】对话框，在【文字格式】对话框中单击【确定】按钮，完成表格的创建，如图 4-45 所示。

图 4-44　【文字格式】对话框

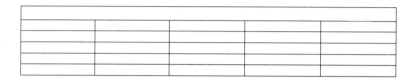

图 4-45　按照"标准件表"样式插入的表格

step 06 选择标题栏单元格，右击，在弹出的快捷菜单选择【行】|【删除】命令，如图 4-46 所示，删除结果如图 4-47 所示。

图 4-46　选择表格单元格时的快捷菜单

图 4-47　删除标题栏后的结果

step 07 选中左上角连续 4 个单元格，右击，在弹出的快捷菜单选择【合并】|【全部】命令，合并结果如图 4-48 所示。

图 4-48 合并单元格 1

step 08 继续合并其他单元格，合并结果如图 4-49 所示。

图 4-49 合并单元格 2

 国家标准规定，机械图样必须附带标题栏。标题栏的内容一般为图样的综合信息。

表格的创建与编辑案例 3——填写阀体标题栏

案例文件：ywj\04\4-3-3-1.dwg，ywj\04\4-3-3-2.dwg。

视频文件：光盘\视频课堂\第 4 章\4.3.3。

案例操作步骤如下。

step 01 打开的 4-3-3-1 文件，如图 4-50 所示。

图 4-50 打开的 4-3-3-1 文件

step 02 选择【格式】|【文字样式】菜单命令，弹出【文字样式】对话框，单击【新建】按钮，打开【新建文字样式】对话框，在【样式名】文本框中输入"样式 1"后，单击【确定】按钮，返回新建"样式 1"的【文字样式】对话框，如图 4-51 所示。

step 03 在新建"样式 1"的【文字样式】对话框中，在【字体】选项组的【字体名】下拉列表框中选择【仿宋_GB2312】，在【效果】选项组的【宽度因子】微调框中输入"0.7"，如图 4-52 所示，单击【应用】按钮。

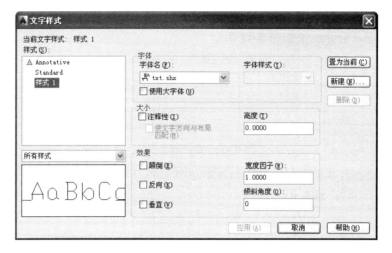

图 4-51　新建文字样式

图 4-52　设置文字样式 1

step 04　双击单元格，弹出【文字格式】对话框，在【文字样式】下拉列表框中选择【样式 1】选项，在【高度】下拉列表框中输入"0.3"，在灰色背景中输入文字"制图"，如图 4-53 所示，单击【确定】按钮。

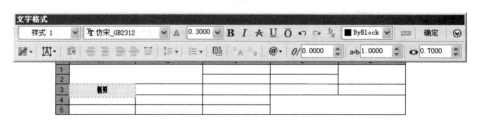

图 4-53　输入的文字

step 05　继续输入其他文字，输入结果如图 4-54 所示。

		比例		
		件数		
制图		重量		共 页 第 页
描图				
审核				

图 4-54　文字格式为"样式 1"的文字

step 06 再新建一个文字样式"样式 2",打开"样式 2"【文字样式】对话框,在【字体】选项组的【字体名】下拉列表框中选择【楷体_GB2312】,在【效果】选项组的【宽度因子】微调框中输入"0.7",如图 4-55 所示,单击【应用】按钮。

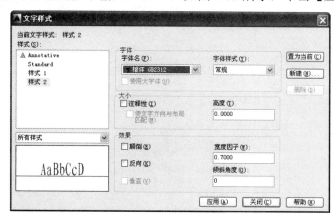

图 4-55　设置文字样式 2

step 07 双击第一个合并的单元格,弹出【文字格式】对话框,在【文字样式】下拉列表框中选择【样式 2】,在【高度】下拉列表框中输入"0.6",在灰色背景中输入文字"阀体",如图 4-56 所示,单击【确定】按钮。

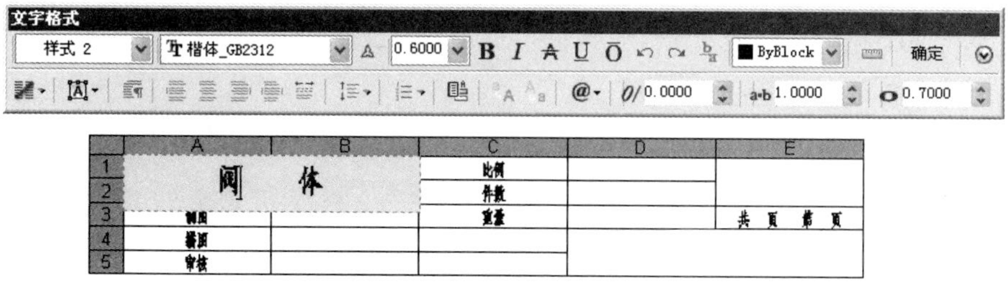

图 4-56　输入的文字

step 08 继续输入其他文字,输入结果如图 4-57 所示,完成标题栏的绘制。

阀　体		比例		
		件数		
制图		重量		共 页 第 页
描图			云杰漫步科技	
审核				

图 4-57　文字格式为"样式 2"的文字

文字与表格配合使用组成标题栏，主要表达图样内容、名称、代号、设计材料、标记、绘图日期等。

4.4 本 章 小 结

本章主要介绍了 AutoCAD 2014 中文字和表格的创建与编辑，并对 AutoCAD 中创建文字及表格的技巧进行了详细的讲解。通过本章的学习，读者应该能熟练掌握 AutoCAD 2014 中创建和编辑文字表格的操作方法，从而在绘制图纸的过程中能够运用自如。

第 5 章
尺寸的标注、协调与管理

　　尺寸标注是图形绘制的一个重要组成部分，它是图形的测量注释，可以测量和显示对象的长度、角度等测量值。AutoCAD 提供了多种标注样式和多种设置标注的方法，可以满足建筑、机械、电子等大多数应用领域的设计要求。在绘图时使用尺寸标注，能够对图形的各个部分添加提示和解释等辅助信息，既方便用户绘制，又方便使用者阅读。本章将讲述自行设置尺寸标注样式的方法、对图形进行尺寸标注的方法以及修改和编辑尺寸的方法。

5.1 尺寸标注样式

在 AutoCAD 中，要使标注的尺寸符合要求，就必须先设置尺寸样式，即确定 4 个基本元素的大小及其相互之间的基本关系。本节将对尺寸标注样式管理、创建及其具体设置做简略讲解。

5.1.1 标注样式的管理

设置尺寸标注样式有以下几种方法。

(1) 在菜单栏中，选择【标注】|【标注样式】菜单命令。

(2) 在命令行中输入"Ddim"后按 Enter 键。

(3) 单击【默认】选项卡中的【注释】面板中的【标注样式】按钮 。

无论使用上述任何一种方法，AutoCAD 都会打开如图 5-1 所示的【标注样式管理器】对话框。在当前显示窗口中选择的尺寸样式名，可以查看所选择样式的预览图。

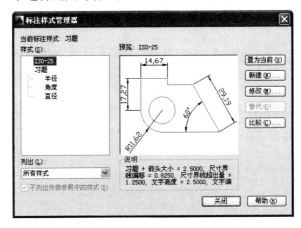

图 5-1 【标注样式管理器】对话框

5.1.2 创建新标注样式

单击【标注样式管理器】对话框中的【新建】按钮，出现如图 5-2 所示的【创建新标注样式】对话框。在其中，可以进行以下设置。

(1) 在【新样式名】文本框中输入新的尺寸样式名。

(2) 在【基础样式】下拉列表框中选择相应的标准。

(3) 在【用于】下拉列表框中，选择需要将此尺寸样式应用到相应标注上的尺寸。

设置完毕后单击【继续】按钮即可进入【新建标注样式】对话框进行各项设置，其内容与【修改标注样式】对话框中的内容一致。

图 5-2 【创建新标注样式】对话框

在 AutoCAD 中配有标注样式的导入、导出功能，可实现在新建图形中，引用或者导入当前图形中的标注样式，其后缀名为".dim"。

5.2 创建尺寸标注

尺寸标注是图形设计中基本的设计步骤和过程，其随图形的多样性而有多种不同的标注方式。AutoCAD 提供了多种标注类型，包括线性尺寸标注、对齐尺寸标注等，通过了解这些尺寸标注，可以灵活地给图形添加尺寸标注。

5.2.1 线性尺寸标注

线性尺寸标注用来标注图形的水平尺寸、垂直尺寸，如图 5-3 所示。

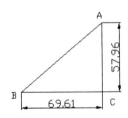

图 5-3 线性尺寸标注

创建线性尺寸标注有以下 3 种方法。

(1) 在菜单栏中，选择【标注】|【线性】菜单命令。

(2) 在命令行中输入"Dimlinear"后按 Enter 键。

(3) 单击【标注】面板中的【线性】按钮。

5.2.2 对齐尺寸标注

对齐尺寸标注是指标注两点间的距离，标注的尺寸线平行于两点间的连线，如图 5-4 所示为线性尺寸标注与对齐尺寸标注的对比。

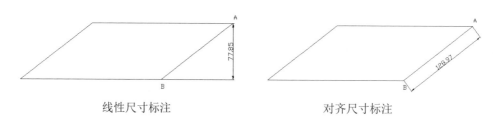

线性尺寸标注　　　　　　　　　　　　对齐尺寸标注

图 5-4　线性尺寸标注与对齐尺寸标注的对比

创建对齐尺寸标注有以下 3 种方法。

(1) 在菜单栏中，选择【标注】|【对齐】菜单命令。

(2) 在命令行中输入"Dimaligned"后按 Enter 键。

(3) 单击【标注】面板中的【对齐】按钮 ⌢ 。

5.2.3　半径尺寸标注

半径尺寸标注用来标注圆或圆弧的半径，如图 5-5 所示。

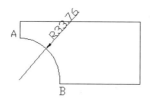

图 5-5　半径尺寸标注

创建半径尺寸标注有以下 3 种方法。

(1) 在菜单栏中，选择【标注】|【半径】菜单命令。

(2) 在命令行中输入"Dimradius"后按 Enter 键。

(3) 单击【注释】面板中的【半径】按钮 ◎ 。

5.2.4　直径尺寸标注

直径尺寸标注用来标注圆的直径，如图 5-6 所示。

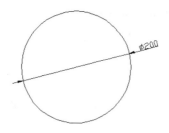

图 5-6　直径尺寸标注

创建直径尺寸标注有以下 3 种方法。

(1) 在菜单栏中，选择【标注】|【直径】菜单命令。

(2) 在命令行中输入"Dimdiameter"后按 Enter 键。

(3) 单击【注释】面板中的【直径】按钮 。

5.2.5 角度尺寸标注

角度尺寸标注用来标注两条不平行线的夹角或圆弧的夹角，如图 5-7 所示为不同图形的角度尺寸标注。

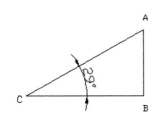
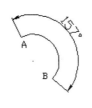
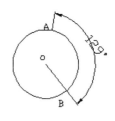

选择两条直线的角度尺寸标注　　　选择圆弧的角度尺寸标注　　　选择圆的角度尺寸标注

图 5-7 角度尺寸标注

创建角度尺寸标注有以下 3 种方法。

(1) 在菜单栏中，选择【标注】|【角度】菜单命令。

(2) 在命令行中输入"Dimangular"后按 Enter 键。

(3) 单击【注释】面板中的【角度】按钮 △。

5.2.6 基线尺寸标注

基线尺寸标注用来标注以同一基准为起点的一组相关尺寸，如图 5-8 所示。

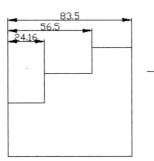
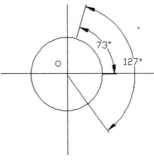

矩形的基线尺寸标注　　　　　　圆的基线尺寸标注

图 5-8 基线尺寸标注

创建基线尺寸标注有以下两种方法。

(1) 在菜单栏中，选择【标注】|【基线】菜单命令。

(2) 在命令行中输入"Dimbaseline"后按 Enter 键。

5.2.7　连续尺寸标注

连续尺寸标注用来标注一组连续相关尺寸，即前一尺寸标注是后一尺寸标注的基准，如图 5-9 所示。

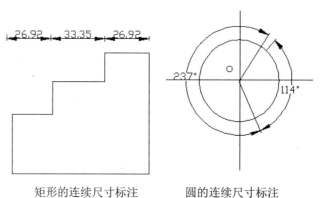

矩形的连续尺寸标注　　　　　圆的连续尺寸标注

图 5-9　连续尺寸标注

创建连续尺寸标注有以下两种方法。

(1)　在菜单栏中，选择【标注】|【连续】菜单命令。

(2)　在命令行中输入"Dimcontinue"后按 Enter 键。

5.2.8　圆心标记

圆心标记用来绘制圆或者圆弧的圆心十字型标记或是中心线。

如果用户既需要绘制十字型标记又需要绘制中心线，则首先必须在【标注样式】对话框的【符号与箭头】选项卡中选择【圆心标记】|【直线】选项，并在【大小】微调框中输入相应的数值来设定圆心标记的大小(若只需要绘制十字型标记则选择【圆心标记】|【标记】选项)，如图 5-10 所示。

圆心标记
中心线

图 5-10　圆心标记

创建圆心标记的方法有以下两种方法。

(1)　在菜单栏中，选择【标注】|【圆心标记】菜单命令。

(2)　在命令行中输入"dimcenter"后按 Enter 键。

5.2.9 引线尺寸标注

引线尺寸标注是从图形上的指定点引出连续的引线，用户可以在引线上输入标注文字，如图 5-11 所示。

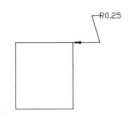

图 5-11　引线尺寸标注

创建引线尺寸标注的方法是在命令行中输入"qleader"后按 Enter 键。

5.2.10 坐标尺寸标注

坐标尺寸标注用来标注指定点到用户坐标系原点的坐标方向距离。如图 5-12 所示，圆心沿横向坐标方向的坐标距离为 13.24，圆心沿纵向坐标方向的坐标距离为 480.24。

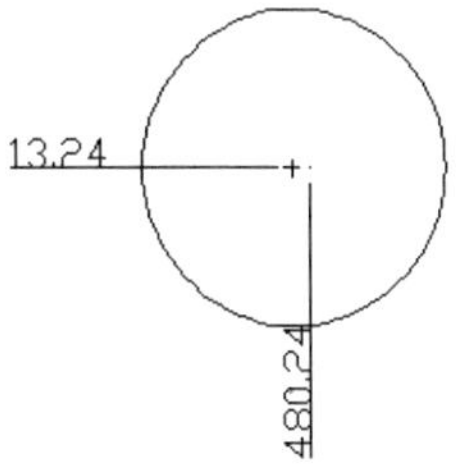

创建坐标尺寸标注有以下 3 种方法。

(1) 在菜单栏中，选择【标注】|【坐标】菜单命令。

(2) 在命令行中输入"Dimordinate"后按 Enter 键。

(3) 单击【注释】面板中的【坐标】按钮。

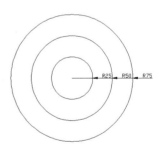

图 5-12　坐标尺寸标注

5.2.11 快速尺寸标注

快速尺寸标注用来标注一系列图形对象，如为一系列圆进行标注，如图 5-13 所示。

创建快速尺寸标注有以下两种方法。

(1) 在菜单栏中，选择【标注】|【快速标注】菜单命令。

(2) 在命令行中输入"qdim"后按 Enter 键。

图 5-13　快速尺寸标注

尺寸标注案例 1——轴承零件图标注

案例文件：ywj\05\5-2-1-1.dwg，ywj\05\5-2-1-2.dwg。

视频文件：光盘\视频课堂\第 5 章\5.2.1。

案例操作步骤如下。

step 01 打开的 5-2-1-1 文件——"轴承零件图"，如图 5-14 所示。

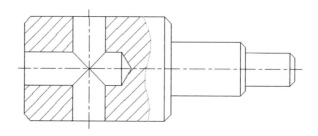

图 5-14　打开的 5-2-1-1 文件

step 02　单击【图层】面板中的【图形特性】按钮 ，弹出【图层特性管理器】对话框，选择【标注】层，然后单击【置为当前】按钮 ✔，单击【确定】按钮，设置【标注】层为当前层，如图 5-15 所示。

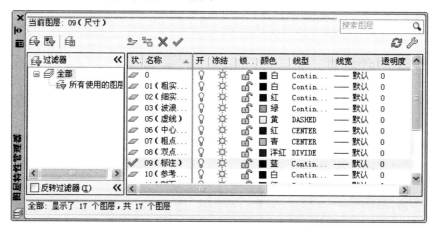

图 5-15　【图形特性管理器】对话框设置

step 03　选择【格式】|【标注样式】菜单命令，弹出【标注样式管理器】对话框，如图 5-16 所示。

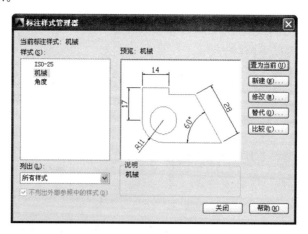

图 5-16　【标注样式管理器】对话框

step 04　在对话框中单击【修改】按钮，弹出【修改标注样式】对话框，单击【文字】

标签，切换到【文字】选项卡，在【文字外观】选项组中的【文字高度】微调框中输入"2.5"，如图 5-17 所示。

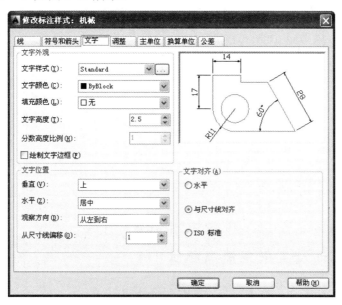

图 5-17　【文字】选项卡参数设置

step 05　单击【修改标注样式】对话框中的【主单位】标签，切换到【主单位】选项卡，在【线性标注】选项组的【精度】下拉列表框中选择 0 选项，其他参数保持不变，如图 5-18 所示，单击【关闭】按钮。

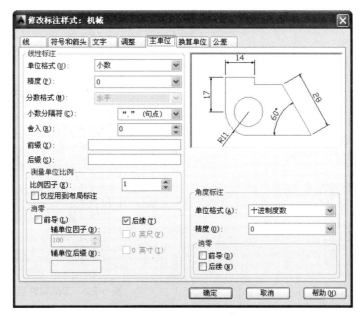

图 5-18　【主单位】选项卡参数设置

step 06　选择【标注】|【线性】菜单命令，标注如图 5-19 所示的长度尺寸，完成轴承

零件图标注。

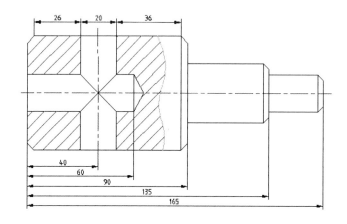

图 5-19　轴承零件图长度尺寸标注

尺寸标注案例 2——支架零件图标注 1

📁 案例文件：ywj\05\5-2-2-1.dwg，ywj\05\5-2-2-2.dwg。

📀 视频文件：光盘\视频课堂\第 5 章\5.2.2。

案例操作步骤如下。

step 01　打开的 5-2-2-1 文件——"支架零件图"，如图 5-20 所示。

step 02　选择【标注】|【对齐】菜单命令，标注如图 5-21 所示的尺寸，完成支架零件
图标注。

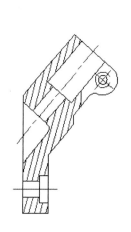

图 5-20　打开的 5-2-2-1 文件

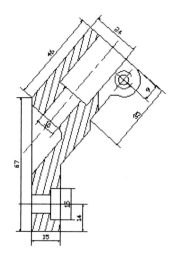

图 5-21　支架零件尺寸标注

尺寸标注案例 3——定位板标注

📁 案例文件：ywj\05\5-2-3-1.dwg，ywj\05\5-2-3-2.dwg。

💿 视频文件：光盘\视频课堂\第 5 章\5.2.3。

案例操作步骤如下。

step 01 打开的 5-2-3-1 文件——"定位板"，如图 5-22 所示。

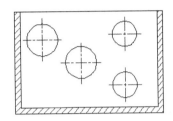

图 5-22　打开的 5-2-3-1 文件

step 02 在工具栏任意面板上右击，从弹出的快捷菜单中上选择【标注】命令，打开如图 5-23 所示的【标注】工具栏。

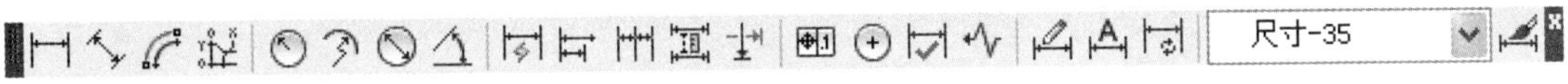

图 5-23　【标注】工具栏

step 03 单击【标注】工具栏中的【基线标注】按钮，标注基线尺寸，如图 5-24 所示，完成定位板标注。

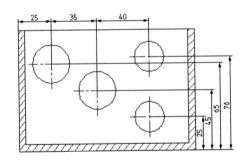

图 5-24　定位板基线尺寸标注

尺寸标注案例 4——轴零件图标注

📁 案例文件：ywj\05\5-2-4-1.dwg，ywj\05\5-2-4-2.dwg。

💿 视频文件：光盘\视频课堂\第 5 章\5.2.4。

案例操作步骤如下。

step 01 打开的 5-2-4-1 文件——"轴零件图"，如图 5-25 所示。

step 02 选择【标注】|【线性】菜单命令，创建线性尺寸作为基准尺寸，如图 5-26 所示。

计算机辅助设计案例课堂

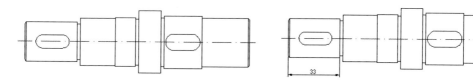

图 5-25　打开的 5-2-4-1 文件　　　　　　图 5-26　创建的基准尺寸

step 03 ▶ 选择【标注】|【连续标注】菜单命令，标注图形的连续性尺寸，如图 5-27 所示，完成轴零件图标注。

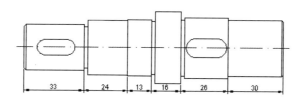

图 5-27　轴零件连续性尺寸标注

 提示　　　在激活【连续标注】命令后，系统自动以刚创建的线性尺寸作为基准尺寸，以线性尺寸的第二条尺寸界线作为连续尺寸的第一条尺寸界线。

尺寸标注案例 5——标注圆止动垫圈

📁 **案例文件**：ywj\05\5-2-5-1.dwg，ywj\05\5-2-5-2.dwg。

🎬 **视频文件**：光盘\视频课堂\第 5 章\5.2.5。

案例操作步骤如下。

step 01 ▶ 打开的 5-2-5-1 文件——"圆止动垫圈"，如图 5-28 所示。

step 02 ▶ 选择【标注】|【角度】菜单命令，标注图形的角度尺寸，如图 5-29 所示，完成垫圈标注。

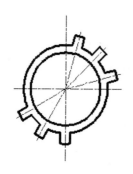

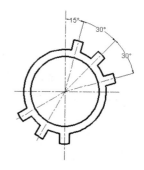

图 5-28　打开的 5-2-5-1 文件　　　　　图 5-29　圆止动垫圈角度尺寸标注

尺寸标注案例 6——支架零件图标注 2

📖 案例文件：ywj\05\5-2-6-1.dwg，ywj\05\5-2-6-2.dwg。

📀 视频文件：光盘\视频课堂\第 5 章\5.2.6。

案例操作步骤如下。

step 01 打开的 5-2-6-1 文件——"支架零件图"，如图 5-30 所示。

step 02 选择【标注】|【线性】菜单命令，标注如图 5-31 所示的长度尺寸。

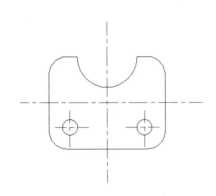

图 5-30　打开的 5-2-6-1 文件

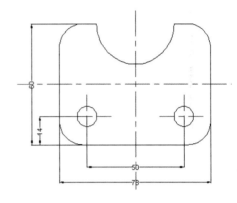

图 5-31　标注长度尺寸

step 03 选择【标注】|【半径】菜单命令，对圆角进行半径标注，如图 5-32 所示。

step 04 选择【标注】|【直径】菜单命令，对轴孔进行直径标注，完成的支架零件图标注，如图 5-33 所示。

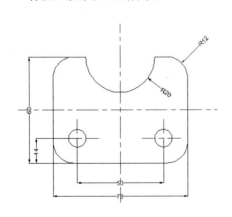

图 5-32　标注圆角半径尺寸

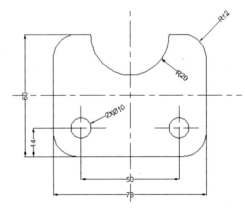

图 5-33　支架零件图尺寸标注

5.3　形位公差标注

形位公差在机械图形中极为重要，一方面，如果形位公差不能完全控制，装配件就不能正确装配。另一方面，过度吻合的形位公差又会由于额外的制造费用而造成浪费。

在 AutoCAD 中，可以通过特征控制框来显示形位公差信息，如图形的形状、轮廓、方向、位置和跳动的偏差等。

5.3.1 形位公差的样式

形位公差是指实际被测要素对图样上给定的理想形状、理想位置的允许变动量，主要包括形状公差和位置公差，主要的公差项目如表 5-1 所示。

表 5-1 公差项目表

分　类	项　目	符　号
形状公差	直线度	—
	平面度	▱
	圆度	○
	圆柱度	⌀
位置公差	平行度	∥
	垂直度	⊥
	倾斜度	∠
	同轴度	◎
	对称度	=
	位置度	⊕
	圆跳动	↗
	全跳动	↗↗

形位公差的基本标注样式如图 5-34 所示，它主要包括指引线、公差项目、公差值、与被测项目有关的符号、基准符号 5 个组成部分。

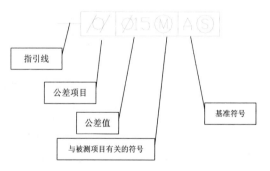

图 5-34 形位公差的基本标注样式

5.3.2 标注形位公差

下面介绍在 AutoCAD 2014 中标注形位公差的具体方法。

首先选择【标注】｜【公差】菜单命令或单击【标注】工具栏中的【公差】按钮，打开【形位公差】对话框，如图 5-35 所示。在其中可以设置形位公差的项目和公差值等参数。

在【形位公差】对话框中的【符号】项下单击黑色块，打开【特征符号】选择框，如图 5-36 所示，在这里可以选择相应的形位公差项目符号。选择完形位公差符号，在公差 1、公差 2 后的文本框中可以输入公差数值，在【基准标识符】文本框中可以输入基准符号。【高度】参数可以设置公差标注的文本高度。设置完成后，单击【确定】按钮即可完成公差标注。

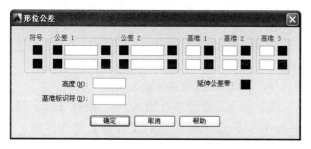

图 5-35　【形位公差】对话框

图 5-36　【特征符号】选择框

形位公差标注案例 1——凹槽零件图标注

📖 案例文件：ywj\05\5-3-1-1.dwg，ywj\05\5-3-1-2.dwg。

💿 视频文件：光盘\视频课堂\第 5 章\5.3.1。

案例操作步骤如下。

`step 01` 打开的 5-3-1-1 文件——"凹槽零件"，如图 5-37 所示。

`step 02` 选择【标注】｜【线性】菜单命令，标注图形的尺寸，如图 5-38 所示，完成凹槽零件图标注。

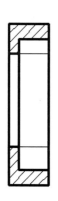

图 5-37　打开的 5-3-1-1 文件

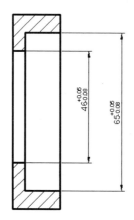

图 5-38　凹槽零件图尺寸标注

标注尺寸公差有两种方式：一种方式是先标注出基本尺寸，然后使用【编辑文字】命令为其尺寸添加公差后缀，将其快速转化为尺寸公差；另一种方式是直接使用【线性】命令中的"多行文字"功能，在标注基本尺寸的同时，为其添加公差后缀。

形位公差标注案例 2——阀零件图标注

📋 案例文件：ywj\05\5-3-2-1.dwg，ywj\05\5-3-2-2.dwg。

🎬 视频文件：光盘\视频课堂\第 5 章\5.3.2。

案例操作步骤如下。

step 01 打开的 5-3-2-1 文件——"阀零件图"，如图 5-39 所示。

step 02 使用快捷键 L+E，激活【快速引线】命令，在命令行输入"S"后按 Enter 键，弹出【引线设置】对话框，在【注释类型】选项组中选中【公差】单选按钮，如图 5-40 所示。

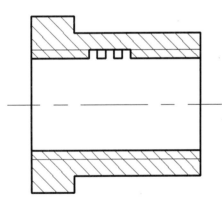

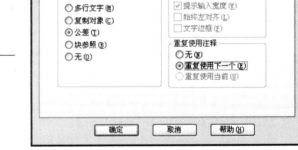

图 5-39　打开的 5-3-2-1 文件

图 5-40　设置引线注释

step 03 单击【引线和箭头】标签，切换到【引线和箭头】选项卡，在【引线】选项组中选中【直线】单选按钮，其余采用默认设置，如图 5-41 所示。

图 5-41　设置引线参数

step 04 单击【确定】按钮，引线标注如图 5-42 所示，完成阀零件图标注。

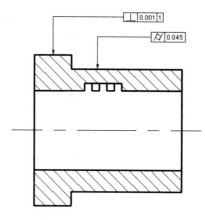

图 5-42　阀零件图引线标注

5.4　尺寸标注的编辑

与绘制图形相似的是，用户在标注的过程中难免会出现差错，这时就需要用到尺寸标注的编辑。

5.4.1　编辑尺寸标注

编辑尺寸标注是用来编辑标注文字的位置和标注样式，以及创建新标注。
编辑尺寸标注的操作方法有以下几种。
(1)　在命令行中输入"dimtedit"后按 Enter 键。
(2)　在菜单栏中，选择【标注】|【倾斜】菜单命令。

5.4.2　编辑标注文字

编辑标注文字用来编辑标注的文字的位置和方向。
编辑标注文字的操作方法有以下几种。
(1)　在菜单栏中，选择【标注】|【对齐文字】|【默认】、【角度】、【左】、【居中】、【右】菜单命令。
(2)　在命令行中输入"dimtedit"后按 Enter 键。
(3)　单击【注释】选项卡【标注】面板中的【默认】、【文字角度】、【左对正】、【居中对正】、【右对正】按钮。

5.4.3　替代

使用标注样式替代，无须更改当前标注样式，便可临时更改标注系统变量。
标注样式替代是对当前标注样式中的指定设置所做的修改，它在不修改当前标注样式的情况下修改尺寸标注系统变量,可以为单独的标注或当前的标注样式定义标注样式替代。

某些标注特性对于图形或尺寸标注的样式来说是通用的,因此适合作为永久标注样式设置。其他标注特性一般基于单个基准应用,因此可以作为替代以便更有效地应用。例如,图形通常使用单一箭头类型,因此将箭头类型定义为标注样式的一部分是有意义的。但是,隐藏延伸线通常只应用于个别情况,更适于标注样式替代。

有几种设置标注样式替代的方式:可以通过修改对话框中的选项或修改命令行的系统变量设置,可以通过将修改的设置返回其初始值来撤销替代。替代将应用到正在创建的标注以及所有使用该标注样式后所创建的标注,直到撤销替代或将其他标注样式置为当前为止。

1. 替代的操作方法

(1) 在命令行中输入"dimoverride"后按 Enter 键。

(2) 在菜单栏中,选择【标注】|【替代】菜单命令。

(3) 在【注释】选项卡的【标注】面板中单击【替代】按钮 ⊨A。

2. 设置标注样式替代的步骤

(1) 选择【标注】|【标注样式】菜单命令,打开【标注样式管理器】对话框。

(2) 在【标注样式管理器】对话框中的【样式】选项下,选择要为其创建替代的标注样式,单击【替代】按钮,打开【替代当前样式】对话框。

(3) 在【替代当前样式】对话框中单击相应的选项卡来修改标注样式。

(4) 单击【确定】按钮返回【标注样式管理器】对话框。这时在"标注样式名称"列表中修改的样式下,列出了"标注样式替代"。

(5) 单击【关闭】按钮。

3. 应用标注样式替代的步骤

(1) 选择【标注】|【标注样式】菜单命令,打开【标注样式管理器】对话框。

(2) 在【标注样式管理器】对话框中单击【替代】按钮,打开【替代当前样式】对话框。

(3) 在【替代当前样式】对话框中再输入"样式替代"。单击【确定】按钮返回【标注样式管理器】对话框。

程序将在【标注样式管理器】对话框中的"标注样式名称"下显示"样式替代"。

创建标注样式替代后,可以继续修改标注样式,将它们与其他标注样式进行比较,或者删除或重命名该替代。

其实我们还有其他编辑标注的方法,例如使用 AutoCAD 的编辑命令或夹点可以编辑标注的位置;使用夹点或者"stretch"命令可以拉伸标注;使用"trim"和"extend"命令可以修剪和延伸标注;通过"Properties(特性)"窗口可以编辑包括标注文字在内的任何标注特性等。

5.4.4 重新关联标注

重新关联标注用于将非关联性标注转换为关联标注，或改变关联标注的定义点。

应用重新关联标注时的操作方法有以下几种。

(1) 在菜单栏中，选择【标注】|【重新关联标注】菜单命令。

(2) 单击【标注】面板中的【重新关联】按钮 。

(3) 在命令行中输入"dimreassociate"后按 Enter 键。

编辑尺寸标注案例——螺栓零件图标注

> 案例文件：ywj\05\5-4-1.dwg，ywj\05\5-4-2.dwg。
>
> 视频文件：光盘\视频课堂\第 5 章\5.4。

案例操作步骤如下。

step 01 打开的 5-4-1 文件——"螺栓零件图"，如图 5-43 所示。

step 02 选择【格式】|【标注样式】菜单命令，弹出【标注样式管理器】对话框，如图 5-44 所示。

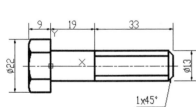

图 5-43 打开的 5-4-1 文件　　　　图 5-44 【标注样式管理器】对话框

step 03 单击【新建】按钮，弹出【创建新标注样式】对话框，在【新样式名】文本框中输入要建立的标注名称"更新样式"，如图 5-45 所示。

step 04 单击【继续】按钮，弹出【新建标注样式：更新样式】对话框，在【尺寸线】选项组的【基线距离】微调框中输入"7.5"，在【尺寸界线】选项组的【超出尺寸线】微调框中输入"2"，如图 5-46 所示。

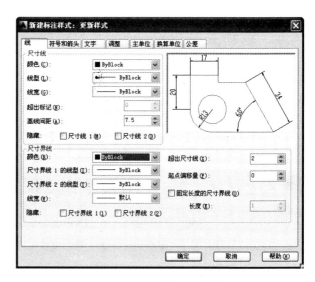

图 5-45　【创建新标注样式】对话框设置　　　　**图 5-46　【线】选项卡参数设置**

step 05 单击【文字】标签，切换到【文字】选项卡，在【文字设置】选项组的【水平】下拉列表框中选择【居中】选项，其他设置保持不变，如图 5-47 所示。单击【确定】按钮，关闭【新建标注样式：更新样式】对话框。

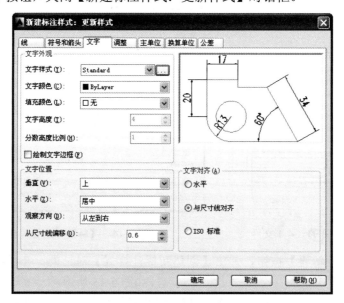

图 5-47　【文字】选项卡参数设置

step 06 将刚设置的标注样式置为当前。选择【标注】|【更新】菜单命令，更新当前标注样式，如图 5-48 所示，完成螺栓零件图标注。

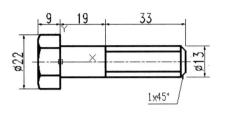

图 5-48 螺栓零件图标注样式

5.5 本 章 小 结

　　本章主要介绍了 AutoCAD 2014 尺寸标注的命令，从而使绘制的图形更加完整和准确。同时也讲解了标注样式的设置、各种标注方法以及编辑标注的方法，读者在结合案例学习之后会有一个整体的认识，对以后的学习会很有帮助。

第 6 章
零件轮廓图综合案例

　　轮廓图是一种用于表达零件平面结构的图形，是一种常用的图形表达方式，在绘制此类图形结构时，一般需注意零件各轮廓之间的结构形态和相互衔接关系，以便采用相对应的制图工具和绘图方法。

　　一般情况下，零件的表面轮廓形态，多通过一些不规则的线、圆、相切弧等元素进行体现，对于"线、圆"结构轮廓，使用相应的线圆绘制工具很容易就能表达出来；对于"相切弧"结构轮廓，有一定的绘制难度，它是绘制"轮廓图"的重点和难点，通常使用的解决办法就是绘制相切圆，然后再对其进行修剪和完善。

　　本章通过绘制某些典型的零件结构轮廓图，帮助读者掌握圆、相切圆以及作图辅助线的绘制、掌握图形的偏移、镜像、修剪及延伸、掌握视图的实时调整、图形的基本选择以及目标点的追踪定位等技能，了解和掌握零件轮廓图的快速表达方法和技术要领，培养读者绘制零件轮廓图的能力。

6.1　圆与相切圆

圆是一种闭合的封闭曲线，也是一种基本的构图元素。

AutoCAD 共为用户提供了 6 种画圆方式，如图 6-1 所示。

定距画圆：定距画圆分为两种方式，即圆心、半径和圆心、直径。当指定圆的圆心后，再给定圆的半径或直径，即可精确画圆。

定点画圆：定点画圆分为两种方式，即两点画圆和三点画圆。所给定的两点被看作圆直径的两个端点，所给定的三点都位于圆周上。

画相切圆：所谓相切圆，就是与其他图形相切的圆。画相切圆共有两种方式，即"相切、相切、半径"和"相切、相切、相切"。前一种相切方式是分别拾取两个相切对象后，再输入相切圆的半径，即可绘制相切圆；后一种相切方式是直接拾取 3 个相切对象，系统即可自动定位出相切圆。

图 6-1　画圆方式

6.2　构造线的画法

AutoCAD 为用户提供了专用于绘制作图辅助线的工具，即【构造线】命令，使用此命令可以绘制向两端无限延伸的作图辅助线，此辅助线不能作为图形轮廓线使用，但是可以将其编辑为图形的轮廓线。

绘制正交辅助线：所谓正交辅助线，是指水平和垂直的辅助线。使用【构造线】命令中的"水平"和"垂直"选项功能，可以绘制无数条水平和垂直的辅助线。

绘制倾斜辅助线：使用【构造线】命令中的"角度"选项功能，可以绘制具有任意角度的作图辅助线。

绘制角的等分线：使用【构造线】命令中的"二等分"选项功能，可以绘制任意角度的角平分线。

6.3　偏　移　图　形

【偏移】命令用于将目标对象以一定的距离或指定的点进行偏移复制。偏移后的对象大小可以改变，形状一般保持不变。

定距偏移：指按照指定的偏移距离进行偏移复制对象。

定点偏移：指按照指定的通过点进行偏移对象。

6.4　镜　像　图　形

【镜像】命令用于将对象按指定的镜像轴做对称复制，原目标对象可保留也可删除，此命令经常被用于创建一些对称结构的图形。

使用【镜像】命令进行镜像图形时，镜像轴的定位是关键，在具体操作过程中，镜像轴不是直接选取的，而是需要定位出镜像轴上的两个点。

6.5 修 剪 图 形

【修剪】命令用于沿指定的修剪边界修剪掉目标对象中不需要的部分。

修剪到实际交点：是指修剪边界与修剪对象存在有实际的交点，在此交点处将修剪对象的一部分断开并删除。

修剪到隐含交点：是指修剪边界与修剪对象并没有实际的交点，但是如果将其中的一个对象或两个对象延伸，则可以相交而得到的交点，修剪的结果是在隐含交点处将修剪对象的一部分断开并删除。

延伸图形：使用【修剪】命令，不但可以沿着指定的边界修剪图线，而且还可以沿着指定的边界进行延长图线，不过在选择延伸图线时，需要按住 Shift 键。

6.6 视图实时调整

视图的控制功能是用于调整图形在当前视图内的显示位置的，以方便用户观察和编辑，是一种最基本的操作技能，有关视窗的缩放工具位于如图 6-2 所示的菜单栏和图 6-3 所示的【缩放】工具栏上。

图 6-2　缩放菜单栏　　　　　　　　　图 6-3　【缩放】工具栏

【窗口】缩放工具用于缩放由两个角点所定义的矩形窗口内的区域，使位于选择窗口内的图形尽可能被放大。

【比例】缩放工具用于按照指定的比例放大或缩小视图，视图的中心点保持不变。此功能有 3 种缩放方式。第一种方式是在输入的比例数字后加字母 X，表示相对于当前视图的缩放倍数；第二种是只输入比例数字，表示相对于图形界限的倍数；第三种是数字后加字母XP，表示系统将根据图纸空间单位确定缩放比例。通常相对于视图的缩放倍数比较直观，较为常用。

【中心】缩放工具用于根据指定的中心点调整视图。选择"中心点"选项后，用户可直接用鼠标在屏幕上选择一个点作为新的中心点，确定中心点后，AutoCAD 要求用户输入放大系数或新视图的高度。

【动态】 缩放工具是用于动态地缩放视图内的图形。激活后，屏幕将临时切换到虚拟显示屏状态，此时在屏幕上出现"图形界限(或图形范围)视图框、当前视图框和选择视图框"3 种视图框。

【全部】 缩放工具将依照图形界限或图形范围显示图形。图形界限与图形范围中哪个尺寸大，便由哪个决定图形显示的尺寸。

【缩放对象】 工具用于在当前视图内最大化显示所选择的图形对象。

【范围缩放】 工具用于将所有图形全部显示在屏幕上，并最大限度地充满整个屏幕。此种选择方式与图形界限无关。

【放大】 与【缩小】 工具：前者用于放大视图，后者用于缩小视图。连续单击前者或后者图标，视图则相应地放大或缩小。

6.7　图形的基本选择

在对图形进行编辑修饰之前，一般首先需要选择这些图形对象，然后才能对其进行相关的编辑操作。因此图形对象的选择，是图形编辑修改的前提，是关键的一步。下面介绍几种常用的对象选择方式。

点选：是一种最基本的对象选择方式，此方式一次仅能选择一个图形对象。如果用户在执行了修改命令之后，系统将自动进入点选模式，并且命令行出现"选择对象"的操作提示，光标由十字形切换为矩形方框状，用户只需要将选择框放在图形对象的边沿上单击，即可选择该图形，被选择的图形对象以虚线显示。

窗交选择：是使用频率非常高的一种选择方式，此方式一次能选择多个图形对象。当命令行提示"选择对象："时，用户只需要根据图形对象的位置单击，从右向左拉出一矩形选择框，所拉出的矩形选择框以虚线显示，所有与矩形选择框相交和完全位于选择框内的对象才能被选中。

窗口选择：是使用频率非常高的一种选择方式，此方式一次也可选择多个图形对象。在命令行提示"选择对象："时，用户只需从左向右拉出一个矩形选择框，所拉出的矩形选择框以实线显示，所有完全位于矩形选择框内的对象才能被选择，和选择框相交的对象不能被选择中。

6.8　零件轮廓图综合案例

零件轮廓图绘制案例 1——绘制手柄

案例文件：ywj\06\6-1.dwg。

视频文件：光盘\视频课堂\第 6 章\6.1。

案例操作步骤如下。

step 01 单击【绘图】面板中的【直线】按钮 ╱，绘制中心线，如图 6-4 所示。

step 02 选择【修改】|【偏移】菜单命令，将垂直中心线向左偏移 7.5 个绘图单位，向右分别偏移 7.5、82.5、92.5 个绘图单位，如图 6-5 所示。

图 6-4 绘制的中心线　　　　　　　　　　图 6-5 偏移垂直中心线

step 03 单击【绘图】面板中的【圆】按钮 ⊘，分别绘制半径为 15 和 10 的两个圆，如图 6-6 所示。

step 04 选择【修改】|【偏移】菜单命令，将水平中心线向上下各偏移 15 个绘图单位，如图 6-7 所示。

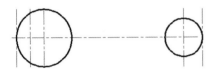

图 6-6 绘制的圆　　　　　　　　　　　图 6-7 偏移水平中心线

step 05 选择【绘图】|【圆】|【相切、相切、半径】菜单命令，绘制半径为 50 的圆，如图 6-8 所示。

step 06 选择【修改】|【圆角】菜单命令，分别为半径为 15 和 50 的圆进行圆角，圆角半径为 12，如图 6-9 所示。

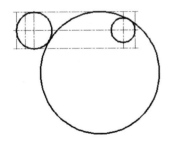
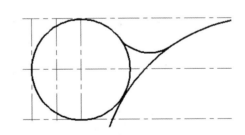

图 6-8 绘制的圆　　　　　　　　　　　图 6-9 圆角

step 07 选择【修改】|【偏移】菜单命令，将中间的水平中心线向上偏移 10 个绘图单位，如图 6-10 所示。

step 08 单击【绘图】面板中的【直线】按钮 ╱，绘制左侧轮廓线，如图 6-11 所示。

step 09 单击【绘图】面板中的【圆】按钮 ⊘，绘制半径为 5 的圆，如图 6-12 所示。

step 10 选择【修改】|【修剪】菜单命令修剪图形，并删除多余辅助线，如图 6-13 所示。

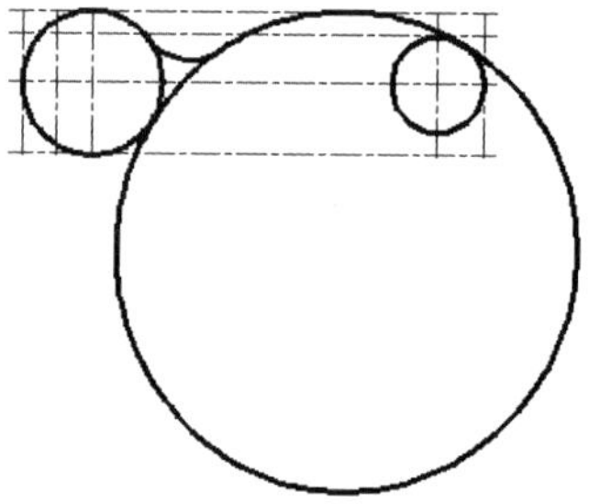

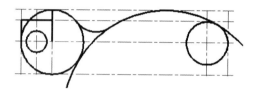

图 6-10　偏移水平中心线　　　　　　　图 6-11　绘制的轮廓线

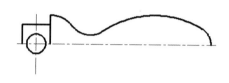

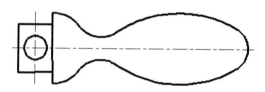

图 6-12　绘制的圆　　　　　　　　　图 6-13　修剪完成的图形

step 11 选择【修改】｜【镜像】菜单命令，将水平中心线上侧的轮廓线进行镜像，如图 6-14 所示，完成手柄绘制。

图 6-14　绘制完成的手柄

零件轮廓图绘制案例 2——绘制吊钩

　📷 **案例文件**：ywj\06\6-2.dwg。

　🎬 **视频文件**：光盘\视频课堂\第 6 章\6.2。

案例操作步骤如下。

step 01 单击【绘图】面板中的【直线】按钮 ／，绘制中心线，如图 6-15 所示。

step 02 选择【修改】｜【偏移】菜单命令，将水平中心线分别向上偏移 90 和 128 个绘图单位，向下偏移 15 个绘图单位，如图 6-16 所示。

step 03 单击【绘图】面板中的【直线】按钮 ／，绘制吊钩柄部轮廓线，如图 6-17 所示。

step 04 选择【修改】｜【偏移】菜单命令，将竖直中心线向右偏移 9 个绘图单位，如图 6-18 所示。

图 6-15　绘制的中心线

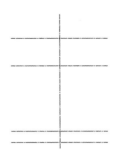

图 6-16　偏移水平中心线

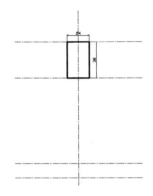

图 6-17　绘制的轮廓线

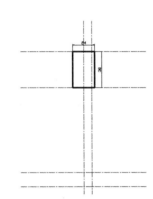

图 6-18　偏移竖直中心线

step 05　单击【绘图】面板中的【圆】按钮，分别绘制半径为 20 和 48 的圆，如图 6-19
所示。

step 06　选择【修改】｜【偏移】菜单命令，将竖直中心线向左右各偏移 15 个绘图单
位，如图 6-20 所示。

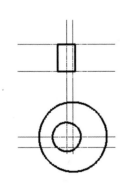

图 6-19　绘制的圆

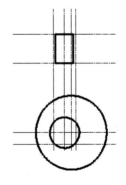

图 6-20　偏移竖直中心线

step 07　选择【修改】｜【圆角】菜单命令，分别为半径为 20 和 48 的圆进行圆角，圆
角半径分别为 40 和 60，如图 6-21 所示。

step 08 选择【修改】|【偏移】菜单命令，将半径为 20 和 48 的圆分别向外偏移 40 和 23 个绘图单位，如图 6-22 所示。

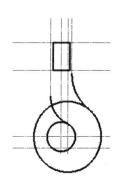

图 6-21　圆角

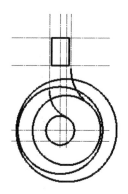

图 6-22　偏移的圆

step 09 单击【绘图】面板中的【圆】按钮⊙，分别绘制半径为 40 和 23 的圆，如图 6-23 所示。

step 10 选择【绘图】|【圆】|【相切、相切、相切】菜单命令，绘制相切圆，如图 6-24 所示。

step 11 选择【修改】|【修剪】菜单命令，修剪图形，并删除辅助线，如图 6-25 所示。

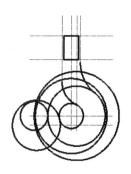

图 6-23　绘制的圆

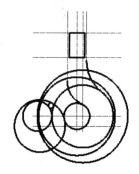

图 6-24　绘制的相切圆

step 12 在命令行输入"MA"，选择带有线宽的轮廓线作为源对象，将其线宽特性赋予上部轮廓线，如图 6-26 所示，完成吊钩绘制。

图 6-25　修剪后的图形

图 6-26　绘制完成的吊钩

零件轮廓图绘制案例 3——绘制锁钩

案例文件：ywj\06\6-3.dwg。

视频文件：光盘\视频课堂\第 6 章\6.3。

案例操作步骤如下。

step 01 ▶ 单击【绘图】面板中的【直线】按钮 ✎，绘制中心线，如图 6-27 所示。

step 02 ▶ 单击【绘图】面板中的【圆】按钮 ◉，绘制半径分别为 14 和 7 的圆。选择【修改】|【偏移】菜单命令，将竖直中心线分别向左偏移 49 和 60 个绘图单位，将水平中心线向上偏移 21 个绘图单位，向下偏移 38 个绘图单位，得到的辅助线如图 6-28 所示。

图 6-27　绘制的中心线　　　　　　　图 6-28　偏移后的辅助线

step 03 ▶ 选择【修改】|【复制】菜单命令，复制同心圆，如图 6-29 所示。

step 04 ▶ 删除辅助线，选择【修改】|【偏移】菜单命令，将竖直中心线向左偏移 105 个绘图单位，将水平中心线向上偏移 18 个绘图单位，如图 6-30 所示。

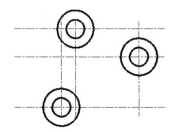 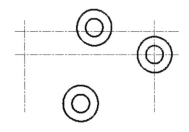

图 6-29　复制的同心圆　　　　　　　图 6-30　偏移中心线

step 05 ▶ 单击【绘图】面板中的【圆】按钮 ◉，分别绘制直径为 35 和 17 的同心圆，如图 6-31 所示。

step 06 ▶ 删除辅助线，选择【修改】|【圆角】菜单命令，对图形进行圆角，圆角半径为 49，如图 6-32 所示。

step 07 ▶ 选择【绘图】|【构造线】菜单命令，通过圆的象限点绘制水平线作为构造线，如图 6-33 所示。

step 08 ▶ 选择【修改】|【修剪】菜单命令，修剪图形，如图 6-34 所示。

step 09 ▶ 单击【绘图】面板中的【直线】按钮 ✎，绘制圆的外公切线，如图 6-35 所示。

step 10 选择【修改】|【圆角】菜单命令，对图形进行圆角，圆角半径分别为 10 和 8，如图 6-36 所示。

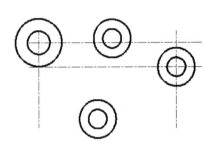

图 6-31　绘制的同心圆

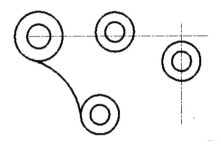

图 6-32　圆角

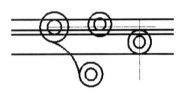

图 6-33　绘制的构造线

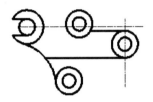

图 6-34　修剪后的图形

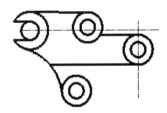

图 6-35　绘制的圆外公切线

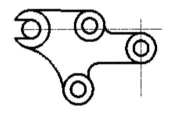

图 6-36　圆角

step 11 修剪并删除辅助线，如图 6-37 所示。

step 12 单击【绘图】面板中的【圆】按钮⊘，分别绘制半径为 6 和 11 的圆，如图 6-38 所示。

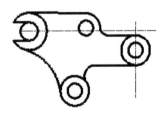

图 6-37　修剪后的图形

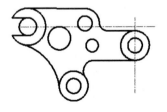

图 6-38　绘制的圆

step 13 选择【绘图】|【圆】|【相切、相切、半径】菜单命令，分别绘制半径为 21 和 36 的圆，如图 6-39 所示。

step 14 修剪并删除辅助线，如图 6-40 所示，完成锁钩绘制。

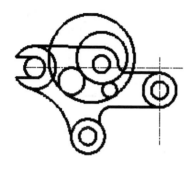

图 6-39　绘制的相切圆

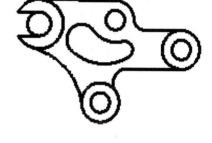

图 6-40　绘制完成的锁钩

零件轮廓图绘制案例 4——绘制连杆

📝 案例文件：ywj\06\6-4.dwg。

🎬 视频文件：光盘\视频课堂\第 6 章\6.4。

案例操作步骤如下。

step 01 单击【绘图】面板中的【直线】按钮 ／，绘制连杆外轮廓，如图 6-41 所示。

step 02 单击【绘图】面板中的【圆】按钮 ◎，分别绘制直径为 25、70、40 和 50 的圆，如图 6-42 所示。

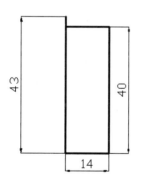

图 6-41　绘制的连杆外轮廓

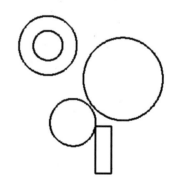

图 6-42　绘制的圆

step 03 单击【绘图】面板中的【直线】按钮 ／，绘制圆的内公切线，如图 6-43 所示。

step 04 选择【绘图】|【圆】|【相切、相切、半径】菜单命令，分别绘制半径为 85 和 30 的圆，如图 6-44 所示。

step 05 选择【修改】|【修剪】菜单命令，修剪图形，如图 6-45 所示，完成连杆的绘制。

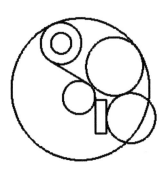

图 6-43　绘制的圆内公切线　　　　　　　图 6-44　绘制的相切圆

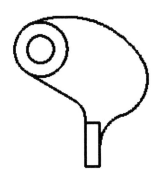

图 6-45　绘制完成的连杆

零件轮廓图绘制案例 5——绘制垫片

案例文件：ywj\06\6-5.dwg。

视频文件：光盘\视频课堂\第 6 章\6.5。

案例操作步骤如下。

step 01　单击【绘图】面板中的【圆】按钮⊙，绘制两个相交的圆，其半径均为 80，如图 6-46 所示。

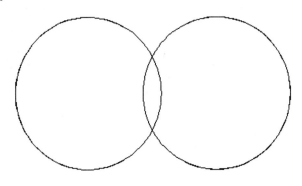

图 6-46　绘制的圆

step 02　单击【绘图】面板中的【直线】按钮 ，绘制长度为 140 的两条直线，如图 6-47 所示。

step 03　选择【修改】｜【修剪】菜单命令，修剪图形，如图 6-48 所示。

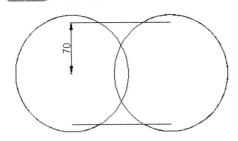

图 6-47　绘制的直线

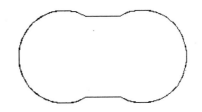

图 6-48　修剪后的图形

step 04　单击【绘图】面板中的【圆】按钮 ，分别绘制半径为 108 和 32 的圆，重复圆命令，以【相切、相切、半径】方式绘制半径为 32 的圆，如图 6-49 所示。

step 05　单击【绘图】面板中的【直线】按钮 ，以圆的象限点为起点，绘制长度为 140 的直线，如图 6-50 所示。

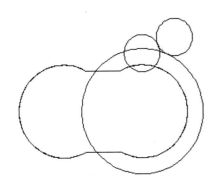

图 6-49　绘制的圆

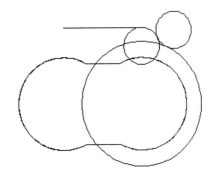

图 6-50　绘制的直线

step 06　选择【修改】｜【修剪】菜单命令，修剪图形，如图 6-51 所示。

step 07　选择【修改】｜【镜像】菜单命令，镜像图形，如图 6-52 所示。

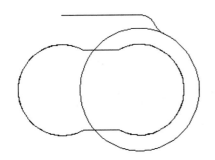

图 6-51　修剪后的图形

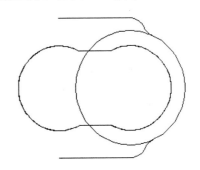

图 6-52　镜像后的图形

step 08 继续执行修剪命令修剪图形，如图 6-53 所示。

step 09 选择【修改】|【镜像】菜单命令，镜像图形，如图 6-54 所示，完成垫片的绘制。

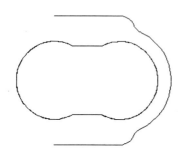
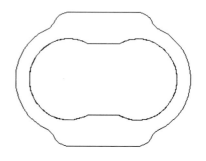

图 6-53　修剪后的图形　　　　　　　　图 6-54　绘制完成的垫片

　　垫片是放在两平面之间以加强密封的材料，为防止流体泄露设置在静密封面之间的密封元件。在机械设计中，垫片是我们经常需要绘制的零件。

零件轮廓图绘制案例 6——绘制摇柄

案例文件：ywj\06\6-6.dwg。

视频文件：光盘\视频课堂\第 6 章\6.6。

案例操作步骤如下。

step 01 单击【绘图】面板中的【直线】按钮，绘制中心线，如图 6-55 所示。

step 02 单击【绘图】面板中的【圆】按钮，分别绘制半径为 10 和 6 的圆，重复圆命令，以【相切、相切、半径】方式绘制半径为 10 的圆，如图 6-56 所示。

图 6-55　绘制的中心线　　　　　　　　图 6-56　绘制的圆

step 03 选择【修改】|【修剪】菜单命令，修剪图形，如图 6-57 所示。

step 04 选择【修改】|【偏移】菜单命令，将水平中心线向上下各偏移 22 个绘图单位，偏移出辅助线。单击【绘图】面板中的【圆】按钮，分别绘制半径为 5 和 13 的圆，如图 6-58 所示。

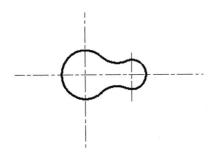

图 6-57　修剪后的图形

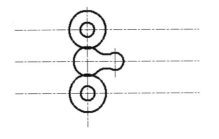

图 6-58　绘制的圆

step 05 继续执行偏移命令，将水平中心线向上下各偏移 10 个绘图单位，将垂直中心线向右偏移 70 个绘图单位。选择【绘图】｜【构造线】菜单命令，绘制构造线，如图 6-59 所示。

step 06 重复【圆】命令，以【相切、相切、半径】方式分别绘制半径为 13 和 80 的圆，如图 6-60 所示。

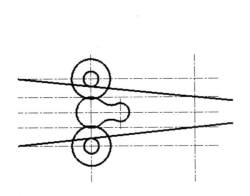

图 6-59　绘制的构造线

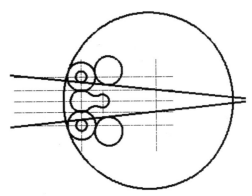

图 6-60　绘制的圆

step 07 修剪并删除构造线和辅助线，如图 6-61 所示。

step 08 单击【绘图】面板中的【直线】按钮 ，将图形闭合，如图 6-62 所示，完成摇柄绘制。

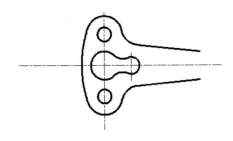

图 6-61　修剪后的图形

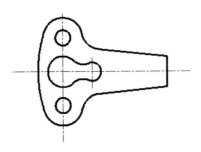

图 6-62　绘制完成的摇柄

零件轮廓图绘制案例 7——绘制椭圆压盖

📁 **案例文件：** ywj\06\6-7.dwg。

🎬 **视频文件：** 光盘\视频课堂\第 6 章\6.7。

案例操作步骤如下。

step 01 单击【绘图】面板中的【直线】按钮 ✎，绘制中心线，如图 6-63 所示。

step 02 选择【修改】|【偏移】菜单命令，将垂直中心线向左右各偏移 26 个绘图单位，偏移出的辅助线如图 6-64 所示。

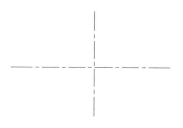

图 6-63　绘制的中心线　　　　　图 6-64　偏移中心线

step 03 单击【绘图】面板中的【圆】按钮 ⊙，分别绘制半径为 11、19、5 和 10 的圆，如图 6-65 所示。

step 04 单击【绘图】面板中的【直线】按钮 ✎，绘制圆的外公切线，如图 6-66 所示。

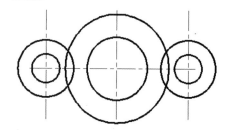
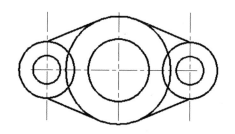

图 6-65　绘制的圆　　　　　　　图 6-66　绘制的圆外公切线

step 05 选择【修改】|【修剪】菜单命令，修剪图形，如图 6-67 所示。

step 06 删除中心线，选择【标注】|【圆心标记】菜单命令，选择要标记的圆，如图 6-68 所示，完成椭圆压盖绘制。

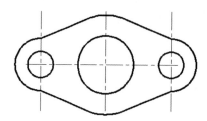
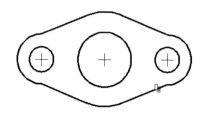

图 6-67　修剪后的图形　　　　　图 6-68　绘制完成的椭圆压盖

零件轮廓图绘制案例 8——绘制起重钩

案例文件：ywj\06\6-8.dwg。

视频文件：光盘\视频课堂\第 6 章\6.8。

案例操作步骤如下。

step 01　选择【绘图】|【矩形】菜单命令，以(100,100)作为左下角点，绘制长为 7、宽为 35 的矩形，如图 6-69 所示。

step 02　选择【修改】|【分解】菜单命令，分解刚绘制的矩形，并将矩形的一边复制并旋转 60°，如图 6-70 所示。

图 6-69　绘制的矩形

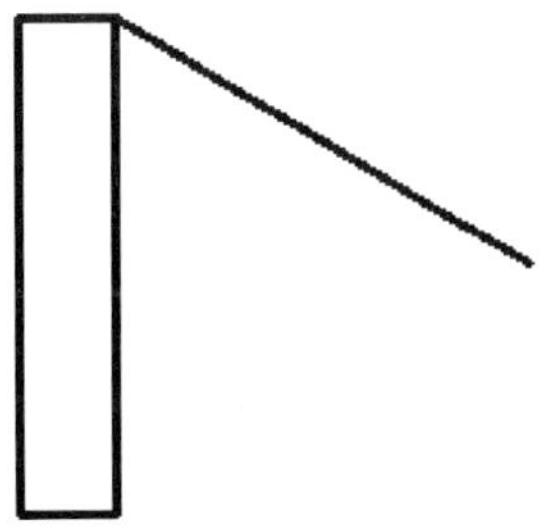

图 6-70　复制旋转矩形边

step 03　单击【绘图】面板中的【圆】按钮 ，以(137,115)为圆心分别绘制半径为 6 和 11 的圆，以(112,103)为圆心绘制半径为 5 的圆，如图 6-71 所示。

step 04　选择【绘图】|【圆】|【相切、相切、半径】菜单命令，绘制半径为 20 的圆，如图 6-72 所示。

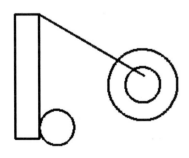

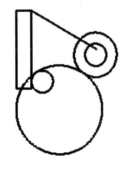

图 6-71　绘制的圆

图 6-72　绘制的相切圆

step 05　选择【修改】|【圆角】菜单命令，进行圆角，圆角半径为 10，如图 6-73 所示。

step 06　选择【修改】|【修剪】菜单命令，修剪图形，如图 6-74 所示，完成起重钩的绘制。

141

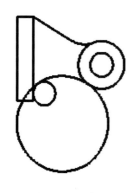

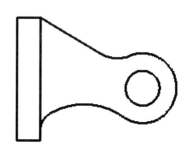

图 6-73　圆角　　　　　　　　　　　图 6-74　绘制完成的起重钩

零件轮廓图绘制案例 9——绘制齿轮架

案例文件：ywj\06\6-9.dwg。

视频文件：光盘\视频课堂\第 6 章\6.9。

案例操作步骤如下。

step 01 单击【绘图】面板中的【直线】按钮／，绘制中心线，如图 6-75 所示。

step 02 选择【修改】|【偏移】菜单命令，将水平中心线分别向上偏移 40、65 和 125 个绘图单位，偏移出辅助线，如图 6-76 所示。

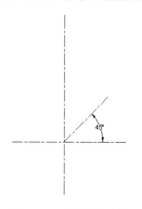

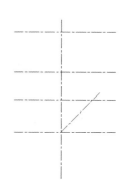

图 6-75　绘制的中心线　　　　　　　　图 6-76　偏移中心线

step 03 单击【绘图】面板中的【圆】按钮⊙，绘制半径为 50 的圆。选择【修改】|【修剪】菜单命令，修剪图形，如图 6-77 所示。

step 04 单击【绘图】面板中的【圆】按钮⊙，分别绘制半径为 20 和 34 的圆。选择【修改】|【偏移】菜单命令，将竖直中心线向左右各偏移 9 和 18 个绘图单位，偏移出辅助线，如图 6-78 所示。

step 05 单击【绘图】面板中的【直线】按钮／，绘制直线，并删除辅助线，如图 6-79 所示。

step 06 选择【绘图】|【圆弧】|【圆心、起点、角度】菜单命令，绘制角度为 180°

的圆弧，如图 6-80 所示。

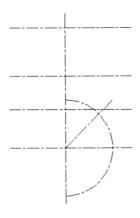

图 6-77　修剪后的图形

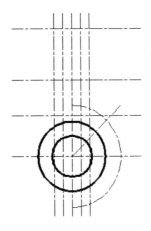

图 6-78　偏移中心线

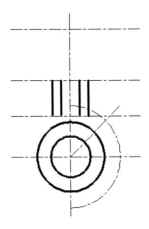

图 6-79　绘制的直线

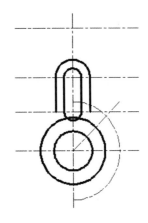

图 6-80　绘制的圆弧

step 07 ▶ 选择【修改】|【圆角】菜单命令，进行圆角，圆角半径为 10，如图 6-81 所示。

step 08 ▶ 选择【修改】|【修剪】菜单命令，修剪图形，如图 6-82 所示。

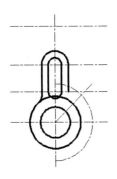

图 6-81　圆角

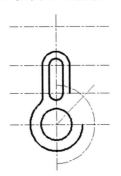

图 6-82　修剪后的图形

step 09 单击【绘图】面板中的【圆】按钮⊘，分别绘制半径为 6、14 和 64 的圆，如图 6-83 所示。

step 10 选择【绘图】|【圆弧】菜单命令，分别绘制半径为 43 和 56 的圆弧。如图 6-84 所示。

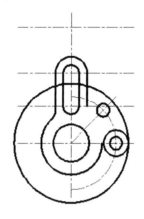

图 6-83　绘制的圆

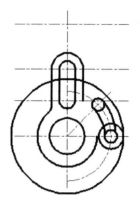

图 6-84　绘制的圆弧

step 11 选择【修改】|【圆角】菜单命令，进行圆角，圆角半径分别为 8 和 10，如图 6-85 所示。

step 12 选择【修改】|【修剪】菜单命令，修剪图形，如图 6-86 所示。

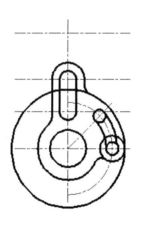

图 6-85　圆角

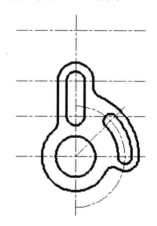

图 6-86　修剪后的图形

step 13 选择【修改】|【偏移】菜单命令，将竖直中心线向右偏移 23 个绘图单位。单击【绘图】面板中的【圆】按钮⊘，分别绘制半径为 26 和 30 的圆，如图 6-87 所示。

step 14 修剪并删除辅助线，如图 6-88 所示。

step 15 选择【修改】|【镜像】菜单命令，镜像绘制的弧。选择【修改】|【圆角】菜单命令，进行圆角，圆角半径为 4，如图 6-89 所示，完成齿轮架绘制。

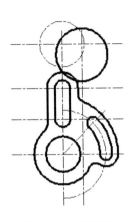

图 6-87 绘制的圆

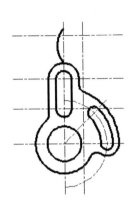

图 6-88 修剪后的图形

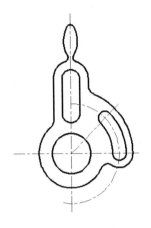

图 6-89 绘制完成的齿轮架

零件轮廓图绘制案例 10——绘制拨叉轮

案例文件：ywj\06\6-10.dwg。

视频文件：光盘\视频课堂\第 6 章\6.10。

案例操作步骤如下。

step 01 单击【绘图】面板中的【圆】按钮 ⊘，绘制直径分别为 2.5、3、6 和 8 的圆，如图 6-90 所示。

step 02 选择【修改】|【阵列】|【环形阵列】菜单命令，以圆心为基点将左边的小圆环形阵列，如图 6-91 所示。

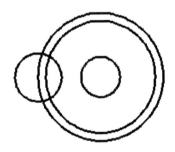

图 6-90 绘制的圆

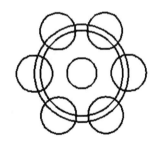

图 6-91 环形阵列左边小圆

step 03 修剪并删除圆和圆弧，如图 6-92 所示。

step 04 选择【绘图】|【构造线】菜单命令，通过圆心绘制垂直中心线，如图 6-93 所示。

step 05 选择【修改】|【偏移】菜单命令，将垂直中心线向左右各偏移 0.25 个绘图单位，偏移出辅助线，如图 6-94 所示。

step 06 修剪并删除辅助线，如图 6-95 所示。

step 07 选择【修改】|【圆角】菜单命令，进行圆角，如图 6-96 所示。

step 08 选择【修改】|【阵列】|【环形阵列】菜单命令，将圆角后的对象环形阵列，如图 6-97 所示。

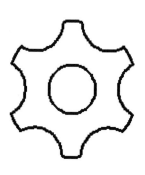

图 6-92　修剪后的图形

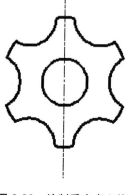

图 6-93　绘制垂直中心线

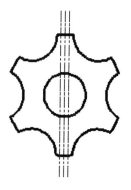

图 6-94　偏移中心线

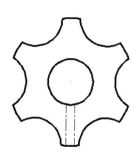

图 6-95　修剪后的图形

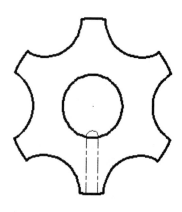

图 6-96　圆角

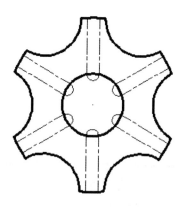

图 6-97　环形阵列圆角后的对象

step 09　选择【修改】|【修剪】菜单命令，修剪图形，如图 6-98 所示。

step 10　转换辅助线与圆的图层，如图 6-99 所示，完成拨叉轮的绘制。

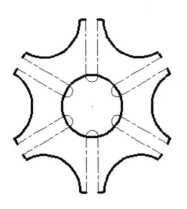

图 6-98 修剪后的图形

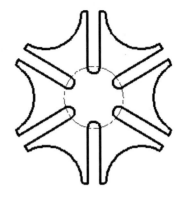

图 6-99 绘制完成的拨叉轮

零件轮廓图绘制案例 11——绘制曲柄

案例文件：ywj\06\6-11.dwg。

视频文件：光盘\视频课堂\第 6 章\6.11。

案例操作步骤如下。

step 01 单击【绘图】面板中的【直线】按钮，绘制两条坐标为 {(100,100)，(180,100)} 和 {(120,120),(120,80)} 的中心线，如图 6-100 所示。

step 02 选择【修改】|【偏移】菜单命令，选择垂直中心线，向右偏移 48 个绘图单位，如图 6-101 所示。

step 03 单击【绘图】面板中的【圆】按钮，以左边中心线的交点为圆心，分别绘制半径为 16 和 10 的圆。重复执行【圆】命令，以右边中心线的交点为圆心，分别绘制半径为 10 和 5 的圆，绘制结果如图 6-102 所示。

step 04 单击【绘图】面板中的【直线】按钮，绘制两个外圆的相切直线，如图 6-103 所示。

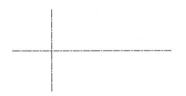

图 6-100 绘制的中心线

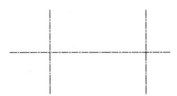

图 6-101 偏移中心线

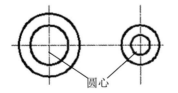

圆心

图 6-102 绘制的圆

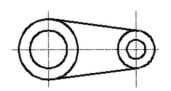

图 6-103 绘制的切线

step 05 ▶ 选择【修改】|【偏移】菜单命令，选择水平线分别向上下各偏移 3 个绘图单位，选择垂直线，向右平移 12.8 个绘图单位，如图 6-104 所示。

step 06 ▶ 单击【绘图】面板中的【直线】按钮 ╱，绘制键槽，如图 6-105 所示。

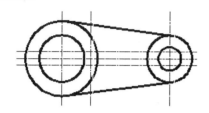

图 6-104　绘制的辅助线

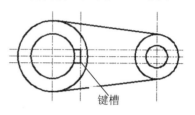

键槽

图 6-105　绘制的键槽

step 07 ▶ 单击【修改】面板中的【修剪】按钮，对圆进行修剪，如图 6-106 所示。

step 08 ▶ 单击【修改】面板中的【删除】按钮，删除多余辅助线，如图 6-107 所示。

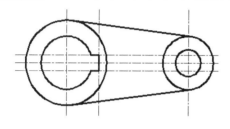

图 6-106　修剪后的圆

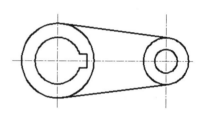

图 6-107　删除多余辅助线

step 09 ▶ 单击【修改】面板中的【旋转】按钮，以左边圆的圆心为基点，将所绘制的图形进行复制旋转，完成曲柄的绘制，如图 6-108 所示。

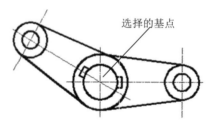

选择的基点

图 6-108　绘制完成的曲柄

零件轮廓图绘制案例 12——绘制多孔垫片

案例文件：ywj\06\6-12.dwg。

视频文件：光盘\视频课堂\第 6 章\6.12。

案例操作步骤如下。

step 01 ▶ 单击【绘图】面板中的【直线】按钮 ╱，绘制中心线，如图 6-109 所示。

step 02 ▶ 选择【修改】|【偏移】菜单命令，将垂直中心线向左右各偏移 12 个绘图单位，如图 6-110 所示。

图 6-109　绘制的中心线　　　　　　　　　　图 6-110　偏移中心线

step 03 　单击【绘图】面板中的【圆】按钮◎，分别绘制直径为 9、22.5、8 和 4 的圆，如图 6-111 所示。

step 04 　选择【修改】|【圆角】菜单命令，进行圆角，圆角半径为 2，如图 6-112 所示。

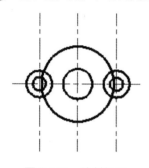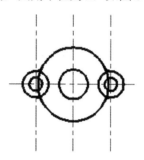

图 6-111　绘制的圆　　　　　　　　　　　图 6-112　圆角

step 05 　选择【修改】|【修剪】菜单命令，修剪图形，如图 6-113 所示，完成多孔垫片的绘制。

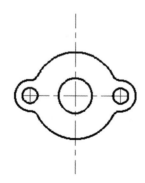

图 6-113　绘制完成的孔垫片

零件轮廓图绘制案例 13——绘制推力球轴承

📷 案例文件：ywj\06\6-13.dwg。

🎬 视频文件：光盘\视频课堂\第 6 章\6.13。

案例操作步骤如下。

step 01 单击【绘图】面板中的【直线】按钮 ✎，绘制中心线，如图 6-114 所示。

step 02 选择【修改】|【偏移】菜单命令，将垂直中心线向左右各偏移 21.8 个绘图单位，如图 6-115 所示。

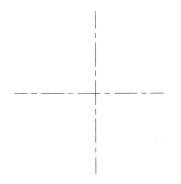

图 6-114　绘制的中心线

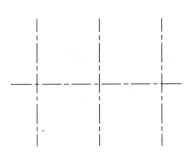

图 6-115　偏移中心线

step 03 单击【绘图】面板中的【圆】按钮 ⊘，绘制半径为 3.5 的圆，如图 6-116 所示。

step 04 继续执行偏移命令，将垂直中心线向左右各偏移 16.5、18.5、26 个绘图单位，将水平中心线向上下分别偏移 3 和 6 个绘图单位，如图 6-117 所示。

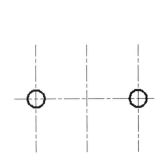

图 6-116　绘制的圆

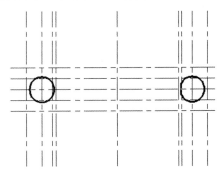

图 6-117　偏移中心线

step 05 单击【绘图】面板中的【直线】按钮 ✎，绘制如图 6-118 所示直线。

step 06 修剪并删除辅助线，如图 6-119 所示。

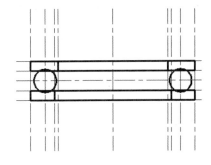

图 6-118　绘制的直线

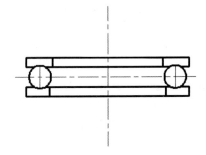

图 6-119　修剪后的图形

step 07 选择【修改】|【圆角】菜单命令，进行圆角，圆角半径为 0.6，如图 6-120 所示。

step 08 选择【修改】|【修剪】菜单命令，修剪刚圆角的图形。选择【绘图】|【图案填充】菜单命令，对图形进行图案填充，如图 6-121 所示，完成推力球轴承绘制。

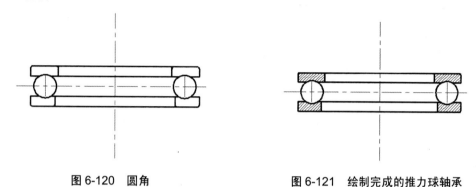

图 6-120　圆角　　　　　　　　　图 6-121　绘制完成的推力球轴承

6.9　本 章 小 结

本章主要学习了零件轮廓图的表达方法和绘制技法。通过本章的学习，读者应熟练掌握圆、构造线等基本图形的绘制工具和图形的修改编辑工具。除此之外，要熟练掌握两个重要的复制工具，即偏移和镜像；掌握视图的调整、图形选择以及点的追踪定位技能，通过修剪延伸工具，能对基本图形进行边角编辑；通过偏移和镜像工具，能快速创建出结构相同或对称的图形；通过视图调整及点的追踪等功能，可以非常方便地辅助绘图和精确定位图形上的点。

第 7 章
绘制常用件与标准件

在机器或部件中，除了使用一般零件外，还广泛使用螺栓、螺钉、螺母、垫圈、键、销和滚动轴承等零件，这类零件的结构和尺寸均已标准化，称为标准件。此外，还经常使用齿轮、弹簧等零件，这类零件的部分结构和参数也已标准化，称为常用件。由于标准化，这些零件可组织专业化大批量生产，提高生产效率进而获得质优价廉的产品。

本章介绍标准件与常用件的基本知识、规定画法、代号与标记以及相关标准表格的查用。

7.1 绘制标准件

标准件是指结构、尺寸、画法、标记等各个方面已经完全标准化，并由专业厂家生产的常用的零(部)件，如螺纹件、键、销、滚动轴承等。广义包括标准化的紧固件、连接件、传动件、密封件、液压元件、气动元件、轴承等机械零件，狭义仅包括标准化紧固件。国内俗称的标准件是标准紧固件的简称，是狭义概念，但不能排除广义概念的存在。此外还有行业标准件，如汽车标准件、模具标准件等，也属于广义标准件。

7.1.1 螺纹的形成、要素和结构

一平面图形(如三角形、矩形、梯形)绕一圆柱做螺旋运动得到一圆柱螺旋体，在工业用品中常被称为螺纹。在圆柱外表面上的螺纹为外螺纹；在圆柱(或圆锥)孔内表面上的螺纹称为内螺纹。

1. 螺纹的形成

螺纹是根据螺旋线的形成原理加工而成的，当固定在车床卡盘上的工件做等速旋转时，刀具沿机件轴向做等速直线移动，其合成运动使切入工件的刀尖在机件表面加工成螺纹。由于刀尖的形状不同，加工出的螺纹形状也不同。在圆柱或圆锥外表面上加工的螺纹称为外螺纹，在圆柱或圆锥内表面加工的螺纹称为内螺纹，如图 7-1(a)、(b)所示。在箱体、底座等零件上制出的内螺纹(螺孔)，一般先用钻头钻孔，再用丝锥攻出螺纹。加工不穿通螺孔螺纹时，钻孔时钻头顶部会形成一个锥坑，其锥顶角应按 120°画出。

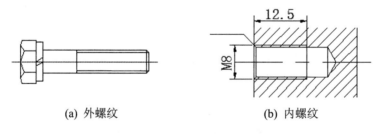

| (a) 外螺纹 | (b) 内螺纹 |

图 7-1   在车床上加工螺纹

螺纹的加工方法很多，如图 7-2 所示的是在铣床上铣制外螺纹的情况。

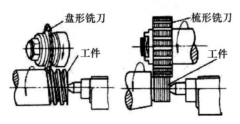

图 7-2   铣削外螺纹

2. 螺纹的要素

螺纹的要素包括牙型、直径、线数、螺距、旋向等，这些要素在内外螺纹配对使用时，必须保持一致。

(1) 牙型：沿螺纹轴线剖切时，螺纹牙齿轮廓的剖面形状称为牙型螺纹的牙型，有三角形、梯形、锯齿形和矩形等。不同的螺纹牙型，有不同的用途。图 7-3 所示为三角形牙型的内、外螺纹。

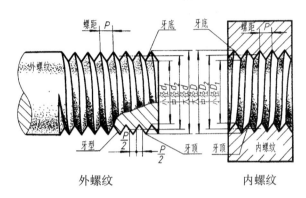

图 7-3 内外螺纹各部分的名称和代号

(2) 螺纹的直径(大径、小径、中径)：与外螺纹牙顶或内螺纹牙底相重合的假想圆柱面的直径称为大径(内、外螺纹分别用 D、d 表示)，也称为螺纹的公称直径；与外螺纹牙底或内螺纹牙顶相重合的假想圆柱面的直径称为小径(内、外螺纹分别用 D_1、d_1 表示)；在大径与小径之间，其母线通过牙型沟槽宽度和凸起宽度相等的假想圆柱面的直径称为中径(内、外螺纹分别用 D_2、d_2 表示)。

(3) 线数(n)：螺纹有单线和多线之分，沿一条螺旋线形成的螺纹为单线螺纹，如图 7-4(a)所示；沿轴向等距分布的两条或两条以上的螺旋线所形成的螺纹为多线螺纹，如图 7-4(b)所示。

(4) 螺距(P)和导程(L)：相邻两牙在中径线上对应两点之间的轴向距离称为螺距。同一螺旋线上相邻两牙在中径线上对应两点之间的轴向距离称为导程，如图 7-4 所示。

螺距、导程、线数三者之间的关系式：单线螺纹的导程等于螺距，即 $P_h=P$；多线螺纹的导程等于线数乘以螺距，即 $P_h=2P$。

(5) 旋向：螺纹有右旋和左旋之分。按顺时针方向旋转时旋进的螺纹称为右旋螺纹，如图 7-5(a)所示；按逆时针方向旋转时旋进的螺纹称为左旋螺纹，如图 7-5(b)所示。判别的方法是将螺杆轴线铅垂放置，面对螺纹，若螺纹自左向右升起，则为右旋螺纹，反之则为左旋螺纹。常用的螺纹多为右旋螺纹。旋向也可按图 7-5 所示的方法判断：将外螺纹垂直放置，螺纹的可见部分是右高左低时为右旋螺纹，左高右低时为左旋螺纹。

螺纹诸要素中，牙型、大径和螺距是决定螺纹结构规格最基本的要素，称为螺纹三要素。凡螺纹三要素符合国家标准的称为标准螺纹。而牙型符合标准，直径或螺距不符合标准的称为特殊螺纹；对于牙型不符合标准的，称为非标准螺纹。

只有以上 5 个要素都相同的内外螺纹才能旋合在一起。工程上常用右旋螺纹。右旋螺纹不标注，左旋螺纹标注 LH。

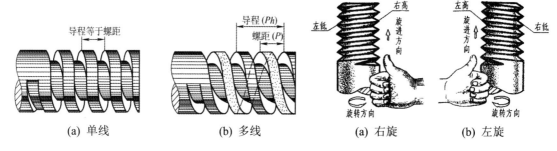

| (a) 单线 | (b) 多线 | (a) 右旋 | (b) 左旋 |

图 7-4 螺纹的线数、导程和螺距   图 7-5 螺纹的旋向

3. 螺纹的结构

螺纹的剖面结构如图 7-6 所示。

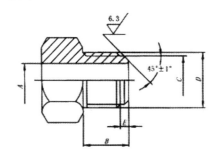

图 7-6 螺纹的末端、收尾和退刀槽等结构

(1) 螺纹的末端：为了便于装配和防止螺纹起始圈损坏，常在螺纹的起始处加工成一定的形式，如倒角、倒圆等。

(2) 螺纹的收尾和退刀槽：车削螺纹时，刀具接近螺纹末尾处要逐渐离开工件，因此螺纹收尾部分的牙型是不完整的，螺纹的这一段牙型不完整的收尾部分称为螺尾。为了避免产生螺尾，可以预先在螺纹末尾处加工出退刀槽，然后再车削螺纹。

7.1.2 常用螺纹紧固件

螺纹紧固件就是运用一对内、外螺纹的连接作用来连接和紧固一些零部件。

1. 常用螺纹紧固件的种类及标记

螺纹紧固件的种类很多，常见的有螺栓、双头螺柱、螺钉、螺母、垫圈等，其结构形状如图 7-7 所示。这类零件的结构型式和尺寸都已标准化，由标准件厂大量生产。在工程设计中，可以从相应的标准中查到所需的尺寸，一般不需绘制其零件图。

常用螺纹紧固件的完整标记由以下各项组成：名称、标准编号、型式、规格精度、机械性能等级，或材料及其热处理、表面处理等其他标记。

例如，“螺柱 GB898—88 M10×50”，表示两端均为粗牙普通螺纹。该螺柱 d =10mm，L =50mm，性能等级为 4.8 级，不经表面处理，B 型、bm =1.25d。螺纹紧固件标记的作用在于，根据其内容可在相应的标准中查出螺纹的有关形状和尺寸。

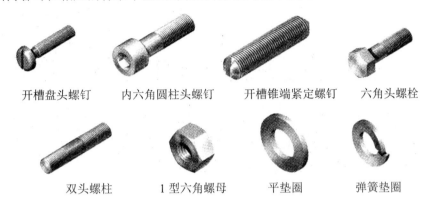

图 7-7　常见的螺纹紧固件

2. 螺栓连接

螺栓连接由螺栓、螺母、垫圈等组成，用于连接两个不太厚的并能钻成通孔的零件。如图 7-8(a)所示。连接前，先在两个被连接的零件上钻出通孔，套上垫圈，再用螺母拧紧。

螺栓连接的画法比较复杂。

单个螺纹紧固件的画法可根据公称直径查附表或有关标准，得出各部分的尺寸。但在绘制螺栓、螺母和垫圈时，通常按螺纹规格 d、螺母的螺纹规格 D、垫圈的公称尺寸 d 进行比例折算，得出各部分尺寸后按近似画法画出。

在装配图中，螺栓连接常采用近似画法或简化画法画出，如图 7-8(b)、(c)所示。螺栓的公称长度 L 可按下式计算：$L=t_1+t_2+h+m+a$。式中：t_1、t_2 为被连接零件的厚度；h 为垫圈厚度，$h=0.15d$；m 为螺母厚度，$m=0.85d$；a 为螺栓伸出螺母的长度，$a \approx (0.2 \sim 0.3)d$。计算出 L 后，还须从螺栓的标准长度系列中选取与 L 相近的标准值。

将螺栓穿入被连接的两零件上的通孔中，再套上垫圈，以增加支撑和防止擦伤零件表面，然后拧紧螺母。螺栓连接是一种可拆卸的紧固方式。

画图时，应遵守下列基本规定。

(1) 两零件的接触表面只画一条线。凡不接触的表面，不论其间隙大小(如螺杆与通孔之间)，必须画两条轮廓线(间隙过小时可夸大画出)。

(2) 当剖切平面通过螺栓、螺母、垫圈等标准件的轴线时，应按未剖切绘制，即只画出它们的外形。

(3) 在剖视、断面图中，相邻两零件的剖面线，应画成不同方向或同方向而不同间隔加以区别。但同一零件在同一图幅的各剖视、断面图中，剖面线的方向和间隔必须相同。

3. 零件装配的规定画法

画零件装配(如螺纹紧固件连接)的视图时应遵守以下基本规定。

(1) 两零件的接触面只画一条线，非接触面画两条线。

(2) 在剖视图中，相邻的两零件的剖面线方向应相反，或方向一致但间隔不等。

(3) 剖切平面通过标准件(螺栓、螺钉、螺母、垫圈等)和实心件(如球、轴等)的轴线时，这些零件按不剖绘制，仍画外形，需要时可采用局部剖视。

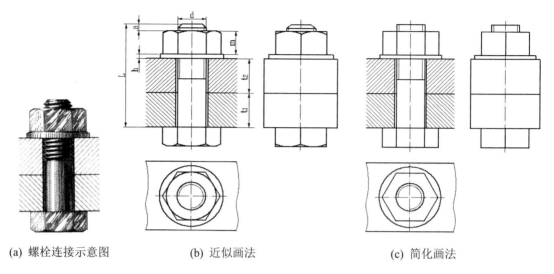

(a) 螺栓连接示意图　　　　　　(b) 近似画法　　　　　　　(c) 简化画法

图 7-8　螺栓连接的画法

4. 双头螺柱连接

当被连接的零件之一较厚，或不允许钻成通孔而不易采用螺栓连接，或因拆装频繁、又不宜采用螺钉连接时，可采用双头螺柱连接。通常将较薄的零件制成通孔(孔径≈1.1d)，较厚的零件制成不通的螺孔。双头螺柱的两端都制有螺纹，装配时，先将螺纹较短的一端(旋入端)旋入较厚零件的螺孔，再将通孔零件穿过螺纹的另一端(紧固端)，套上垫圈，用螺母拧紧，将两个零件连接起来，如图 7-9(a)所示。

在装配图中，双头螺柱连接常采用近似画法或简化画法画出，如图 7-9(b)、(c)所示。画图时，应按螺柱的大径和螺孔件的材料确定旋入端的长度 bm。螺柱的公称长度 L 可按下式计算：$L=t+h+m+a$。式中 t 为通孔零件的厚度；h 为垫圈厚度，$h=0.15d$(采用弹簧垫圈时，$h=0.2d$)；m 为螺母厚度，$m=0.85d$；a 为螺栓伸出螺母的长度，$a≈(0.2\sim0.3)d$。计算出 L 后，还需从螺栓的标准长度系列中选取与 L 相近的标准值。较厚零件上不通的螺孔深度应大于旋入端螺纹长度 bm，一般取螺孔深度为 $bm+0.5d$，钻孔深度为 $bm+d$。

在连接图中，螺柱旋入端的螺纹终止线应与两零件的结合面平齐，表示旋入端已全部拧入，足够拧紧。

5. 螺钉连接

螺钉按用途可分为连接螺钉和紧定螺钉两种。螺钉一般用在不经常拆卸且受力不大的地方。通常在较厚的零件上制出螺孔，另一零件上加工出通孔。连接时，将螺钉穿过通孔旋入螺孔拧紧即可。螺钉的螺纹终止线应在螺孔顶面以上；螺钉头部的一字槽在端视图中应画成45°方向。对于不穿通的螺孔，可以不画出钻孔深度，仅按螺纹深度画出。

(1) 连接螺钉：当被连接的零件之一较厚，而装配后连接件受轴向力不大时，通常采用螺钉连接，即螺钉穿过薄零件的通孔而旋入厚零件的螺孔，螺钉头部压紧被连接件，如图 7-10(a)、(b)、(c)所示。

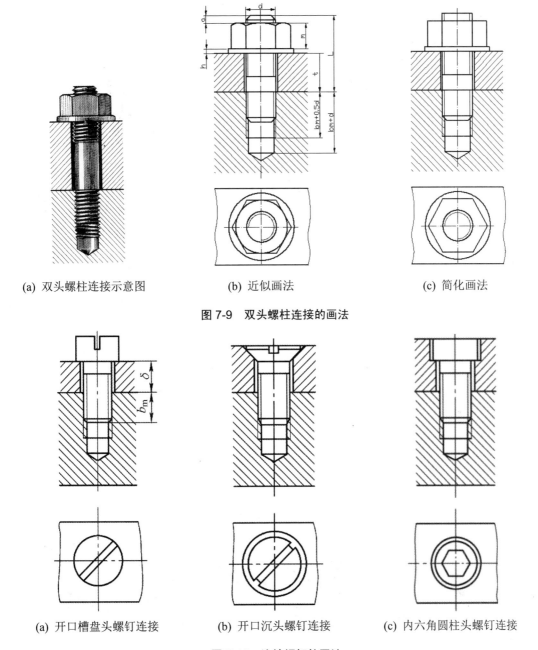

| (a) 双头螺柱连接示意图 | (b) 近似画法 | (c) 简化画法 |

图 7-9　双头螺柱连接的画法

| (a) 开口槽盘头螺钉连接 | (b) 开口沉头螺钉连接 | (c) 内六角圆柱头螺钉连接 |

图 7-10　连接螺钉的画法

(2) 紧定螺钉：紧定螺钉用来固定两零件的相对位置，使它们不产生相对转运动，如图 7-11 所示。欲将轴、轮固定在一起，可先在轮毂的适当部位加工出螺孔，然后将轮、轴装配在一起，以螺孔导向，在轴上钻出锥坑，最后拧入螺钉，即可限定轮、轴的相对位置，使其不产生轴向相对移动和径向相对转动。

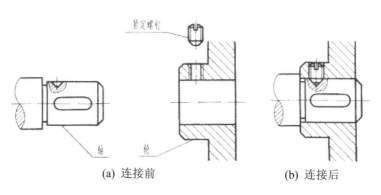

(a) 连接前   (b) 连接后

图 7-11　紧定螺钉的连接画法

7.1.3　键联接

  键通常用于联接轴和装在轴上的齿轮、带轮等传动零件，起传递转矩的作用，如图 7-12 所示。

  键是标准件，常用的键有普通平键、半圆键和钩头楔键等，如图 7-13 所示。键和键槽的结构型式及尺寸可查阅相应的国家标准。

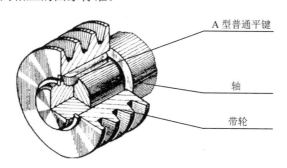

图 7-12　键联接

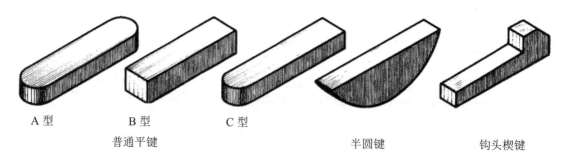

A 型　　　　B 型　　　　C 型

普通平键　　　　　　　　　　　半圆键　　　　钩头楔键

图 7-13　常用的几种键

  普通平键的公称尺寸为 $b \times h$(键宽×键高)，可根据轴的直径在相应的标准中查得。

  普通平键的规定标记为键宽 $b \times$ 键长 L。例如：$b=18$mm，$h=11$mm，$L=100$mm 的圆头普通平键(A 型)，应标记为：键 18×11×100 GB/T1096—2003(A 型可不标出 A)。

  图 7-14(a)、(b)所示为轴和轮毂上键槽的表示法和尺寸注法(未注尺寸数字)。

图 7-14(c)所示为普通平键联接的装配图画法。

图 7-14(c)所示的键联接图中，键的两侧面是工作面，接触面的投影处只画一条轮廓线；键的顶面与轮毂上键槽的顶面之间留有间隙，必须画两条轮廓线，在反映键长度方向的剖视图中，轴采用局部剖视，键按不剖视处理。在键联接图中，键的倒角或小圆角一般省略不画。

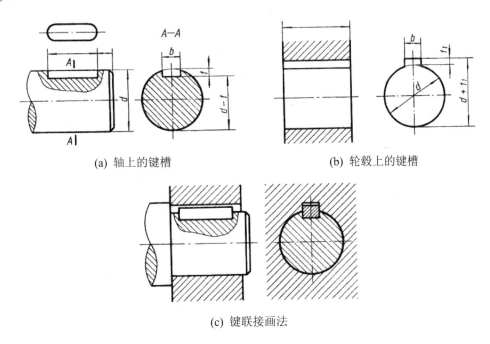

(a) 轴上的键槽 (b) 轮毂上的键槽

(c) 键联接画法

图 7-14 普通平键联接

7.1.4 销联接

销通常用于零件之间的联接、定位和防松，常见的有圆柱销、圆锥销和开口销等，它们都是标准件。圆柱销和圆锥销可以联接零件，也可以起定位作用(限定两零件间的相对位置)，如图 7-15(a)、(b)所示。开口销常用在螺纹联接的装置中，以防止螺母的松动，如图 7-15(c)所示。表 7-1 为销的形式和标记示例及画法。

表 7-1 销的形式、标记示例及画法

名称	标准号	图 例	标记示例
圆锥销	GB/T117—2000	$R_1 \approx d$ $R_2 \approx d+(L-2a)/50$	直径 d=10mm，长度 L=100mm，材料 35 钢，热处理硬度 28～38HRC，表面氧化处理的圆锥销 销 GB/T117—2000 A10×100 圆锥销的公称尺寸是指小端直径

续表

名称	标 准 号	图 例	标记示例
圆柱销	GB/T119.1—2000		直径 d=10mm，公差为 m6，长度 L=80mm，材料为钢，不经表面处理 销 GB/T119.1—2000 10m6×80
开口销	GB/T91—2000		公称直径 d=4mm(指销孔直径)，L=20mm，材料为低碳钢不经表面处理 销 GB/T91—2000 4×20

在销联接中，两零件上的孔是在零件装配时一起配钻的。因此，在零件图上标注销孔的尺寸时，应注明"配作"。

绘图时，销的有关尺寸从标准中查找并选用。在剖视图中，当剖切平面通过销的回转轴线时，按不剖处理，如图 7-15 所示。

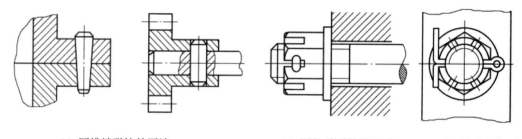

(a) 圆锥销联接的画法　　　　(b) 圆柱销联接的画法　(c) 开口销联接的画法

图 7-15　销联接的画法

7.1.5　滚动轴承

滚动轴承是用来支承轴的组件，由于它具有摩擦阻力小、结构紧凑等优点，在机器中被广泛应用。滚动轴承的结构形式、尺寸均已标准化，由专门的工厂生产，使用时可根据设计要求进行选择。

1. 滚动轴承的构造

滚动轴承由内圈、外圈、滚动体、隔离圈(或保持架)等零件组成，如图 7-16 所示为几种常见的轴承。

2. 滚动轴承的类型

按承受载荷的方向，滚动轴承可分为 3 类。

(1) 径向轴承：适用于承受径向载荷，如图 7-17(a)所示的深沟球轴承。

(2) 止推轴承：用来承受轴向载荷，如图 7-17(b)所示的推力球轴承。

(3) 径向止推轴承：用于同时承受轴向和径向载荷，如图 7-17(c)所示的圆锥滚子轴承。

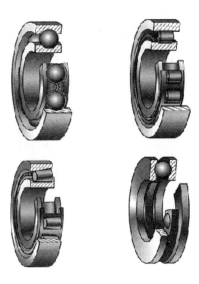

图 7-16　常见的轴承

(a) 深沟球轴承

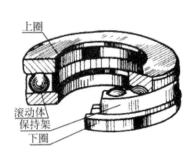

(b) 推力球轴承

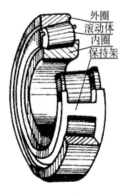

(c) 圆锥滚子轴承

图 7-17　常用滚动轴承的类型及结构

3. 滚动轴承的代号

滚动轴承代号是由字母加数字来表示滚动轴承的结构、尺寸、公差等级、技术性能等特征的产品符号。它由基本代号、前置代号和后置代号构成，其排列方式如下：前置代号，基本代号，后置代号。

(1) 基本代号：基本代号表示轴承的基本类型、结构和尺寸，是轴承代号的基础。

滚动轴承常用基本代号表示。基本代号由轴承类型代号、尺寸系列代号、内径代号构成，其排列方式如下：轴承类型代号，尺寸系列代号，内径代号。

● 轴承类型代号：用数字或字母表示，见表 7-2。

表 7-2　轴承类型代号(摘自 GB/T272-1993)

代号	0	1	2	3	4	5	6	7	8	N	U	QJ
轴承类型	双列角接触球轴承	调心球轴承	调心滚子轴承	推力调心滚子轴承	圆锥滚子轴承	双列深沟球轴承	推力球轴承	深沟球轴承	角接触球轴承	推力圆柱滚子轴承	圆柱滚子轴承	外球面球轴承	四点接触球轴承

- 尺寸系列代号：由轴承宽(高)度系列代号和直径系列代号组合而成，一般用两位阿拉伯数字表示(有时省略其中一位)。它的主要作用是区别内径(d)相同而宽度和外径不同的轴承，具体代号需查阅相关标准。
- 内径代号：表示轴承的公称内径，一般用两位阿拉伯数字表示。

① 代号数字为 00，01，02，03 时，分别表示内径 d=10mm，12mm，15mm，17mm。

② 代号数字为 04～96 时，代号数字乘以 5，即得轴承内径。

③ 轴承公称内径为 1～9mm、22mm、28mm、32mm、500mm 或大于 500mm 时，用公称内径毫米数值直接表示，但与尺寸系列代号之间用"/"隔开，如"深沟球轴承 62/22，d=22mm"。

轴承基本代号举例如下。

【例 1】 6209　09 为内径代号，d=45mm；2 为尺寸系列代号(02)，其中宽度系列代号 0 省略，直径系列代号为 2；6 为轴承类型代号，表示深沟球轴承。

【例 2】62/22　22 为内径代号，d=22mm(用公称内径毫米数值直接表示)；2 和 6 与例 1 的含义相同。

【例 3】30314　14 为内径代号，d=70mm；03 为尺寸系列代号(03)，其中宽度系列代号为 0，直径系列代号为 3)；3 为轴承类型代号，表示圆锥滚子轴承。

(2) 前置、后置代号：前置代号用字母表示，后置代号用字母或加数字表示。前置、后置代号是轴承在结构形状、尺寸、公差、技术要求等有改变时，在其基本代号左右添加的代号。

4. 滚动轴承的画法

滚动轴承是标准组件，使用时必须按要求选用。当需要画滚动轴承的图形时，可采用简化画法或规定画法。

(1) 简化画法：简化画法可采用通用画法或特征画法，但在同一图样中一般只采用其中一种画法，如图 7-18 所示。

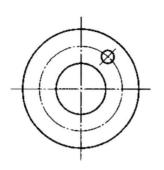

图 7-18　简化画法

(2)　通用画法：在剖视图中，当不需要确切地表示滚动轴承的外形轮廓、载荷特性、结构特征时，可用矩形线框及位于线框中央正立的十字形符号表示，十字符号不应与矩形线框接触。如需确切地表示滚动轴承的外形，则应画出其剖面轮廓，并在轮廓中央画出正立的十字形符号，十字形符号不应与剖面轮廓线接触。

(3)　特征画法：在剖视图中，如需较形象地表示滚动轴承的结构特征时，可采用在矩形线框内画出其结构要素符号的方法表示。

在装配图中滚动轴承的轮廓按外径 D、内径 d、宽度 B 等实际尺寸绘制，其余部分用简化画法或用示意画法绘制。在同一图样中，一般只采用其中的一种画法。常用滚动轴承的画法，如表 7-3 所示。

表 7-3　常用滚动轴承的画法(摘自 GB/T4459.7-1998)

名称、标准号和代号	主要尺寸数据	规定画法	特征画法	装配示意图
深沟球轴承 60000	D d B			
圆锥滚子轴承 30000	D d B T C			

续表

名称、标准号 和代号	主要尺 寸数据	规定画法	特征画法	装配示意图
推力球轴承 50000	D d T			

绘制标准件案例 1——绘制螺母

📁 案例文件：ywj\07\7-1-1.dwg。

🎬 视频文件：光盘\视频课堂\第 7 章\7.1.1。

案例操作步骤如下。

step 01 单击【绘图】面板中的【圆】按钮 ⊙，绘制半径分别为 3.4、4、6.5 的圆，如图 7-19 所示。

step 02 选择【绘图】|【多边形】菜单命令，绘制与外圆相切的正六边形，如图 7-20 所示。

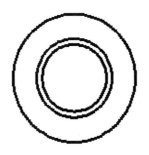

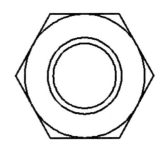

图 7-19　绘制的圆　　　　　　　　图 7-20　绘制的正六边形

step 03 选择【修改】|【打断】菜单命令，在中间圆的左象限点至中间象限点处打断，如图 7-21 所示。

step 04 选择【修改】|【旋转】菜单命令，将刚打断的圆旋转-20°，将正六边形旋转 90°，如图 7-22 所示，完成螺母绘制。

提示

　　在执行打断操作时，一定要逆时针定位打断点，否则会得到相反的打断结果。

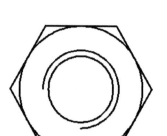

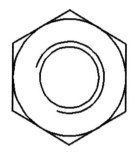

图 7-21 打断的圆   图 7-22 绘制完成的螺母

绘制标准件案例 2——绘制螺栓

📇 案例文件：ywj\07\7-1-2.dwg。

📀 视频文件：光盘\视频课堂\第 7 章\7.1.2。

案例操作步骤如下。

step 01 单击【绘图】面板中的【圆】按钮⊘，绘制半径分别为 0.5 和 0.6 的同心圆，如图 7-23 所示。

step 02 选择【绘图】|【多边形】菜单命令，绘制边长为 1.9 的正四边形，如图 7-24 所示。

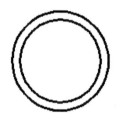

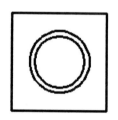

图 7-23 绘制的同心圆   图 7-24 绘制的正四边形

step 03 选择【修改】|【旋转】菜单命令，将正四边形旋转 45°，如图 7-25 所示。

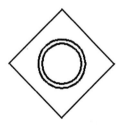

图 7-25 旋转正四边形

step 04 选择【格式】|【图层】菜单命令，设置如图 7-26 所示使用黑色短划线的图层"1"，然后单击【置为当前】按钮✔，使其转为当前绘图图层。

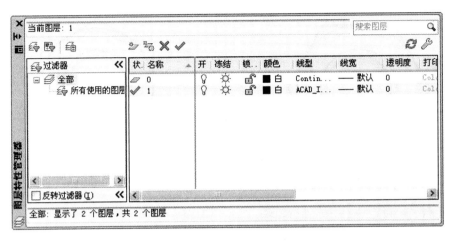

图 7-26 设置图层

step 05 选择第 1 步绘制的同心圆中的小圆，将其图层修改为刚创建的"0"图层。绘制
完成的螺栓如图 7-27 所示。

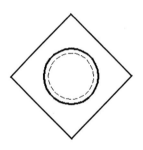

图 7-27 绘制完成的螺栓

提示

螺栓是由头部和螺杆(带有外螺纹的圆柱体)两部分组成的一类紧固件，需与
螺母配合，用于紧固连接两个带有通孔的零件，在机械设备中属于标准件，主要
起连接和紧固作用。

绘制标准件案例 3——绘制螺钉

 案例文件：ywj\07\7-1-3.dwg。

视频文件：光盘\视频课堂\第 7 章\7.1.3。

案例操作步骤如下。

step 01 选择【格式】|【多线样式】菜单命令，打开【多线样式】对话框，如图 7-28
所示。

step 02 单击对话框中的【修改】按钮，弹出【修改多线样式】对话框，在其中设置新
样式参数，如图 7-29 所示。

图 7-28 【多线样式】对话框

图 7-29 设置新样式参数

step 03 单击【绘图】面板中的【圆】按钮，绘制半径为 11.1 的圆，如图 7-30 所示。

step 04 选择【绘图】|【多线】菜单命令，绘制两条长为 10.8 垂直相交的多线，如图 7-31 所示。

step 05 选择【修改】|【对象】|【多线】菜单命令，在打开的【多线编辑工具】对话框中单击【十字合并】按钮，对两条多线进行十字合并，如图 7-32 所示，完成螺钉的绘制。

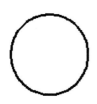

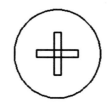

图 7-30　绘制的圆　　　　　图 7-31　绘制的多线　　　　图 7-32　绘制完成的螺钉

提示　　　螺钉常见于机械、电器及建筑物等，一般为金属制造，呈圆筒形，表面刻有凹凸的沟，如一个环绕螺丝侧面的倾斜面，螺钉可紧锁着螺丝帽或其他物件。

绘制标准件案例 4——绘制花键

案例文件：ywj\07\7-1-4.dwg。

视频文件：光盘\视频课堂\第 7 章\7.1.4。

案例操作步骤如下。

step 01　单击【绘图】面板中的【直线】按钮 ，绘制中心线，如图 7-33 所示。

step 02　单击【绘图】面板中的【圆】按钮 ，分别绘制半径为 18 和 16 的同心圆，如图 7-34 所示。

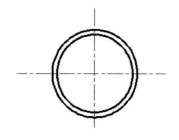

图 7-33　绘制的中心线　　　　　　　　　　图 7-34　绘制的同心圆

step 03　选择【修改】|【偏移】菜单命令，将垂直中心线向左右各偏移 3 个绘图单位，如图 7-35 所示。

step 04　将偏移的辅助线改为"粗实线"。选择【修改】|【修剪】菜单命令，修剪图形，如图 7-36 所示。

step 05　选择【修改】|【阵列】|【环形阵列】菜单命令，以圆心为基点将刚修剪的图形进行环形阵列，如图 7-37 所示。

step 06　选择【修改】|【修剪】菜单命令，再次修剪该图形，如图 7-38 所示，完成花键的绘制。

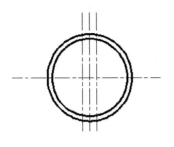

图 7-35 偏移中心线

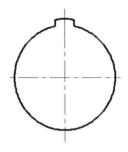

图 7-36 修剪后的图形

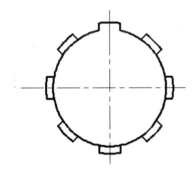

图 7-37 环形阵列

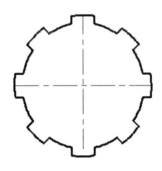

图 7-38 绘制完成的花键

绘制标准件案例 5——绘制开口销

📇 案例文件：ywj\07\7-1-5.dwg。

💿 视频文件：光盘\视频课堂\第 7 章\7.1.5。

案例操作步骤如下。

step 01 单击【绘图】面板中的【圆】按钮⊙，绘制半径为 1.8 的圆。单击【绘图】面板中的【直线】按钮╱，以刚绘制圆的圆心为左端点，绘制长度为 30 的直线，如图 7-39所示。

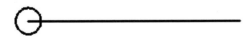

图 7-39 绘制的圆和直线

step 02 选择【修改】|【偏移】菜单命令，将直线向上下各偏移 0.9 个绘图单位，将圆向内偏移 0.9 个绘图单位，如图 7-40 所示。

step 03 选择【修改】|【圆角】菜单命令，对圆和直线执行圆角命令，圆角半径分别为 2 和 1，如图 7-41 所示。

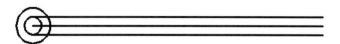

图 7-40　偏移水平线

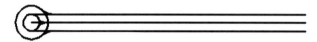

图 7-41　圆角

step 04 选择【修改】|【拉长】菜单命令，将最上端直线长度修改为 22.5，如图 7-42 所示。

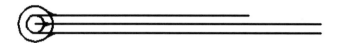

图 7-42　修改后的直线

step 05 单击【绘图】面板中的【直线】按钮，绘制中心线和直线，如图 7-43 所示。

图 7-43　绘制的中心线

step 06 选择【修改】|【偏移】菜单命令，将垂直中心线向右偏移 15 个绘图单位。单击【绘图】面板中的【圆】按钮，绘制半径为 0.9 的圆，如图 7-44 所示。

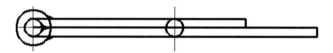

图 7-44　绘制的圆

step 07 选择【修改】|【修剪】菜单命令，修剪图形，如图 7-45 所示。

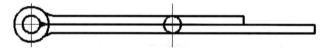

图 7-45　修剪后的图形

step 08 选择【绘图】|【图案填充】菜单命令，对图形进行图案填充，如图 7-46 所示，完成开口销的绘制。

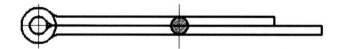

图 7-46　绘制完成的开口销

绘制标准件案例 6——绘制圆柱销

📷 案例文件：ywj\07\7-1-6.dwg。

💿 视频文件：光盘\视频课堂\第 7 章\7.1.6。

案例操作步骤如下。

step 01 选择【绘图】|【矩形】菜单命令，绘制长度为 70、宽度为 10 的矩形，如图 7-47 所示。

step 02 选择【修改】|【分解】菜单命令，分解刚绘制的矩形。选择【修改】|【偏移】菜单命令，将右侧轮廓线向左偏移 1.5 个绘图单位，如图 7-48 所示。

图 7-47 绘制的矩形　　　　　　　　　　　　图 7-48　偏移轮廓线

step 03 选择【绘图】|【圆弧】|【三点】菜单命令，绘制圆弧，如图 7-49 所示。

step 04 选择【修改】|【倒角】菜单命令，对矩形左侧的边执行倒角命令，倒角角度为 15°，倒角长度为 2.5，如图 7-50 所示。

图 7-49 绘制的圆弧　　　　　　　　　　　　图 7-50　倒角

step 05 修剪并删除多余的直线，如图 7-51 所示。

step 06 单击【绘图】面板中的【直线】按钮，绘制直线，如图 7-52 所示，完成圆柱销的绘制。

图 7-51 修剪的图形　　　　　　　　　　　　图 7-52　绘制完成的圆柱销

绘制标准件案例 7——绘制圆形垫圈

📷 案例文件：ywj\07\7-1-7.dwg。

💿 视频文件：光盘\视频课堂\第 7 章\7.1.7。

案例操作步骤如下。

step 01 单击【绘图】面板中的【圆】按钮，分别绘制直径为 30 和 17 的同心圆，作为垫圈的主视图，如图 7-53 所示。

step 02 选择【绘图】|【构造线】菜单命令，绘制构造线，如图 7-54 所示。

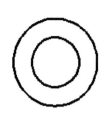

图 7-53　绘制的同心圆

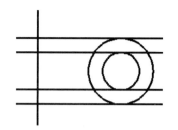

图 7-54　绘制的构造线

step 03 选择【修改】|【偏移】菜单命令，将竖直构造线向左偏移 4 个绘图单位，如图 7-55 所示。

step 04 选择【修改】|【修剪】菜单命令，修剪图形，如图 7-56 所示。

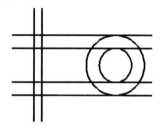

图 7-55　偏移的构造线

图 7-56　修剪后的图形

step 05 选择【绘图】|【图案填充】菜单命令，对图形进行图案填充，如图 7-57 所示。

step 06 选择【标注】|【标注样式】菜单命令，弹出【标注样式管理器】对话框，如图 7-58 所示。

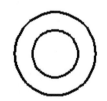

图 7-57　图案填充

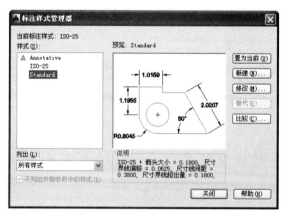

图 7-58　【标注样式管理器】对话框

step 07 单击【修改】按钮，弹出【修改标注样式：Standard】对话框，单击【符号和箭头】标签，切换到【符号和箭头】选项卡，在【箭头】选项组中的【箭头大小】微调框中输入"2"，如图 7-59 所示。

step 08 选择【标注】|【圆心标记】菜单命令，为主视图标注圆心标记，如图 7-60 所示，完成圆形垫圈绘制。

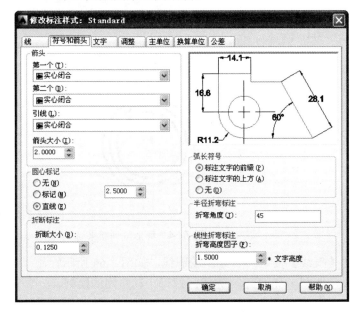

图 7-59　【修改标注样式：Standard】对话框参数设置　　　　图 7-60　绘制完成的圆形垫圈

绘制标准件案例 8——绘制圆螺母止动垫圈

📖 案例文件：ywj\07\7-1-8.dwg。

💿 视频文件：光盘\视频课堂\第 7 章\7.1.8。

案例操作步骤如下。

step 01 单击【绘图】面板中的【直线】按钮／，绘制中心线，如图 7-61 所示。

step 02 选择【修改】|【偏移】菜单命令，将垂直中心线向左右各偏移 3.5 个绘图单位，如图 7-62 所示。

图 7-61　绘制的中心线　　　　　　　　　　图 7-62　偏移中心线

step 03 单击【绘图】面板中的【圆】按钮⊙，分别绘制半径为 50.5、61、76 的同心圆，如图 7-63 所示。

step 04 选择【修改】|【阵列】|【环形阵列】菜单命令，对第 2 步绘制的两条线段进行 3 次环形阵列。第一次阵列总数为 3，角度为-60°；第二次阵列总数为 2，角度为 105°；第三次阵列选择第二次阵列得到的直线作为阵列对象，阵列总数为 3，角度为 60°。阵列结果如图 7-64 所示。

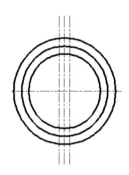

图 7-63　绘制的同心圆

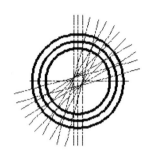

图 7-64　环形阵列结果

step 05 单击【绘图】面板中的【直线】按钮✎，绘制轮廓线，如图 7-65 所示。

step 06 修剪并删除多余的直线，如图 7-66 所示，完成圆螺母止动垫圈的绘制。

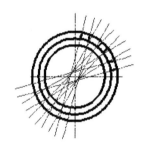

图 7-65　绘制的轮廓线

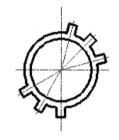

图 7-66　绘制完成的圆螺母止动垫圈

提示　　圆螺母止动垫圈，是一种防止圆螺母松动的垫圈，垫圈和圆螺母配套使用，使用时垫圈装在螺母开槽的那一侧，紧固后将内外止动耳折弯放到槽里。

绘制标准件案例 9——绘制半圆键二视图

📝 案例文件：ywj\07\7-1-9.dwg。

💿 视频文件：光盘\视频课堂\第 7 章\7.1.9。

案例操作步骤如下。

step 01 选择【绘图】|【矩形】菜单命令，绘制长度为 14、宽度为 20 的矩形并分解，如图 7-67 所示。

step 02 选择【修改】|【偏移】菜单命令，将两条垂直轮廓线向内偏移 2 个绘图单位，如图 7-68 所示。

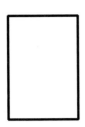

图 7-67　绘制的矩形

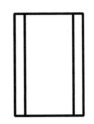

图 7-68　偏移轮廓线

step 03 选择【修改】|【倒角】菜单命令，进行倒角，倒角距离为 2，如图 7-69 所示。

step 04 选择【绘图】|【构造线】菜单命令。通过左视图特征点绘制构造线，如图 7-70 所示。

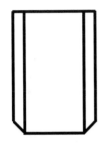

图 7-69　倒角结果

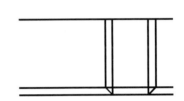

图 7-70　绘制的构造线

step 05 单击【绘图】面板中的【圆】按钮 ⊙，绘制经过构造线的同心圆，如图 7-71 所示。

step 06 修剪并删除辅助线，如图 7-72 所示，完成半圆键二视图的绘制。

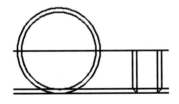

图 7-71　绘制的圆

图 7-72　绘制完成的半圆键二视图

半圆键是键的一种，其上表面为一平面，下表面为半圆弧面，两侧面平行，俗称月牙键。

绘制标准件案例 10——绘制弹性垫圈

📷 案例文件：ywj\07\7-1-10.dwg。

💿 视频文件：光盘\视频课堂\第 7 章\7.1.10。

案例操作步骤如下。

step 01 单击【绘图】面板中的【直线】按钮 ∕，绘制中心线，如图 7-73 所示。

step 02 单击【绘图】面板中的【圆】按钮 ⊙，分别绘制直径为 10.2 和 15.4 的同心圆，
如图 7-74 所示。

图 7-73　绘制的中心线　　　　　　　　　　图 7-74　绘制的同心圆

step 03 选择【修改】|【偏移】菜单命令，将水平中心线向上下各偏移 0.4 个绘图单
位，如图 7-75 所示。

step 04 单击【绘图】面板中的【直线】按钮 ∕，绘制轮廓线，如图 7-76 所示。

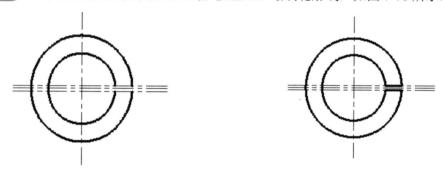

图 7-75　偏移后的中心线　　　　　　　　　图 7-76　绘制的轮廓线

step 05 选择【绘图】|【构造线】菜单命令，绘制经过圆的构造线，如图 7-77 所示。

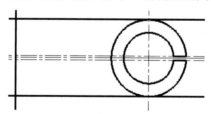

图 7-77　绘制的构造线

step 06 选择【修改】|【偏移】菜单命令，将垂直构造线向右偏移 2.6 个绘图单位，如
图 7-78 所示。

step 07 重复使用【构造线】命令，利用极轴绘制两条与水平线段夹角呈 25°的构造
线，如图 7-79 所示。

step 08 修剪并删除辅助线，如图 7-80 所示，完成弹性垫圈的绘制。

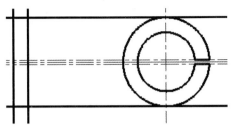

图 7-78　偏移构造线　　　　　　　　　图 7-79　利用极轴绘制的构造线

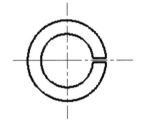

图 7-80　绘制完成的弹性垫圈

提示　　　弹性垫圈在一般机械产品的承力和非承力结构中应用广泛，其特点是成本低廉、安装方便，适用于装拆频繁的部位。

绘制标准件案例 11——绘制蝶形螺母

📄 案例文件：ywj\07\7-1-11.dwg。

🎬 视频文件：光盘\视频课堂\第 7 章\7.1.11。

案例操作步骤如下。

step 01　单击【绘图】面板中的【直线】按钮 ✐，绘制垂直中心线，如图 7-81 所示。

step 02　单击【绘图】面板中的【直线】按钮 ✐，绘制轮廓线，如图 7-82 所示。

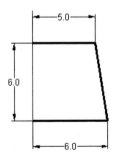

图 7-81　绘制的垂直中心线　　　　　　图 7-82　绘制的轮廓线

step 03　选择【修改】|【偏移】菜单命令，将中心线向右偏移 0.5 个绘图单位，并将偏移的中心线改为粗实线，如图 7-83 所示。

step 04 单击【绘图】面板中的【直线】按钮✐，绘制辅助线，如图 7-84 所示。

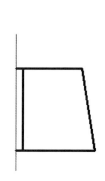

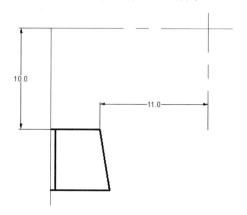

图 7-83　偏移中心线　　　　　　　　　　　图 7-84　绘制的辅助线

step 05 选择【绘图】|【圆】|【相切、相切、半径】菜单命令，绘制半径为 5 的圆，如图 7-85 所示。

step 06 单击【绘图】面板中的【直线】按钮✐，绘制经过圆切点的轮廓线，如图 7-86 所示。

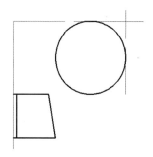

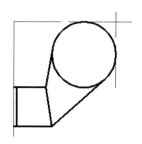

图 7-85　绘制的圆　　　　　　　　　　　图 7-86　绘制的轮廓线

step 07 修剪并删除辅助线，如图 7-87 所示。

step 08 选择【修改】|【镜像】菜单命令，镜像图形，如图 7-88 所示。

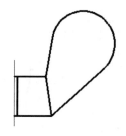

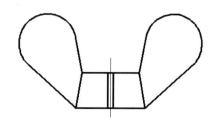

图 7-87　修剪后的图形　　　　　　　　　　图 7-88　镜像后的图形

step 09 选择【绘图】|【图案填充】菜单命令，对图形进行图案填充，如图 7-89 所示，完成蝶形螺母的绘制。

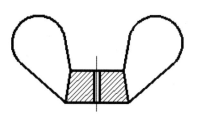

图 7-89　绘制完成的蝶形螺母

绘制标准件案例 12——绘制轴承

> 📝 案例文件：ywj\07\7-1-12.dwg。
>
> 🎬 视频文件：光盘\视频课堂\第 7 章\7.1.12。

案例操作步骤如下。

step 01 选择【绘图】|【矩形】菜单命令，绘制长度为 42、宽度为 9 的矩形，如图 7-90 所示。

step 02 单击【绘图】面板中的【直线】按钮✎，绘制中心线和辅助线，如图 7-91 所示。

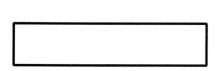

图 7-90　绘制的矩形　　　　　　　图 7-91　绘制的中心线和辅助线

step 03 单击【绘图】面板中的【圆】按钮⊙，绘制半径为 2.125 的圆，如图 7-92 所示。

step 04 单击【绘图】面板中的【直线】按钮✎，绘制轮廓线，如图 7-93 所示。

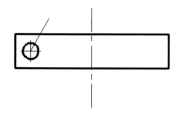

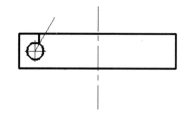

图 7-92　绘制的圆　　　　　　　　图 7-93　绘制的轮廓线

step 05 选择【修改】|【镜像】菜单命令，两次镜像刚绘制的轮廓线，如图 7-94 所示。

step 06 继续执行直线命令，绘制轮廓线与辅助线，如图 7-95 所示。

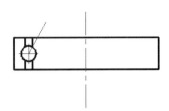

图 7-94　镜像后的图形

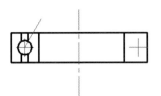

图 7-95　绘制的轮廓线与辅助线

step 07 选择【绘图】|【图案填充】菜单命令，对图形进行图案填充，如图 7-96 所示，完成轴承的绘制。

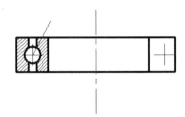

图 7-96　绘制完成的轴承

绘制标准件案例 13——绘制轴承挡环

📁 **案例文件:** ywj\07\7-1-13.dwg。

🎬 **视频文件:** 光盘\视频课堂\第 7 章\7.1.13。

案例操作步骤如下。

step 01 单击【绘图】面板中的【直线】按钮✐，绘制中心线，如图 7-97 所示。

step 02 单击【绘图】面板中的【圆】按钮⊙，绘制半径为 5 的圆，如图 7-98 所示。

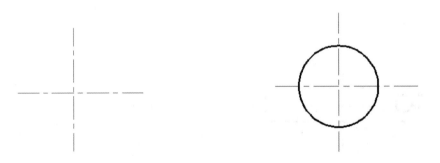

图 7-97　绘制的中心线

图 7-98　绘制的圆

step 03 选择【修改】|【偏移】菜单命令，将水平中心线向上下分别偏移 0.5 个绘图单位，如图 7-99 所示。

step 04 单击【绘图】面板中的【圆】按钮⊙，以最上边水平中心线与竖直中心线的交点为圆心，绘制半径为 5.75 的圆，如图 7-100 所示。

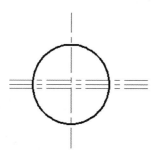

图 7-99　偏移中心线

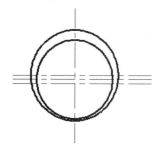

图 7-100　绘制的圆

step 05 选择【修改】|【偏移】菜单命令，将垂直中心线向左右分别偏移 0.6 和 2.5 个绘图单位，如图 7-101 所示。

step 06 单击【绘图】面板中的【圆】按钮⊙，绘制半径为 5.75 的圆，如图 7-102 所示。

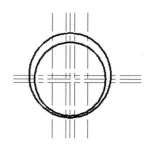

图 7-101　偏移中心线

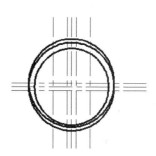

图 7-102　绘制的圆

step 07 选择【修改】|【修剪】菜单命令，修剪图形，如图 7-103 所示。

step 08 单击【绘图】面板中的【直线】按钮╱，绘制轮廓线，并删除辅助线，如图 7-104 所示。

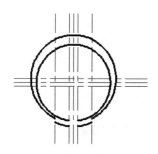

图 7-103　修剪后的图形

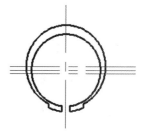

图 7-104　绘制的轮廓线

step 09 单击【绘图】面板中的【圆】按钮⊙，绘制半径为 5.5 的辅助圆。选择【修改】|【偏移】菜单命令，将垂直中心线向左右各偏移 1.5 个绘图单位，如图 7-105 所示。

step 10 单击【绘图】面板中的【圆】按钮⊙，以刚绘制中心线交点为圆心，绘制半径为 0.3 的圆，如图 7-106 所示。

step 11 ▶ 修剪并删除辅助线，如图 7-107 所示，完成轴承挡环的绘制。

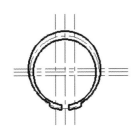

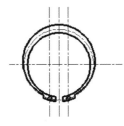

图 7-105 偏移中心线   图 7-106 绘制的圆   图 7-107 绘制完成的轴承挡环

 轴承挡环是一种工作辊轴承的定位挡环，主要由两个半圆形挡环所组成，两个半圆形挡环的一端沿轴向相对交错搭接，通过埋头螺钉沿轴向铰接，其特征在于两个半圆形挡环的另一端沿轴向相对交错搭接，通过弹簧式固定销沿轴向联接。

7.2 绘制常用件

常用件的结构和参数实行了部分标准化，如齿轮和蜗轮、蜗杆等。

7.2.1 齿轮

齿轮是广泛用于机器或部件中的传动零件。齿轮的参数中只有模数，压力角已经标准化，因此它属于常用件。齿轮不仅可以用来传递动力，还能改变转速和回转方向。根据两啮合齿轮轴线在空间的相对位置不同，常见的齿轮传动可分为如图 7-108 所示的 3 种形式。其中，图 7-108(a)所示的圆柱齿轮用于两平行轴之间的传动；图 7-108(b)所示的圆锥齿轮用于垂直相交两轴之间的传动；图 7-108(c)所示的蜗轮蜗杆则用于交叉两轴之间的传动。

(a) 圆柱齿轮   (b) 圆锥齿轮   (c) 蜗轮和蜗杆

图 7-108 常见齿轮的传动形式

1. 圆柱齿轮

圆柱齿轮的轮齿有直齿、斜齿和人字齿等，是应用最广的一种齿轮。

(1) 直齿圆柱齿轮各部分名称和符号，如图 7-109 所示。

齿顶圆：齿轮的齿顶圆柱面与端平面(垂直于齿轮轴线的平面)的交线称为齿顶圆，其直径用 da 表示。

　　齿根圆：齿轮的齿根圆柱面与端平面的交线称为齿根圆，其直径用 df 表示。

　　分度圆：在齿顶圆和齿根圆之间，取一个作为计算齿轮各部分几何尺寸基准的圆称为分度圆，其直径用 d 表示。

　　节圆、中心距与压力角：当一对齿轮啮合时，齿廓在连心线 O_1、O_2 上的接触点 C 称为节点。分别以 O_1、O_2 为圆心，O_1C、O_2C 为半径作相切的两个圆，称为节圆，其直径用 d_1、d_2 表示。对于标准齿轮来说，节圆和分度圆是重合的。连接两齿轮中心的连线 O_1、O_2 称为中心距，用 a 表示。在节点 C 处，两齿廓曲线的公法线(即齿廓的受力方向)与两节圆的内公切线(即节点 C 处的瞬时运动方向)所夹的锐角，称为压力角，我国标准压力角为 $20°$。

　　全齿高、齿顶高、齿根高：齿顶圆与齿根圆之间的径向距离，称为全齿高，用 h 表示；齿顶圆与分度圆之间的径向距离称为齿顶高，用 ha 表示；轮齿在分度圆与齿根圆之间的径向距离称为齿根高，用 hf 表示。$h=ha+hf$。

　　齿距、齿厚、槽宽：对分度圆而言，两个相邻轮齿齿廓对应点之间的弧长称为齿距，用 p 表示；每个轮齿齿廓在分度圆上的弧长称为齿厚，用 s 表示；每个齿槽在分度圆上的弧长称为槽宽，用 e 表示。在标准齿轮中，齿厚与槽宽各为齿距的一半，即 $s=e=p/2$，$p=s+e$。

　　模数：若以 z 表示齿轮的齿数，则分度圆周长为 $πd=zp$，$d=zp/π$，令 $m=p/π$，则 $d=mz$。m 称为齿轮的模数，单位是 mm。模数是设计、制造齿轮的重要参数，它代表了轮齿的大小。齿轮传动中只有模数相等的一对齿轮才能互相啮合。

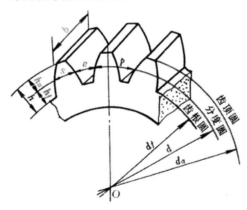

图 7-109　直齿圆柱齿轮各部分的名称和符号

(2) 圆柱齿轮的规定画法。

　　单个圆柱齿轮的画法：一般用两个视图来表示单个齿轮。其中平行于齿轮轴线的投影面的视图常画成全剖视图或半剖视图。根据国标规定，齿顶圆和齿顶线用粗实线绘制；分度圆和分度线用细点画线绘制；齿根圆和齿根线用细实线绘制，也可省略不画；在剖视图中，齿根线用粗实线绘制，当剖切平面通过齿轮轴线时，轮齿一律按不剖处理。

　　圆柱齿轮的啮合画法：根据国标规定，在垂直于齿轮轴线的投影面的视图中，啮合区内的齿顶圆均用粗实线绘制，也可省略不画，相切的两分度圆用点画线画出，两齿根圆省略不画。在平行于齿轮轴线的投影面的外形视图中，不画啮合区内的齿顶线，节线用粗实线画出，其他处的节线仍用点画线绘制。在剖视图中，在啮合区内，将一个齿轮的轮齿用粗实线绘制，另一个齿轮的轮齿被遮挡的部分用虚线绘制。

(3) 直齿圆柱齿轮的基本参数与齿轮各部分的尺寸关系。

模数：当齿轮的齿数为 z 时，分度圆的周长=$\pi d=zp$。令 $m=p/\pi$，则 $d=mz$，m 即为齿轮的模数。因为一对啮合齿轮的齿距 p 必须相等，所以，它们的模数也必须相等。模数是设计、制造齿轮的重要参数。模数越大，则齿距 p 也增大，随之齿厚 s 也增大，齿轮的承载能力也增大。不同模数的齿轮要用不同模数的刀具来制造。为了便于设计和加工，模数已经标准化，我国规定的标准模数数值见表 7-4。

表 7-4　标准模数(圆柱齿轮摘自 GB/T1357—1987)

第一系列	1，1.25，1.5，2，2.5，3，4，5，6，8，10，12，16，20，25，32，40，50
第二系列	1.75，2.25，2.75，(3.25)，3.5，(3.75)，4.5，5.5，(6.5)，7，9，(11)，14，18，22，28，(30)，36，45

注：选用时，优先采用第一系列，括号内的模数尽可能不用。

2. 圆锥齿轮

圆锥齿轮通常用于垂直相交两轴之间的传动。由于轮齿位于圆锥面上，所以锥齿轮的轮齿一端大、另一端小，齿厚是逐渐变化的，直径和模数也随着齿厚的变化而变化。规定以大端的模数为准，用它决定轮齿的有关尺寸。一对锥齿轮啮合也必须有相同的模数。

锥齿轮各部分几何要素的尺寸，也都与模数 m、齿数 z 及分度圆锥角 δ 有关。其计算公式：齿顶高 $ha=m$，齿根高 $hf=1.2m$，齿高 $h=2.2m$，分度圆直径 $d=mz$，齿顶圆直径 $da=m(z+2\cos\delta)$，齿根圆直径 $df=m(z-2.4\cos\delta)$。

锥齿轮的规定画法，与圆柱齿轮基本相同。单个锥齿轮的画法，一般用主、左两视图表示，主视图画成剖视图，在投影为圆的左视图中，用粗实线表示齿轮大端和小端的齿顶圆，用点画线表示大端的分度圆，不画齿根圆。

锥齿轮的啮合画法，主视图画成剖视图，由两齿轮的节圆锥面相切，因此，其节线重合，画成点画线；在啮合区内，应将其中一个齿轮的齿顶线画成粗实线，而将另一个齿轮的齿顶线画成虚线或省略不画，左视图画成外形视图，对标准齿轮来说，节圆锥面和分度圆锥面，节圆和分度圆是一致的。

3. 蜗杆和蜗轮

蜗杆和蜗轮用于垂直交叉两轴之间的传动，通常蜗杆是主动的，蜗轮是从动的。蜗杆、蜗轮的传动比大，结构紧凑，但效率低。蜗杆的齿数(即头数)z_1 相当于螺杆上螺纹的线数。蜗杆常用单头或双头，在传动时，蜗杆旋转一圈，则蜗轮只转过一个齿或两个齿。因此，可得到大的传动比($i=z_2/z_1$，z_2 为蜗轮齿数)。蜗杆和蜗轮的轮齿是螺旋形的，蜗轮的齿顶面和齿根面常制成圆环面。啮合的蜗杆、蜗轮的模数相同，且蜗轮的螺旋角和蜗杆的螺旋线升角大小相等、方向相同。

蜗杆和蜗轮的画法与圆柱齿轮基本相同，但是在蜗轮投影为圆的视图中，只画出分度圆和最外圆，不画齿顶圆与齿根圆。在外形视图中，蜗杆的齿根圆和齿根线用细实线绘制或省略不画。蜗杆和蜗轮的啮合画法，在主视图中，蜗轮被蜗杆遮住的部分不必画出；在左视图中，蜗轮的分度圆和蜗杆的分度线相切。

7.2.2 弹簧

弹簧是一种用来减振、夹紧、测力和贮存能量的零件。其种类多、用途广，这里只介绍常用的圆柱螺旋弹簧。

圆柱螺旋弹簧，根据用途不同可分为压缩弹簧、拉力弹簧和扭力弹簧，如图 7-110 所示。以下介绍圆柱螺旋压缩弹簧的尺寸计算和画法。

1. 圆柱螺旋压缩弹簧的各部分名称及其尺寸计算

(1) 弹簧丝直径：d。

(2) 弹簧直径：

弹簧中径　　D (弹簧的规格直径)

弹簧内径　　D_1　$D_1=D-d$

弹簧外径　　D_2　$D_2=D+d$

(3) 节距 p：除支撑圈外，相邻两圈沿轴向的距离。一般 $p≈D/3～D/2$。

(4) 有效圈数 n、支承圈数 n_2 和总圈数 n_1：为了使压缩弹簧工作时受力均匀，保证轴线垂直于支承端面，两端常并紧且磨平。这部分圈数仅起支承作用，称为支承圈。支承圈数(n_2)有 1.5 圈、2 圈和 2.5 圈 3 种。其中 2.5 圈用得较多，即两端各并紧 1/2 圈、磨平 3/4 圈。压缩弹簧除支承圈外，具有相同节距的圈数称为有效圈数，有效圈数 n 与支承圈数 n_2 之和称为总圈数，即：$n_1=n+n_2$。

(5) 自由高度(或长度)H_0：弹簧在不受外力时的高度 $H_0=np+(n_2-0.5)d$。

(6) 弹簧展开长度 L：制造时弹簧丝的长度。

如图 7-111(a)所示，制造弹簧用的金属丝直径用 d 表示；弹簧的外径、内径和中径分别用 D_2、D_1 和 D 表示；节距用 p 表示；高度用 H_0 表示。

(a) 压缩弹簧 (b) 拉力弹簧 (c) 扭力弹簧

图 7-110　圆柱螺旋弹簧

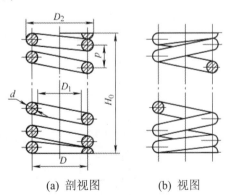

(a) 剖视图　　　　(b) 视图

图 7-111　圆柱螺旋压缩弹簧的尺寸

2. 普通圆柱螺旋压缩弹簧的标记

GB20810—80 规定的标记格式如下：名称、端部型式、$d×D×H_0$、精度、旋向、标准号、材料牌号和表面处理。

例如：压簧Ⅰ：3×20×80 GB20810—80，表示普通圆柱螺旋压缩弹簧，两端并紧并磨平，d=3mm，D=20mm，H_0=80mm，按 3 级精度制造，材料为碳素弹簧钢丝，B 级且表面氧化处理的右旋弹簧。

3. 圆柱螺旋压缩弹簧的画图方法和步骤

在平行于弹簧轴线的投影面上的视图中，其各圈的轮廓应画成直线。常采用通过轴线的全剖视图，如图 7-112 所示。

表示四圈以上的螺旋弹簧时，允许每端只画两圈(不包括支承圈)，中间各圈可省略不画，只画通过簧丝剖面中心的两条点画线。当中间部分省略后，也可适当地缩短图形的长度。

在图样上，螺旋弹簧均可画成右旋，但左旋弹簧不论画成左旋还是右旋，一律要加注"左旋"字样。

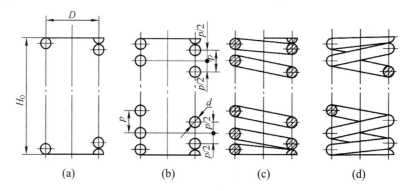

图 7-112　圆柱螺旋压缩弹簧的画图步骤

4. 弹簧在装配图中的画法

(1)　在装配图中，弹簧中间各圈采取省略画法后，弹簧后面被遮挡住的零件轮廓不必画出，如图 7-113(a)所示。

(2)　当弹簧被剖切，簧丝直径在图上小于 2mm 时，其剖面可以涂黑表示，如图 7-113(b)所示。也可采用示意画法画出，如图 7-113(c)所示。

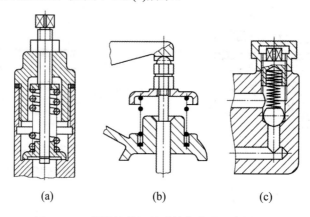

图 7-113　圆柱螺旋压缩弹簧在装配图中的画法

绘制常用件案例 1——绘制齿轮

📝 案例文件：ywj\07\7-2-1.dwg。

🎨 视频文件：光盘\视频课堂\第 7 章\7.2.1。

案例操作步骤如下。

step 01 选择【绘图】|【矩形】菜单命令，绘制长度为 16、宽度为 63.8 的矩形，并将矩形分解，如图 7-114 所示。

step 02 选择【修改】|【偏移】菜单命令，将两条水平轮廓线各向内偏移 2.75 个绘图单位，如图 7-115 所示。

图 7-114　绘制的矩形

图 7-115　偏移轮廓线

step 03 选择【绘图】|【构造线】菜单命令，绘制构造线，如图 7-116 所示。

step 04 接着绘制垫圈的主视图，单击【绘图】面板中的【圆】按钮⊙，分别绘制半径为 8 的圆，以及经过构造线的同心圆，如图 7-117 所示。

图 7-116　绘制的构造线

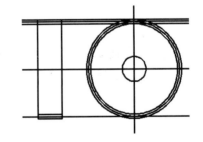

图 7-117　绘制的圆

step 05 继续偏移命令，将左视图中心位置的水平构造线向上偏移 10.5 个绘图单位，将垂直构造线分别向左右各偏移 2.4 个绘图单位，如图 7-118 所示。

step 06 修剪并删除多余的直线，如图 7-119 所示。

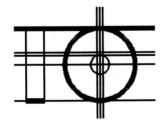

图 7-118　偏移构造线

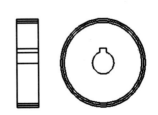

图 7-119　修剪后的图形

提示　　　　【偏移】命令中的删除选项将对象偏移后，源对象会被删除。

step 07 单击【绘图】面板中的【直线】按钮╱，绘制中心线，如图 7-120 所示。

step 08 选择【绘图】|【图案填充】菜单命令，对图形进行图案填充，如图 7-121 所示，完成齿轮绘制。

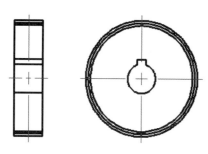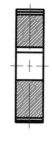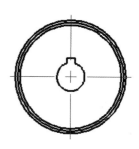

　　　　图 7-120　绘制的中心线　　　　　　　　　　图 7-121　绘制完成的齿轮

绘制常用件案例 2——绘制弹簧

　　🖼 案例文件：ywj\07\7-2-2.dwg。

　　🖌 视频文件：光盘\视频课堂\第 7 章\7.2.2。

案例操作步骤如下。

step 01 单击【绘图】面板中的【直线】按钮╱，绘制水平中心线，如图 7-122 所示。

step 02 选择【修改】|【偏移】菜单命令，将水平中心线向上下各偏移 12.5 个绘图单位，如图 7-123 所示。

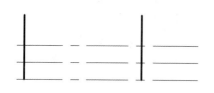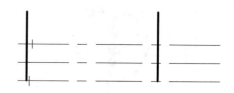

　　图 7-122　绘制的水平中心线　　　　　　　　图 7-123　偏移中心线

step 03 单击【绘图】面板中的【直线】按钮╱，绘制轮廓线，并将其向右偏移 90.5 个绘图单位，如图 7-124 所示。

step 04 重复直线命令，绘制中心线，如图 7-125 所示。

　　　　图 7-124　绘制的轮廓线　　　　　　　　　图 7-125　绘制的中心线

step 05　单击【绘图】面板中的【圆】按钮◎，绘制半径为 2 的圆，如图 7-126 所示。

step 06　修剪多余圆弧，选择【修改】│【镜像】菜单命令，镜像刚绘制的图形，如图 7-127 所示。

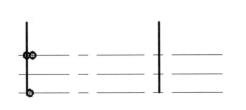

图 7-126　绘制的圆

图 7-127　镜像后的图形

step 07　选择【修改】│【复制】菜单命令，对第 5 步绘制的圆进行复制，如图 7-128 所示。

step 08　单击【绘图】面板中的【直线】按钮，绘制相切线，将弹簧的轮廓连接起来，如图 7-129 所示。

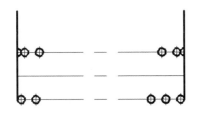

图 7-128　复制的圆

图 7-129　绘制的相切轮廓线

step 09　选择【绘图】│【图案填充】菜单命令，对图形进行图案填充，如图 7-130 所示，完成弹簧的绘制。

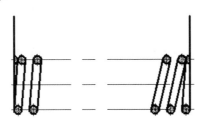

图 7-130　绘制完成的弹簧

绘制常用件案例 3——绘制蜗轮

案例文件：ywj\07\7-2-3.dwg。

视频文件：光盘\视频课堂\第 7 章\7.2.3。

案例操作步骤如下。

step 01　单击【绘图】面板中的【直线】按钮，绘制中心线，如图 7-131 所示。

step 02　选择【修改】│【偏移】菜单命令，将垂直中心线向左右各偏移 12.5 个绘图单位，将水平中心线向上偏移 50 和 36 个绘图单位，如图 7-132 所示。

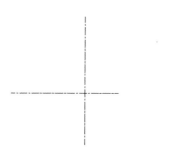

图 7-131　绘制的中心线

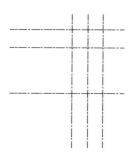

图 7-132　偏移中心线

step 03 ▶ 选择【修改】│【旋转】菜单命令，将垂直中心线复制并旋转，旋转角度为 32°，如图 7-133 所示。

step 04 ▶ 单击【绘图】面板中的【圆】按钮 ⊙，分别绘制半径为 18、20、23 的同心圆，如图 7-134 所示。

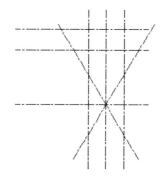

图 7-133　复制并旋转的中心线

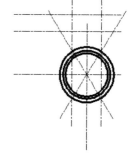

图 7-134　绘制的同心圆

step 05 ▶ 选择【修改】│【修剪】菜单命令，修剪图形，如图 7-135 所示。

step 06 ▶ 将中间的弧转换为中心线图层，单击【绘图】面板中的【直线】按钮 ✎，绘制轮廓线，如图 7-136 所示。

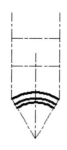

图 7-135　修剪后的图形

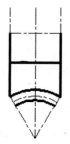

图 7-136　绘制的轮廓线

step 07 ▶ 选择【修改】│【偏移】菜单命令，将垂直中心线向左右各偏移 8.5 个绘图单位，将水平轮廓线向下偏移 5 和 10 个绘图单位，如图 7-137 所示。

step 08 修剪并删除辅助线，如图 7-138 所示。

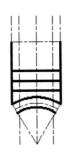

图 7-137 偏移的中心线和轮廓线

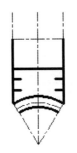

图 7-138 修剪后的图形

step 09 选择【修改】|【圆角】菜单命令，对修剪完成的直线进行圆角，圆角半径为
2.5，如图 7-139 所示。

step 10 选择【修改】|【镜像】菜单命令，镜像图形，如图 7-140 所示。

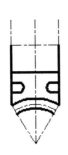

图 7-139 圆角

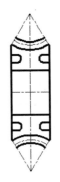

图 7-140 镜像后的图形

step 11 选择【绘图】|【构造线】菜单命令。通过左视图特征点绘制构造线，如图 7-141
所示。

step 12 单击【绘图】面板中的【圆】按钮⊙，绘制经过构造线的同心圆，如图 7-142
所示。

图 7-141 绘制的构造线

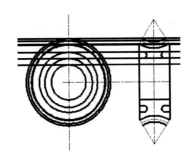

图 7-142 绘制的圆

step 13 选择【修改】|【偏移】菜单命令，将垂直中心线向左右各偏移 4 个绘图单位，将水平中心线向上偏移 17 个绘图单位，如图 7-143 所示。

step 14 修剪并删除辅助线，如图 7-144 所示。

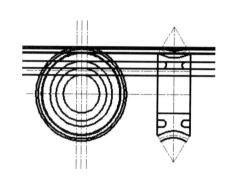

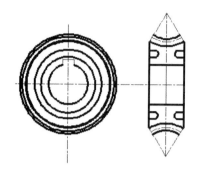

图 7-143　偏移的中心线　　　　　　　　　图 7-144　修剪的图形

step 15 将修剪的图形转换为中心线图层，如图 7-145 所示。

step 16 选择【绘图】|【图案填充】菜单命令，对图形进行图案填充，如图 7-146 所示，完成蜗轮的绘制。

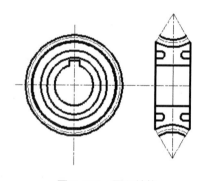

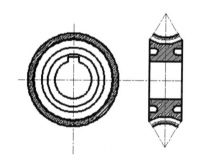

图 7-145　图层转换　　　　　　　　　　　图 7-146　绘制完成的蜗轮

7.3　本 章 小 结

本章主要学习了常用件和标准件的表达方法与绘制技巧。通过本章的学习，读者应熟练掌握齿轮、键联接、销联接与滚动轴承的画法，同时掌握键、销的标记；滚动轴承代号的意义，以及能够自行计算齿轮几何尺寸等技能。

第 8 章
绘制机械零件图

机械图纸的最基本用途是作为一种交流工具。它是机械行业内设计者、制造者和销售者们的专业语言，因此它也像任何一门口头语言一样有特定的规则。通过本章的学习，读者应该学会如何利用一些基本命令以及高级命令(如点的捕捉、尺寸标注以及定位)来绘制机械零件图，并能自行完成机械图纸的绘制。

8.1 零件图的绘图知识

不同的零件有不同的结构形状，如何使用一组图形准确地将其表达出来，是画好零件图必须考虑的问题。首先要根据零件的结构特点，选用适当的表达方法，在完整、清楚、准确地把零件表达出来的前提下，画图方案应尽可能简捷。其次要考虑便于看图和便于加工。一般来说，应把零件按正常加工或安装位置放置，并选择一个形状特征最明显的方向作为主视图的投影方向。

8.1.1 图纸幅面

绘制 CAD 图样时优先采用表 8-1 中规定的基本幅面。

表 8-1 基本幅面 单位：mm

幅面代号	尺寸 B×L	幅面代号	尺寸 B×L
A0	841×1189	A3	297×420
A1	594×841	A4	210×297
A2	420×594		

必要时也允许选用表 8-2、表 8-3 中规定的加长幅面。这些幅面的尺寸是由基本幅面的短边成整数倍增加后得出的，如图 8-1 所示。

表 8-2 加长幅面(第二选择) 单位：mm

幅面代号	尺寸 B×L	幅面代号	尺寸 B×L
A3×3	420×891	A4×4	297×841
A3×4	420×1189	A4×5	297×1051
A4×3	297×630		

表 8-3 加长幅面(第三选择) 单位：mm

幅面代号	尺寸 B×L	幅面代号	尺寸 B×L
A0×2	1189×1682	A3×5	420×1486
A0×3	1189×2523	A3×6	420×1783
A1×3	841×1783	A3×7	420×2080
A1×4	841×2378	A4×6	297×1261
A2×3	594×1261	A4×7	297×1471
A2×4	594×1682	A4×8	297×1628
A2×5	594×2102	A4×9	297×1892

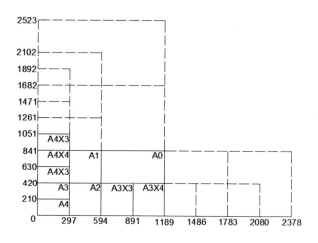

图 8-1　幅面的尺寸

表 8-2 中粗实线所示为基本幅面(第一选择)，细实线所示为表 8-2 所规定的加长幅面(第二选择)，虚线所示为表 8-3 所规定的加长幅面(第三选择)。

8.1.2　图框格式

在图纸上必须用粗实线画出图框，其格式分为不留装订边和留有装订边两种，但同一产品的 CAD 图样只能采用一种格式。

留有装订边的图纸，其图框格式如图 8-2 所示，尺寸按表 8-4 中的规定。

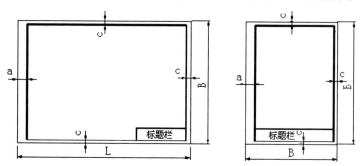

图 8-2　留有装订边的图纸

表 8-4　尺寸规定

单位：mm

幅面代号	A0	A1	A2	A3	A4
B×L	841×1189	594×841	420×594	297×420	210×297
c	10			5	
a	25				

8.1.3　比例

需要按比例绘制图样时，应在表 8-5 规定的系列中选取适当的比例。

表 8-5　规定的比例

种　类	比　　例		
原值比例	$1:1$		
放大比例	$5:1$	$2:1$	$1\times10^n:1$
	$5\times10^n:1$	$2\times10^n:1$	
缩小比例	$1:10$	$1:5$	$1:2$
	$1:1\times10^n$	$1:5\times10^n$	$1:2\times10^n$

注：表中 n 为正整数。

必要时，也允许选取表 8-6 中的比例。

表 8-6　其他比例

种　类	比　　例		
放大比例	$4:1$	$2.5:1$	
	$4\times10^n:1$	$275\times10^n:1$	
缩小比例	$1:1.5$	$1:2.5$	
	$1:3$	$1:4$	$1:6$
	$1:1.5\times10^n$	$1:2.5\times10^n$	
	$1:3\times10^n$	$1:4\times10^n$	$1:6\times10^n$

注：表中 n 为正整数。

比例符号应以"："表示。比例的表示方法如 $1:1$、$1:500$、$20:1$ 等。

比例一般应标注在标题栏中的比例栏内。有时，可在视图名称的下方或右侧标注比例，如：

$$\frac{I}{2:1}\qquad\frac{A向}{1:1000}\qquad 平面图\ 1:1000$$

有时，也允许在同一视图中的铅垂和水平方向标注不同的比例(但两种比例的比值不应超过 5 倍)，如：

铅垂方向$1:1$

零件横剖面图

水平方向$1:2$

必要时，图样的比例还可采用比例尺的形式，一般在图样中的铅垂或水平方向加画比例尺。

8.1.4　图线形式

机械 CAD 图样中各种图线的名称、型式、代号、宽度以及在图上的一般应用见表 8-7。

表 8-7 图线的名称、型式、代号、宽度以及在图上的一般应用

图线名称	图线型式及代号	图线宽度	一般应用
粗实线	——————— A	b	可见轮廓线 可见过渡线
细实线	——————— B	约 b/3	尺寸线及尺寸界线 剖面线 重合剖面的轮廓线 螺纹的牙底线及齿轮的齿根线 引出线 分界线及范围线 弯折线 辅助线 不连续的同一表面的连线 成规律分布的相同要素的连线
波浪线	～～～ C	约 b/3	断裂处的边界线 视图和剖视的分界线
双折线	─\/─\/─ D	约 b/3	断裂处的边界线
虚线	– – – – – F	约 b/3	不可见轮廓线 不可见过渡线
细点划线	—— · —— G	约 b/3	轴线 对称中心线 轨迹线 节圆及节线
粗点划线	—— · —— J	约 b/3	有特殊要求的线或表面的表示线
双点划线	—— · · —— K	约 b/3	相邻辅助零件的轮廓线 极限位置的轮廓线 坯料的轮廓线或毛坯图中制成品的轮廓线 假想投影轮廓线 试验或工艺用结构(成品上不存在)的轮廓线 中断线

8.1.5 标题栏

标题栏一般由更改区、签字区、其他区，名称及代号区组成，也可根据实际需要增加或减少。

(1) 更改区：一般由更改标记、处数、分区、更改文件号、签名和年、月、日等组成。

(2) 签字区：一般由设计、审核、工艺、标准化、批准、签名和年、月、日等组成。

（3） 其他区：一般由材料、标记、阶段标记、重量、比例"共 张""第 张"等组成。

（4） 名称及代号区：一般由单位名称、图样名称和图样代号等组成。

8.2 零件图综合案例

零件图案例 1——绘制轴零件图

📁 **案例文件:** ywj\08\8-1.dwg。

🎬 **视频文件:** 光盘\视频课堂\第 8 章\8.1。

案例操作步骤如下。

step 01 单击【绘图】面板中的【直线】按钮 ✏️，分别绘制长度为 28、18 和 15 的轮廓线，如图 8-3 所示。

step 02 选择【修改】|【旋转】菜单命令，将直线旋转 135°，如图 8-4 所示。

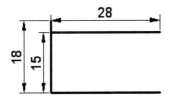

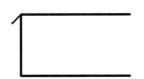

图 8-3　绘制的轮廓线　　　　　　　　图 8-4　旋转直线后的图形

step 03 选择【修改】|【镜像】菜单命令，镜像刚旋转的直线，如图 8-5 所示。

step 04 单击【绘图】面板中的【直线】按钮 ✏️，连接旋转直线端点，并绘制中心线以及长度为 11、距离为 5 的轮廓线，如图 8-6 所示。

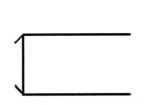

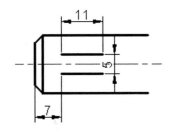

图 8-5　镜像刚旋转的直线后的图形　　　　　图 8-6　绘制的中心线及轮廓线

step 05 选择【绘图】|【圆弧】|【圆心、起点、角度】菜单命令，绘制角度为 180°的两个半圆弧，完成的第一个键槽如图 8-7 所示。

step 06 单击【绘图】面板中的【直线】按钮 ✏️，依次绘制长度如图 8-8 所示的轮廓线。

step 07 选择【修改】|【复制】菜单命令，复制第一个键槽，如图 8-9 所示。

step 08 选择【修改】|【拉伸】菜单命令，将复制的键槽的长度拉伸 8 个绘图单位，如图 8-10 所示。

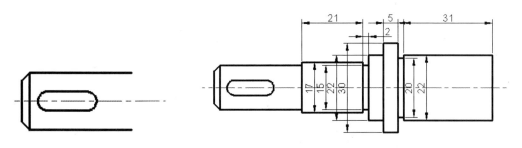

图 8-7　绘制的第一个键槽　　　　　　　图 8-8　绘制的轮廓线

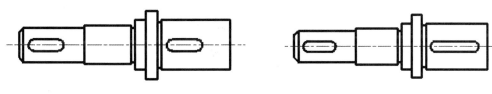

图 8-9　复制键槽　　　　　　　　图 8-10　复制键槽拉伸后的图形

step 09 单击【绘图】面板中的【直线】按钮，绘制下一段轴的轮廓线，其长度如图 8-11 所示。

step 10 单击【绘图】面板中的【直线】按钮，绘制长度为 2 的倒角，倾斜度同样为 45°，如图 8-12 所示。

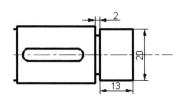 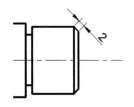

图 8-11　绘制的轮廓线　　　　　　　　图 8-12　绘制倒角

step 11 单击【绘图】面板中的【直线】按钮，绘制后一段轴的轮廓线，其长度如图 8-13 所示。

step 12 单击【绘图】面板中的【直线】按钮，绘制辅助线，如图 8-14 所示。

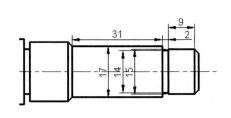 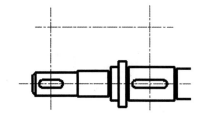

图 8-13　绘制的轮廓线　　　　　　　　图 8-14　绘制的辅助线

step 13 单击【绘图】面板中的【圆】按钮，分别绘制半径为 7.5 和 11 的圆，如图 8-15

计算机辅助设计案例课堂

所示。

step 14 ▶ 选择【修改】│【偏移】菜单命令，将水平中心线向上下分别偏移 2.5 和 3 个绘图单位，将左边的垂直中心线向右偏移 4.5 个绘图单位，右边的垂直中心线向右偏移 7.5 个绘图单位，如图 8-16 所示。

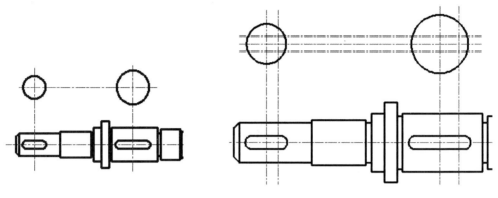

图 8-15　绘制的圆　　　　　　　　　　　　　图 8-16　偏移的中心线

step 15 ▶ 单击【绘图】面板中的【直线】按钮✐，绘制轮廓线，如图 8-17 所示。

step 16 ▶ 修剪并删除辅助线，如图 8-18 所示。

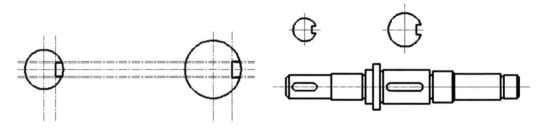

图 8-17　绘制的轮廓线　　　　　　　　　　　图 8-18　修剪后的图形

step 17 ▶ 选择【绘图】│【图案填充】菜单命令，对图形进行图案填充，完成的轴零件图如图 8-19 所示。

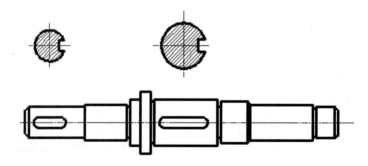

图 8-19　绘制完成的轴零件图

零件图案例 2——绘制阶梯轴零件图

 案例文件：ywj\08\8-2.dwg。

视频文件：光盘\视频课堂\第 8 章\8.2。

案例操作步骤如下。

step 01 单击【绘图】面板中的【直线】按钮✍，绘制中心线，如图 8-20 所示。

step 02 选择【修改】|【偏移】菜单命令，将竖直中心线分别向右偏移 49、54、65、126、164 个绘图单位，如图 8-21 所示。

图 8-20 绘制的中心线

图 8-21 偏移的中心线

step 03 单击【绘图】面板中的【直线】按钮✍，绘制长度如图 8-22 所示的轮廓线。

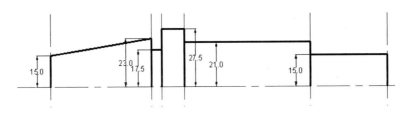

图 8-22 绘制的轮廓线

step 04 选择【修改】|【镜像】菜单命令，镜像刚绘制的轮廓线，如图 8-23 所示。

step 05 选择【修改】|【删除】菜单命令，删除多余辅助线，如图 8-24 所示，完成阶梯轴零件图绘制。

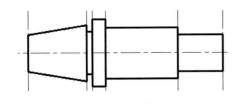

图 8-23 镜像后的图形

图 8-24 绘制完成的阶梯轴零件图

零件图案例 3——绘制轮盘零件图

案例文件：ywj\08\8-3.dwg。

视频文件：光盘\视频课堂\第 8 章\8.3。

案例操作步骤如下。

step 01 单击【绘图】面板中的【直线】按钮 ✎，绘制中心线，如图 8-25 所示。

step 02 单击【绘图】面板中的【圆】按钮 ⊙，分别绘制直径为 40、25、80 和 90 的圆，如图 8-26 所示。

图 8-25　绘制的中心线

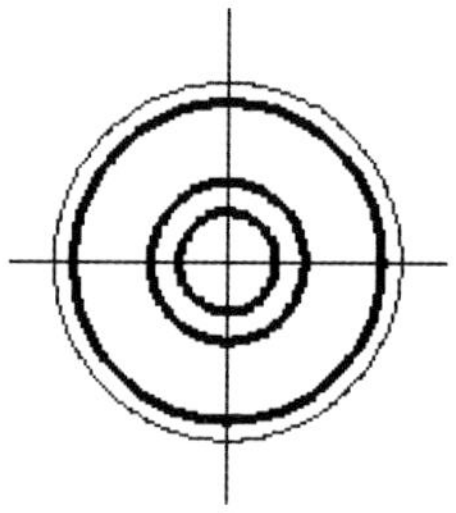

图 8-26　绘制的圆

step 03 单击【绘图】面板中的【圆】按钮 ⊙，分别再绘制直径为 12 和 20 的圆，如图 8-27 所示。

step 04 选择【修改】|【修剪】菜单命令，修剪图形，如图 8-28 所示。

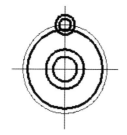

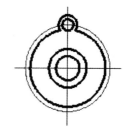

图 8-27　绘制的圆

图 8-28　修剪后的图形

step 05 选择【修改】|【圆角】菜单命令，对刚修剪的图形进行圆角，圆角半径为 5，如图 8-29 所示。

step 06 选择【修改】|【阵列】|【环形阵列】菜单命令，以圆心为基点将刚绘制的小圆环形阵列，如图 8-30 所示。

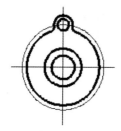

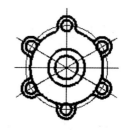

图 8-29　圆角

图 8-30　环形阵列小圆

step 07 选择【修改】|【修剪】菜单命令，修剪刚阵列的小圆，如图 8-31 所示。

step 08 单击【绘图】面板中的【直线】按钮 ✎，在图形右边绘制竖直中心线，并将竖直中心线向左偏移 15 个绘图单位，向右偏移 15 和 25 个绘图单位，如图 8-32 所示。

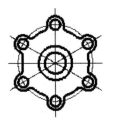

图 8-31　修剪后的图形

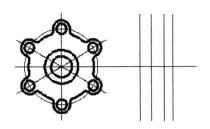

图 8-32　绘制的中心线

step 09 选择【绘图】｜【构造线】菜单命令。通过左视图特征点绘制构造线，如图 8-33 所示。

step 10 修剪删除辅助线，并绘制轮廓线，如图 8-34 所示。

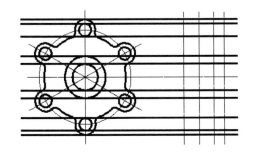

图 8-33　绘制的构造线

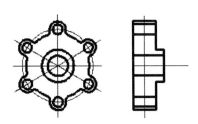

图 8-34　修剪后的图形

step 11 选择【绘图】｜【图案填充】菜单命令，对图形进行图案填充，如图 8-35 所示，完成轮盘零件图绘制。

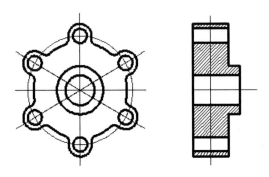

图 8-35　绘制完成的轮盘零件图

提示

　　盘盖类零件主要起传动、连接、支撑、密封等作用，如手轮、法兰盘、各种端盖等。

零件图案例 4——绘制盖零件图

📁 **案例文件**：ywj\08\8-4-1.dwg，ywj\08\8-4-2.dwg。

💿 **视频文件**：光盘\视频课堂\第 8 章\8.4。

案例操作步骤如下。

step 01 单击【绘图】面板中的【直线】按钮 ✐，绘制中心线，如图 8-36 所示。

step 02 选择【修改】│【偏移】菜单命令，将水平中心线向上下各偏移 38.5 个绘图单位，如图 8-37 所示。

图 8-36 绘制的中心线   图 8-37 偏移的中心线

 提示　　　对单个闭合对象进行偏移后，对象形状不变，尺寸发生变化；对线段进行偏移时，线段的形状和尺寸都保持不变。

step 03 单击【绘图】面板中的【圆】按钮 ⊘，分别绘制直径为 18、60、62、80 和 100 的圆，如图 8-38 所示。

step 04 选择【修改】│【旋转】菜单命令，将竖直中心线复制旋转 60°，如图 8-39 所示。

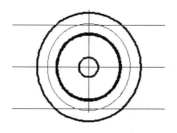   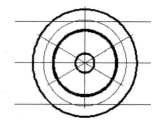

图 8-38 绘制的圆   图 8-39 复制旋转中心线

step 05 单击【绘图】面板中的【圆】按钮 ⊘，绘制直径为 11 的圆，如图 8-40 所示。

step 06 选择【修改】│【复制】菜单命令，从 8-4-1 文件处复制 M6 螺母，如图 8-41 所示。

step 07 修剪删除辅助线，并绘制轮廓线，如图 8-42 所示。

step 08 选择【绘图】│【构造线】菜单命令，绘制构造线，如图 8-43 所示。

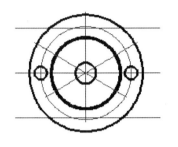

图 8-40　绘制的圆

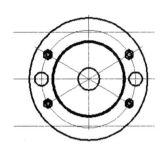

图 8-41　复制的螺母

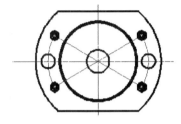

图 8-42　修剪后的图形

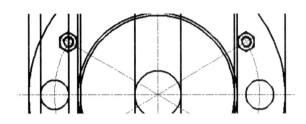

图 8-43　绘制的构造线

step 09　单击【绘图】面板中的【直线】按钮✐，在图形上侧绘制水平中心线，并将水平中心线向下分别偏移 10、15、17 和 20 个绘图单位，如图 8-44 所示。

step 10　修剪并删除辅助线，并绘制轮廓线，如图 8-45 所示。

图 8-44　绘制的中心线

图 8-45　修剪后的图形

step 11　选择【修改】|【复制】菜单命令，从 8-4-1 文件处复制螺钉，如图 8-46 所示。

step 12　选择【绘图】|【图案填充】菜单命令，对图形进行图案填充，如图 8-47 所示，完成盖零件图的绘制。

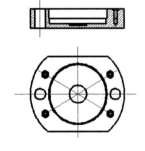

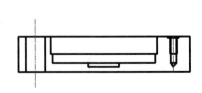

图 8-46　复制的螺钉

图 8-47　绘制完成的盖零件图

计
算
机
辅
助
设
计
案
例
课
堂

零件图案例5——绘制座体零件图

📁 案例文件：ywj\08\8-5.dwg。

🎬 视频文件：光盘\视频课堂\第 8 章\8.5。

案例操作步骤如下。

step 01 单击【绘图】面板中的【直线】按钮 ✐，绘制中心线，如图 8-48 所示。

step 02 单击【绘图】面板中的【直线】按钮 ✐，绘制主视图外轮廓线，其各部分长度如图 8-49 所示。

图 8-48 绘制的中心线

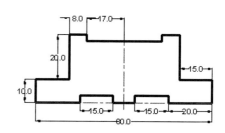

图 8-49 绘制的主视图轮廓线

step 03 选择【修改】|【偏移】菜单命令，将垂直中心线向左右各偏移 21 和 32.5 个绘图单位，如图 8-50 所示。

step 04 选择【修改】|【偏移】菜单命令，将外侧两条垂直中心线向左右各偏移 4 个绘图单位，内侧两条垂直中心线向左右各偏移 2 个绘图单位，水平中心线向上偏移 18 个绘图单位，如图 8-51 所示。

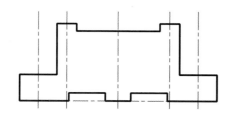

图 8-50 偏移的中心线

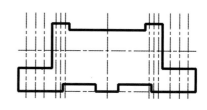

图 8-51 偏移的中心线

step 05 删除辅助线，并绘制轮廓线，如图 8-52 所示。

step 06 单击【绘图】面板中的【圆】按钮 ⊙，分别绘制直径为 20 和 24 的同心圆，如图 8-53 所示。

step 07 修剪并删除辅助线，如图 8-54 所示。

step 08 单击【绘图】面板中的【直线】按钮 ✐，绘制左视图外轮廓线，如图 8-55 所示。

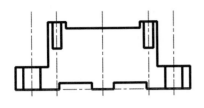

图 8-52　修剪后的图形

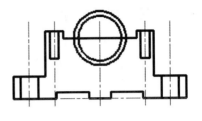

图 8-53　绘制的圆

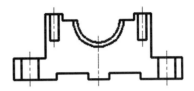

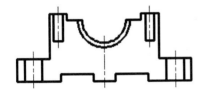

图 8-54　修剪后的图形

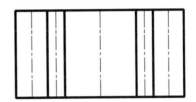

图 8-55　绘制的左视图外轮廓线

step 09　选择【修改】|【偏移】菜单命令，将左视图上侧轮廓线分别向下偏移 7.5、20
　　　　和 32.5 个绘图单位，如图 8-56 所示。

step 10　将刚偏移的轮廓线的图层特性改为"中心线层"，单击【绘图】面板中的
　　　　【圆】按钮，分别绘制直径为 4 和 8 的圆，如图 8-57 所示。

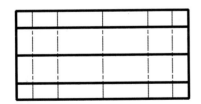

图 8-56　偏移的轮廓线

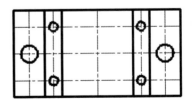

图 8-57　绘制的圆

step 11　单击【绘图】面板中的【直线】按钮，根据主视图轮廓绘制直线，如图 8-58
　　　　所示。

step 12　修剪并删除辅助线，如图 8-59 所示。

step 13　选择【绘图】|【图案填充】菜单命令，对图形进行图案填充，绘制的座体零
　　　　件图如图 8-60 所示。

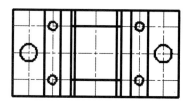

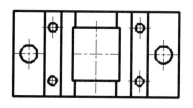

图 8-58　绘制的轮廓线　　　　　　图 8-59　修剪后的图形

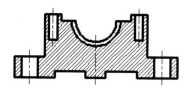

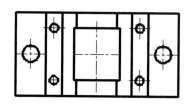

图 8-60　绘制完成的座体零件图

零件图案例 6——绘制阀体零件图

　　案例文件：ywj\08\8-6-1.dwg，ywj\08\8-6-2.dwg。

　　视频文件：光盘\视频课堂\第 8 章\8.6。

案例操作步骤如下。

step 01　单击【绘图】面板中的【直线】按钮　，绘制中心线，如图 8-61 所示。

step 02　选择【修改】|【偏移】菜单命令，将水平中心线向上偏移 30 个绘图单位，如图 8-62 所示。

图 8-61　绘制的中心线　　　　　　图 8-62　偏移的中心线

step 03　单击【绘图】面板中的【直线】按钮　，绘制长度如图 8-63 所示的主视图。

step 04 选择【修改】|【偏移】菜单命令，将水平中心线分别向上下偏移 5 和 8 个绘图单位，将竖直中心线分别向左偏移7.5、10 和18 个绘图单位，如图 8-64 所示。

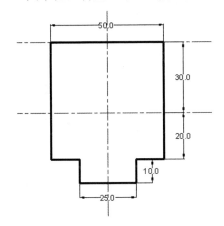

图 8-63　绘制主视图外轮廓线

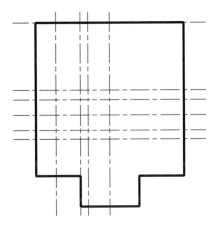

图 8-64　偏移的中心线

step 05 单击【绘图】面板中的【直线】按钮 ✐，绘制主视图内轮廓线，并从 8-6-1 文件处复制螺钉，如图 8-65 所示。

step 06 选择【修改】|【偏移】菜单命令，将外轮廓最上侧线段向下偏移 20 个绘图单位。修剪并删除辅助线，如图 8-66 所示。

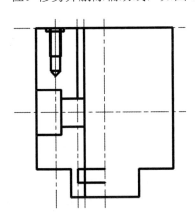

图 8-65　绘制的主视图内轮廓线

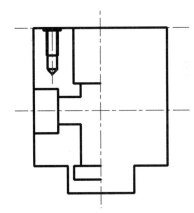

图 8-66　修剪后的图形

step 07 选择【绘图】|【圆弧】|【三点】菜单命令，绘制圆弧，如图 8-67 所示。

step 08 选择【修改】|【镜像】菜单命令，镜像图形，如图 8-68 所示。

step 09 单击【绘图】面板中的【直线】按钮 ✐，根据主视图的外轮廓图绘制俯视图外轮廓线，长度如图 8-69 所示。

step 10 单击【绘图】面板中的【圆】按钮 ⊙，分别绘制直径为 15 和 20 的同心圆，如图 8-70 所示。

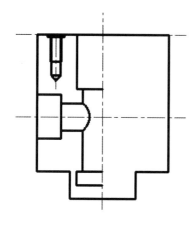

图 8-67　绘制的圆弧

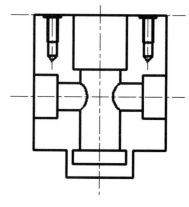

图 8-68　镜像后的图形

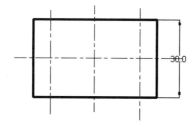

图 8-69　绘制的俯视图外轮廓线

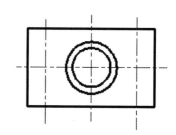

图 8-70　绘制的同心圆

step 11　选择【修改】|【复制】菜单命令，从 8-6-1 文件处复制六角螺母，如图 8-71 所示。

step 12　选择【绘图】|【图案填充】菜单命令，对图形进行图案填充，如图 8-72 所示，完成阀体零件图绘制。

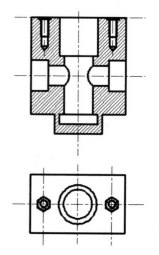

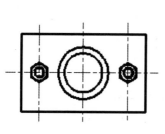

图 8-71　复制的六角螺母

图 8-72　绘制完成的阀体零件图

零件图案例 7——绘制壳体零件图

📖 案例文件：ywj\08\8-7.dwg。

💿 视频文件：光盘\视频课堂\第 8 章\8.7。

案例操作步骤如下。

step 01 单击【绘图】面板中的【直线】按钮 ✎，绘制中心线，如图 8-73 所示。

step 02 单击【绘图】面板中的【圆】按钮 ⊙，分别绘制直径为 12、25、49、74 和 88 的圆，如图 8-74 所示。

 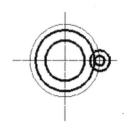

图 8-73　绘制的中心线　　　　　　　　　　图 8-74　绘制的圆

step 03 单击【绘图】面板中的【直线】按钮 ✎，绘制经过圆象限点的直线，如图 8-75 所示。

step 04 选择【修改】|【修剪】菜单命令，修剪图形，如图 8-76 所示。

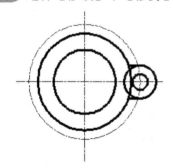 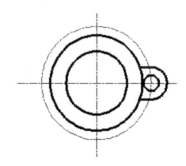

图 8-75　绘制直线　　　　　　　　　　　　图 8-76　修剪后的图形

step 05 选择【修改】|【阵列】|【环形阵列】菜单命令，以圆心为基点对刚修剪的小圆进行环形阵列，如图 8-77 所示。

step 06 选择【修改】|【偏移】菜单命令，将垂直中心线向左偏移 42 个绘图单位，将水平中心线向上下各偏移 25.5 个绘图单位，如图 8-78 所示。

step 07 单击【绘图】面板中的【直线】按钮 ✎，绘制轮廓线，如图 8-79 所示。

step 08 修剪并删除多余的直线，如图 8-80 所示。

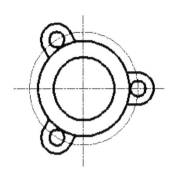

图 8-77　环形阵列

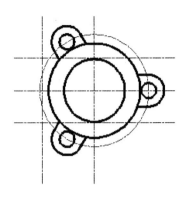

图 8-78　偏移的中心线

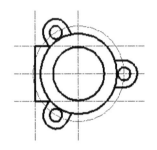

图 8-79　绘制的轮廓线

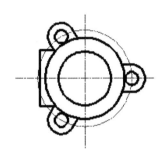

图 8-80　修剪后的图形

step 09 选择【修改】|【旋转】菜单命令，将刚绘制的图形旋转 90°，如图 8-81 所示。

step 10 选择【绘图】|【构造线】菜单命令，绘制构造线，如图 8-82 所示。

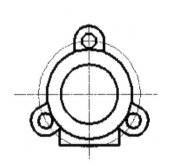

图 8-81　旋转后的图形

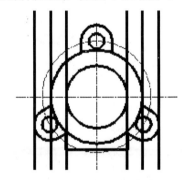

图 8-82　绘制的构造线

step 11 单击【绘图】面板中的【直线】按钮 ，绘制水平直线。

step 12 选择【修改】|【偏移】菜单命令，将刚绘制的水平中心线向下偏移 56 个绘图单位，如图 8-83 所示。

step 13 选择【修改】|【修剪】菜单命令，修剪图形，如图 8-84 所示。

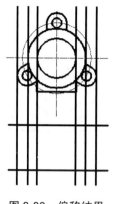

图 8-83　偏移结果

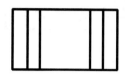

图 8-84　修剪后的图形

step 14　单击【绘图】面板中的【直线】按钮 ✎，绘制如图 8-85 所示的轮廓线。

step 15　选择【修改】|【修剪】菜单命令，修剪图形，如图 8-86 所示。

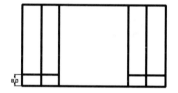

图 8-85　绘制的轮廓线

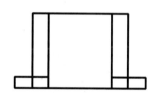

图 8-86　修剪后的图形

step 16　单击【绘图】面板中的【直线】按钮 ✎，绘制经过图形中点的中心线，如图 8-87 所示。

step 17　单击【绘图】面板中的【圆】按钮 ◉，绘制与内轮廓线相切的圆，如图 8-88 所示。

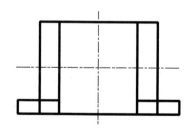

图 8-87　绘制的中心线

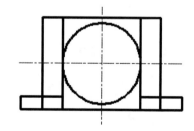

图 8-88　绘制与内轮廓线相切的圆

step 18　选择【修改】|【偏移】菜单命令，将刚绘制的圆分别向内偏移 6.5、13、18.5 个绘图单位，如图 8-89 所示。

step 19　单击【绘图】面板中的【圆】按钮 ◉，绘制直径为 5 的圆，如图 8-90 所示。

step 20　选择【修改】|【阵列】|【环形阵列】菜单命令，以圆心为基点对刚绘制的小圆进行环形阵列，如图 8-91 所示。

step 21　将第 19 步偏移的轮廓线的图层特性改为"中心线层"，如图 8-92 所示，完成壳体零件图的绘制。

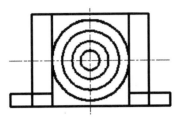

图 8-89　偏移的圆

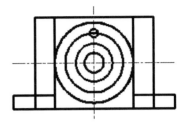

图 8-90　绘制的圆

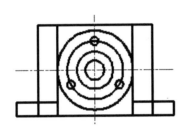

图 8-91　环形阵列小圆

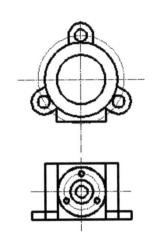

图 8-92　绘制完成的壳体零件图

　壳体由内、外两个曲面围成，厚度 t 远小于中面最小曲率半径 R 和平面尺寸的片状结构，是薄壳、中厚壳的总称。

零件图案例 8——绘制棘轮零件图

　　案例文件：ywj\08\8-8.dwg。

　　视频文件：光盘\视频课堂\第 8 章\8.8。

案例操作步骤如下。

step 01　单击【绘图】面板中的【直线】按钮，绘制中心线，如图 8-93 所示。

step 02　单击【绘图】面板中的【圆】按钮，分别绘制直径为 18、30 和 60 的同心圆，如图 8-94 所示。

step 03　选择【修改】|【旋转】菜单命令，将中心线复制旋转 30°，如图 8-95 所示。

step 04　单击【绘图】面板中的【直线】按钮，绘制轮廓线，如图 8-96 所示。

图 8-93　绘制的中心线

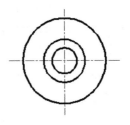

图 8-94　绘制的同心圆

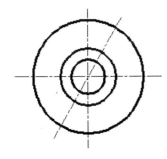

图 8-95　复制旋转的中心线

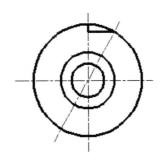

图 9-96　绘制的轮廓线

step 05　将直径为 60 的圆图层特性改为"粗实线层"。选择【修改】|【阵列】|【环形阵列】菜单命令，以圆心为基点对刚绘制的轮廓线进行环形阵列，如图 8-97 所示。

step 06　选择【修改】|【偏移】菜单命令，将垂直中心线向左右各偏移 3 个绘图单位，将水平中心线向上偏移 12.5 个绘图单位，如图 8-98 所示。

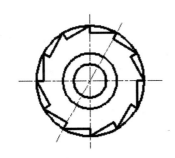

图 8-97　环形阵列

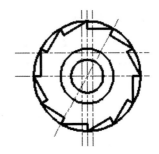

图 8-98　偏移的中心线

step 07　将刚偏移的中心线图层特性改为"粗实线层"。选择【绘图】|【构造线】菜单命令，绘制构造线，其尺寸如图 8-99 所示。

step 08　修剪并删除辅助线，如图 8-100 所示。

step 09　选择【绘图】|【图案填充】菜单命令，对图形进行图案填充，如图 8-101 所示，完成棘轮零件图的绘制。

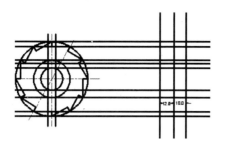

图 8-99　绘制的构造线

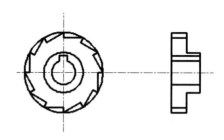

图 8-100　修剪后的图形

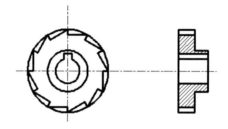

图 8-101　绘制完成的棘轮零件图

提示　　　棘轮被定义为具有齿形表面或摩擦表面的轮子，由棘爪推动棘轮做步进运动，类似齿轮，与号盘配合、控制号盘变换的零件。

零件图案例 9——绘制导向块零件图

> 📄 案例文件：ywj\08\8-9.dwg。
>
> 🎬 视频文件：光盘\视频课堂\第 8 章\8.9。

案例操作步骤如下。

step 01 单击【绘图】面板中的【直线】按钮 ✎，绘制中心线，如图 8-102 所示。

step 02 选择【修改】|【偏移】菜单命令，将垂直中心线分别向左偏移 7.5 和 12.5 个绘图单位，如图 8-103 所示。

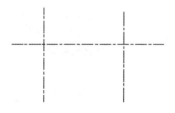

图 8-102　绘制的中心线

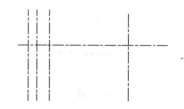

图 8-103　偏移的中心线

step 03 单击【绘图】面板中的【圆】按钮 ⊙，绘制直径为 6.5 的圆。选择【绘图】|【多段线】菜单命令，绘制长度为 25，高度为 17.5，半径为 12.5 的外轮廓线，如图 8-104 所示。

step 04 选择【修改】|【分解】菜单命令，分解刚绘制的轮廓线。选择【修改】|

【偏移】菜单命令，将最下边的轮廓线向上偏移 4 个绘图单位，如图 8-105 所示。

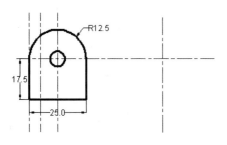

图 8-104　绘制的外轮廓线

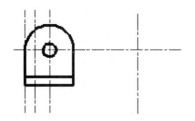

图 8-105　偏移的轮廓线

step 05　单击【绘图】面板中的【直线】按钮，绘制宽度为 15、高度为 6 的左下侧轮廓线，如图 8-106 所示。

step 06　选择【绘图】｜【构造线】菜单命令，绘制构造线，如图 8-107 所示。

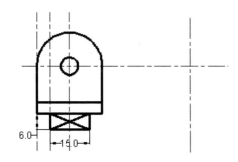

图 8-106　绘制的左下侧轮廓线

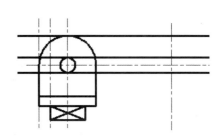

图 8-107　绘制的构造线

step 07　单击【绘图】面板中的【直线】按钮，绘制长度如图 8-108 所示的左视图外轮廓线。

step 08　修剪并删除辅助线，如图 8-109 所示。

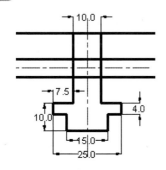

图 8-108　绘制的左视图外轮廓线

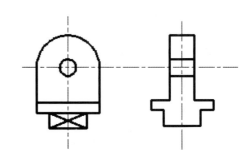

图 8-109　修剪后的图形

step 09　选择【修改】｜【偏移】菜单命令，将垂直中心线向左偏移 2.5 个绘图单位，如图 8-110 所示。

step 10　单击【绘图】面板中的【直线】按钮，绘制高度如图 8-111 所示的左视图内轮廓线。

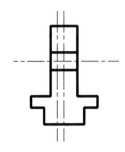

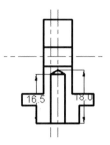

图 8-110　偏移后的中心线　　　　　　图 8-111　绘制的左视图内轮廓线

step 11 选择【修改】|【删除】菜单命令，删除多余辅助线。选择【绘图】|【图案填充】菜单命令，对图形进行图案填充，如图 8-112 所示，完成导向块零件图的绘制。

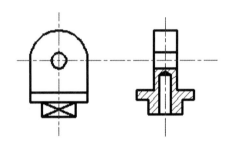

图 8-112　绘制完成的导向块零件图

零件图案例 10——绘制基板零件图

📷 案例文件：ywj\08\8-10.dwg。

🎬 视频文件：光盘\视频课堂\第 8 章\8.10。

案例操作步骤如下。

step 01 单击【绘图】面板中的【直线】按钮✐，绘制中心线，如图 8-113 所示。

step 02 选择【修改】|【偏移】菜单命令，将垂直中心线向左右各偏移 33 个绘图单位，如图 8-114 所示。

图 8-113　绘制的中心线　　　　　　　图 8-114　偏移的中心线

step 03 单击【绘图】面板中的【圆】按钮⊘，分别绘制 2 个直径为 8 和 2 个直径为 24 的圆，如图 8-115 所示。

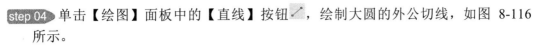

step 04 ▶ 单击【绘图】面板中的【直线】按钮，绘制大圆的外公切线，如图 8-116 所示。

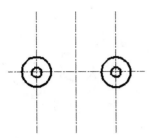

图 8-115 绘制的圆

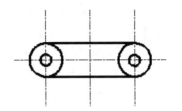

图 8-116 绘制大圆的外公切线

step 05 ▶ 单击【绘图】面板中的【圆】按钮，分别绘制直径为 4、20、60 和 48 的圆，如图 8-117 所示。

step 06 ▶ 选择【修改】｜【阵列】｜【环形阵列】菜单命令，以圆心为基点对直径为 4 的小圆进行环形阵列，如图 8-118 所示。

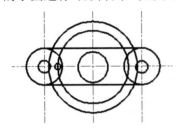

图 8-117 绘制的圆

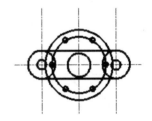

图 8-118 环形阵列小圆

step 07 ▶ 选择【绘图】｜【多边形】菜单命令，绘制半径为 16 的外接正六边形，如图 8-119 所示。

step 08 ▶ 单击【绘图】面板中的【圆】按钮，绘制半径为 18 的辅助圆，如图 8-120 所示。

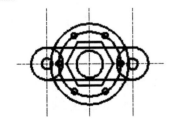

图 8-119 绘制的外接正六边形

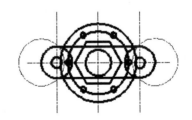

图 8-120 绘制的辅助圆

step 09 ▶ 单击【绘图】面板中的【圆】按钮，以刚绘制辅助圆与水平中心的交点为圆心绘制半径为 18 的圆，如图 8-121 所示。

step 10 ▶ 单击【绘图】面板中的【直线】按钮，绘制最外侧圆外公切线，如图 8-122 所示。

step 11 ▶ 选择【修改】｜【修剪】菜单命令，修剪图形，如图 8-123 所示。

step 12 ▶ 将直径为 48 的圆图层特性改为"中心线层"。选择【绘图】｜【构造线】菜单命令，绘制高度如图 8-124 所示的构造线。

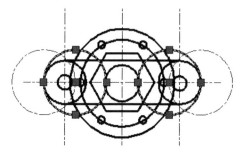

图 8-121　绘制的圆

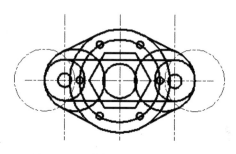

图 8-122　绘制最外侧圆外公切线

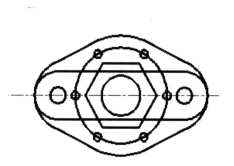

图 8-123　修剪后的图形

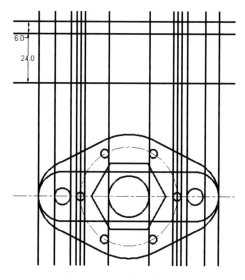

图 8-124　绘制的构造线

step 13 ▶ 选择【修改】│【修剪】菜单命令，修剪图形，如图 8-125 所示。

step 14 ▶ 选择【绘图】│【图案填充】菜单命令，对图形进行图案填充，如图 8-126 所示，完成基板零件图的绘制。

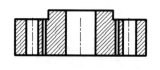

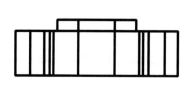

图 8-125　修剪后的图形

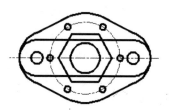

图 8-126　绘制完成的基板零件图

零件图案例 11——绘制球轴承零件图

案例文件：ywj\08\8-11.dwg。

视频文件：光盘\视频课堂\第 8 章\8.11。

案例操作步骤如下。

step 01 选择【绘图】|【矩形】菜单命令，绘制一个长度为 25、宽度为 95，圆角半径为 1 的圆角矩形，如图 8-127 所示。

step 02 选择【修改】|【偏移】菜单命令，将矩形上侧边线分别向下偏移 8、17 和 25 个绘图单位，如图 8-128 所示。

图 8-127　绘制的圆角矩形　　　　　图 8-128　偏移的边线

step 03 选择【修改】|【延伸】菜单命令，横向延伸中间两条边线，使其与竖直边线相交，延伸结果如图 8-129 所示。

step 04 选择【修改】|【圆角】菜单命令，对最下侧边线进行圆角，圆角半径为 10，圆角结果如图 8-130 所示。

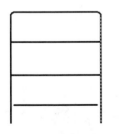

图 8-129　延伸结果　　　　　　　图 8-130　圆角结果

step 05 单击【绘图】面板中的【圆】按钮 ⊘，绘制半径为 6 的圆，如图 8-131 所示。

step 06 选择【修改】|【修剪】菜单命令，修剪图形，如图 8-132 所示。

step 07 选择【修改】|【镜像】菜单命令，镜像图形，如图 8-133 所示。

step 08 选择【绘图】|【图案填充】菜单命令，对图形进行图案填充，如图 8-134 所示。

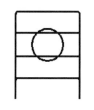

图 8-131　绘制的圆

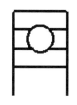

图 8-132　修剪后的图形

图 8-133　镜像后的图形

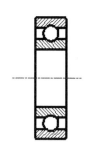

图 8-134　图案填充后效果

step 09 ▶ 选择【绘图】｜【构造线】菜单命令，绘制构造线，如图 8-135 所示。

step 10 ▶ 单击【绘图】面板中的【圆】按钮⊙，绘制与构造线相切的圆，如图 8-136 所示。

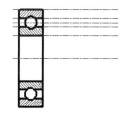

图 8-135　绘制的构造线

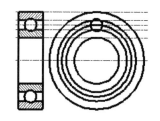

图 8-136　绘制与构造线相切的圆

step 11 ▶ 选择【修改】｜【修剪】菜单命令，修剪图形，如图 8-137 所示。

step 12 ▶ 选择【修改】｜【阵列】｜【环形阵列】菜单命令，以圆心为基点对刚修剪的圆进行环形阵列，如图 8-138 所示。

step 13 ▶ 选择【修改】｜【删除】菜单命令，删除辅助线，如图 8-139 所示，完成球轴承零件图的绘制。

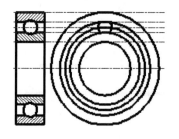

图 8-137　修剪后的图形

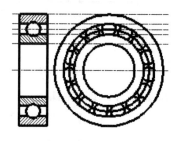

图 8-138　环形阵列

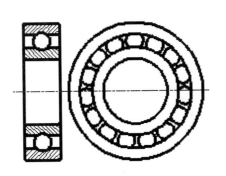

图 8-139　绘制完成的球轴承零件图

提示　　球轴承是滚动轴承的一种，球滚珠装在内钢圈和外钢圈的中间，能承受较大的载荷，也叫滚珠轴承。

零件图案例 12——绘制底座零件图

案例文件：ywj\08\8-12.dwg。

视频文件：光盘\视频课堂\第 8 章\8.12。

案例操作步骤如下。

step 01 单击【绘图】面板中的【直线】按钮，绘制中心线，如图 8-140 所示。

step 02 单击【绘图】面板中的【直线】按钮，绘制边长为 90 的正方形，如图 8-141 所示。

图 8-140　绘制的中心线　　　　　　　　图 8-141　绘制的正方形

step 03 单击【绘图】面板中的【圆】按钮，分别绘制直径为 32 和 64 的同心圆，如图 8-142 所示。

step 04 选择【修改】|【圆角】菜单命令，对主视图外轮廓进行圆角，圆角半径为 1.5，如图 8-143 所示。

step 05 选择【绘图】|【构造线】菜单命令，绘制构造线，如图 8-144 所示。

step 06 选择【修改】|【偏移】菜单命令，将垂直构造线分别向右偏移 8 和 48 个绘图单位，如图 8-145 所示。

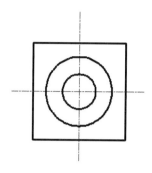

图 8-142　绘制的同心圆

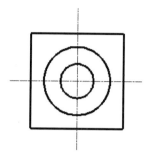

图 8-143　对主视图外轮廓圆角

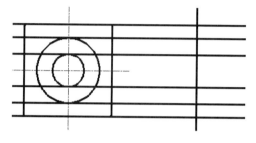

图 8-144　绘制的构造线

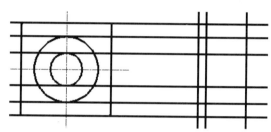

图 8-145　偏移的直线

step 07 选择【修改】|【修剪】菜单命令，修剪图形，如图 8-146 所示。

step 08 将刚绘制的轮廓线的图层特性改为"虚实线层"。选择【修改】|【圆角】菜单命令，对左视图外轮廓进行圆角，圆角半径为 1.5，如图 8-147 所示，完成底座零件图的绘制。

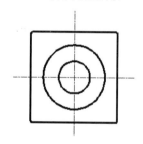

图 8-146　修剪后的图形

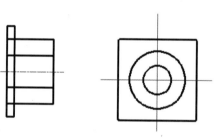

图 8-147　绘制完成的底座零件图

零件图案例 13——绘制杆零件剖视图

📖 案例文件：ywj\08\8-13-1.dwg，ywj\08\8-13-2.dwg。

💿 视频文件：光盘\视频课堂\第 8 章\8.13。

案例操作步骤如下。

step 01 打开的 8-13-1 文件——"杆零件图"，如图 8-148 所示。

step 02 单击【绘图】面板中的【直线】按钮，绘制中心线，如图 8-149 所示。

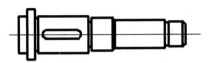

图 8-148　打开的 8-13-1 文件

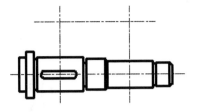

图 8-149　绘制的中心线

step 03　单击【绘图】面板中的【圆】按钮 ⊙，分别绘制半径为 8.5 和 11 的圆，如图 8-150 所示。

step 04　选择【修改】|【偏移】菜单命令，将上侧的水平中心线向上下各偏移 2.5 和 3 个绘图单位，将左边的垂直中心线向右偏移 7.5 个绘图单位，右边垂直中心线向右偏移 4.5 个绘图单位，如图 8-151 所示。

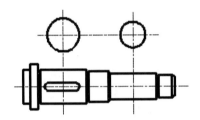

图 8-150　绘制的圆

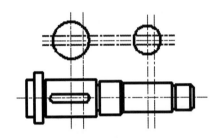

图 8-151　偏移的中心线

step 05　单击【绘图】面板中的【直线】按钮 ∕，绘制轮廓线，如图 8-152 所示。

step 06　修剪并删除辅助线，如图 8-153 所示。

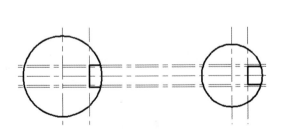

图 8-152　绘制的轮廓线

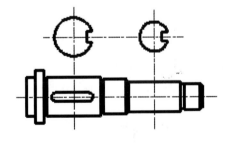

图 8-153　修剪后的图形

step 07　选择【绘图】|【图案填充】菜单命令，对图形进行图案填充，绘制完成的杆零件剖视图如图 8-154 所示。

提示

　　　　剖视图主要用于表达机件内部的结构形状，它是假想用一剖切面(平面或曲面)剖开机件，将处在观察者和剖切面之间的部分移去，而将其余部分向投影面上投射，这样得到的图形称为剖视图(简称剖视)。

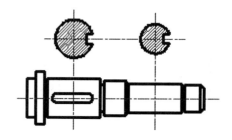

图 8-154   绘制完成的杆零件剖视图

零件图案例 14——绘制穿孔轴零件断面图

案例文件：ywj\08\8-14-1.dwg，ywj\08\8-14-2.dwg。

视频文件：光盘\视频课堂\第 8 章\8.1.14。

案例操作步骤如下。

step 01 打开的 8-14-1 文件——"穿孔轴零件图"，如图 8-155 所示。

step 02 单击【绘图】面板中的【直线】按钮，绘制中心线，如图 8-156 所示。

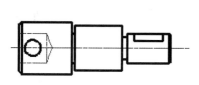

图 8-155   打开的 8-14-1 文件

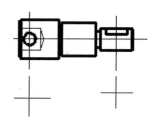

图 8-156   绘制的中心线

step 03 单击【绘图】面板中的【圆】按钮，分别绘制直径为 70 和 40 的圆，如图 8-157 所示。

step 04 选择【修改】|【偏移】菜单命令，将左下侧水平中心线向上下各偏移 11 个绘图单位，右下侧的垂直中心线向左右各偏移 5 个绘图单位，水平中心线向上偏移 10 个绘图单位，如图 8-158 所示。

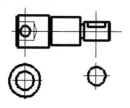

图 8-157   绘制的圆

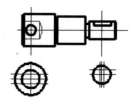

图 8-158   偏移的中心线

step 05 单击【绘图】面板中的【直线】按钮，绘制轮廓线，如图 8-159 所示。

step 06 修剪并删除多余直线，如图 8-160 所示。

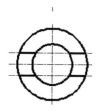 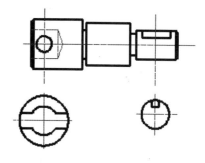

图 8-159 绘制的轮廓线　　　　图 8-160 修剪后的图形

step 07 选择【绘图】|【图案填充】菜单命令，对图形进行图案填充，绘制的穿孔轴零件断面图如图 8-161 所示。

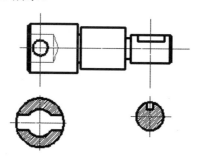

图 8-161 绘制完成的穿孔轴零件断面图

零件图案例 15——绘制轴肩局部放大图

案例文件：ywj\08\8-15-1.dwg，ywj\08\8-15-2.dwg。

视频文件：光盘\视频课堂\第 8 章\8.1.15。

案例操作步骤如下。

step 01 打开的 8-15-1 文件——"轴肩零件图"，如图 8-162 所示。

step 02 单击【绘图】面板中的【圆】按钮 ⊙，绘制直径为 8 的圆，如图 8-163 所示。

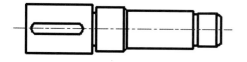 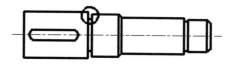

图 8-162 打开的 8-15-1 文件　　　　图 8-163 绘制的圆

step 03 选择【标注】|【多重引线】菜单命令，绘制多重引线，如图 8-164 所示。

step 04 选择【修改】|【复制】菜单命令，复制圆内直线，如图 8-165 所示。

step 05 选择【绘图】|【样条曲线】菜单命令，绘制样条曲线，如图 8-166 所示。

step 06 选择【修改】|【修剪】菜单命令，修剪多余线段，如图 8-167 所示。

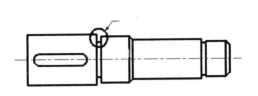

图 8-164 绘制的多重引线

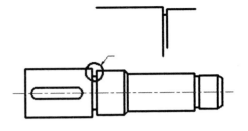

图 8-165 复制的圆内直线

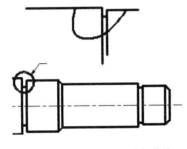

图 8-166 绘制的样条曲线

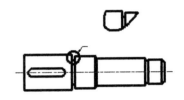

图 8-167 修剪后的图形

step 07 选择【修改】|【缩放】菜单命令,将刚绘制的图形放大 1.5 倍,绘制的轴肩局部放大图如图 8-168 所示。

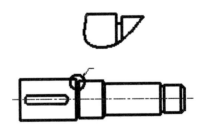

图 8-168 绘制完成的轴肩局部放大图

8.3 本 章 小 结

本章向读者介绍了 AutoCAD 2014 的零件图的画法及注意事项,通过案例中零件图的绘制过程来加深了解和巩固。对于一些难点图例,笔者进行了关键的点评和绘法提示。本章中的案例希望读者能自己完成,并在绘制中详细体会本章所讲述的要求。

第 9 章
绘制零件装配图

在机械制图中，还有一类非常重要的图纸，即装配图。本章我们将通过用 AutoCAD 绘制一个千斤顶装配图的案例，对装配图的知识进行介绍，这也是 AutoCAD 制图实际应用的一个重要部分，因此希望广大读者能够认真学习这个案例。

9.1 装配图分析及相关知识

装配图是用于表达部件或机器的工作原理、零件之间的装配关系和相互位置，以及装配、检验、安装所需要的尺寸数据的技术文件。在设计过程中，一般都先绘制出装配图，再由装配图所提供的结构形式和尺寸拆画零件图；也可以先绘制零件图，再根据零件图来拼画装配图。

9.1.1 装配图绘制准备

绘制装配图大体可分为 3 个步骤：第一步是了解装配体，第二步是确定视图的表达方案，第三步是确定比例和图幅。

第一步，绘制装配图前，必须对所绘制的对象即千斤顶有个全面的认识。

千斤顶是机器安装行业常用的一种起重或顶压工具，在汽车修理中也经常用到。千斤顶的顶压高度不大，在顶举重物时，要旋转螺旋杆顶部孔中的绞杠，即把螺旋杆从螺套中旋出，套在螺旋杆上面的顶垫把重物顶起，螺套镶在底座里，并用紧定螺钉固定。为使顶垫不随螺旋杆旋转，且不脱落，在螺旋杆顶部开有一个环形槽，用螺钉端部嵌在环形槽里的方法，将顶垫和螺旋杆顶部连接在一起。

第二步，根据对装配体的分析，确定视图方案。

装配图的主视图应按它的工作位置放置，由于千斤顶的底座和螺套都是回转体，故可省略左视图，而在主视图上采用全剖视图的形式，这样就把千斤顶的装配关系和工作原理全部反映清楚了。同时也反映了千斤顶在该方向的内部结构和外部形状。

为了配合主视图表示装配体的装配关系、内部结构，为了补充表达千斤顶的外形和各零件的主要结构形状，还应画出俯视图。因螺旋杆顶部的绞杠安装部位的结构在主视图中难以表达，故将俯视图画成在绞杠处全剖视图的形式。为了详细说明螺钉连接形式，还应选用一个局部放大图。

第三步，确定绘图比例和图幅。

应根据装配体的大小、复杂程度和视图数量选定绘图比例，确定图幅大小。千斤顶的体积较小，结构也不复杂，而且只有主视图、俯视图和局部放大图，故可考虑用 1：2 的比例在 A4 图幅内绘制装配图。注意，在确定图幅时，不仅要考虑各视图所需的面积，还要把标题栏、零件序号、尺寸标注和技术要求所占面积计算在内。

9.1.2 绘图知识

1. 装配图内容

(1) 视图：按装配图的复杂程度不同，所用的视图数量也不同，通常将该装配图的结构、形状、工作原理、传动过程和零部件的装配关系表达完全即可。

(2) 必要的尺寸：装配图中应该标注该装配体的规格、性能尺寸、装配结合尺寸、总体尺寸、安装尺寸和检验尺寸。

(3) 技术要求：用文字或规定的代号、符号说明在装配、调试、检验、搬运或使用时应达到的要求和注意事项。

(4) 零部件代号及明细栏：装配图中应对每一种零部件都编写序号和填写明细栏，通过序号和明细栏使装配图与相应的零部件有机地联系起来，这样既有利于加工生产，也便于查找和管理。

(5) 标题栏：标题栏应填写本装配体的名称、图样代号材料、比例、材料、单位名称、设计、工艺、审核者的签名及日期等。

2. 装配图的规定画法

(1) 相接触或相互配合的两零件表面只画一条线，如图 9-1(a)所示，不相接触的非配合的两零件表面，即使其间隙很小也应夸大地画成间距大于 0.7mm 的两条线，如图 9-1 (b)所示。

(2) 在装配图的剖视图中，同一零件无论在哪个视图中被剖出，其剖面符号都应完全相同；相邻零件的剖面符号，应画不同斜向或不同间隔的剖面线，如图 9-1(c)所示。

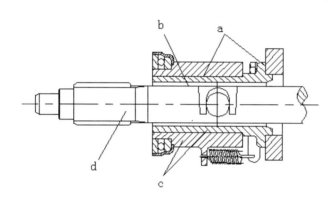

图 9-1 装配图的基本表达方法示例

(3) 在装配图中，对于禁锢件、销、键、轴、钩、连杆、手柄和球等实心体，若按纵向剖切，剖切平面通过其轴线或其对称平面时，这些零件均按不剖绘制，如图 9-1(d)所示，其中若有的零件需要表达某些诸如销孔、凹槽、键槽、禁锢螺钉的连接时，可采用局部剖视表达。反之，上述零件若沿其轴线相垂直的方向剖切时，都仍按剖视图绘制，并画出相应的剖切符号。

3. 装配图的尺寸标注

在装配图中有时虽然也标注一些重要零件的特殊尺寸，但不可能、也没有必要把所有零件的尺寸都标注出来，只需要标注与其装配体有关的几类尺寸即可。

(1) 规格、性能尺寸。规格、性能尺寸表明装配体的规格和性能，是供设计和选型时参照的主要依据。

(2) 主要装配尺寸和配合代号。主要装配尺寸和配合代号是用以保证装配体的使用精度和性能的重要尺寸，通常都带有公差与配合要求。

(3) 相对位置尺寸。要求装配体在装配时应保证的各个零部件之间的位置尺寸称为相对位置尺寸。

(4) 外形尺寸。用以表示装配体外形最大轮廓的尺寸称为外形尺寸，它是用来确定包装、运输、安装及厂房设计的依据。

(5) 安装尺寸。安装尺寸是指将装配体安装在机器或基地上的必需尺寸。

(6) 其他重要尺寸。其他重要尺寸通常是指装配体在设计过程中经计算确定的但又不包括在上述几类尺寸中的重要尺寸或某些主要零件的重要尺寸，如结构特征、运动件的运动范围尺寸等。

以上几类尺寸有时并不都具备，应从实际需要出发来确定；有时同一尺寸还会具有几个含义。

4. 技术要求

技术要求用文字或符号注写在标题栏、明细栏的上方或左方的空白处，说明对装配体在装配等方面的注意事项或应当达到的指标，它通常包括以下几项内容。

(1) 装配要求。在装配过程中的注意事项和装配后应达到的要求。

(2) 调试、检验要求。装配体在完成装配后应达到的技术指标、试验方法及注意事项等内容。

(3) 使用及其他要求。包括对装配体的性能、规格、维护、保养、包装、运输、安装、涂饰等乃至操作使用中注意事项的说明。

以上各项要求应从实际出发，做到既科学合理，又经济实用。

5. 装配图的零部件序号、标题栏和明细栏

1) 零部件序号

对装配图中的零部件进行序号的编排应按 GB4458.2—84 的规定进行，其基本点如下。

(1) 一般规定。装配图中的每种零部件都应编写一个序号，对于复杂装配体中的标准件可不编序号，而另行编入标准件总表中，或者直接将其代号和相应的标准及数量注写在指引横线处。

(2) 装配图中的零部件序号应与标题栏的序号一致。

(3) 序号的编配方法。如图 9-2 所示，序号的表示方法有 3 种，但同一装配图中的形式应一致。

如图 9-2(a)和图 9-2(b)所示在指引线的水平线上或圆内注写的序号，其字高比该装配图中的尺寸数字的高度要大 1 号或大 2 号。

如图 9-2(c)所示，在指引线附近注写的序号，其字高比该装配图中的尺寸数字的高度要大 2 号。

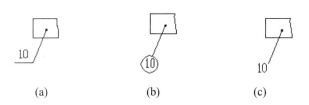

(a)　　　　　　　(b)　　　　　　　(c)

图 9-2　序号的 3 种表示方法

指引线应自所指部分的可见轮廓内引出，并在起始点画一圆点，若所指部分的内部不便画圆点时(如很薄的零件或涂黑的剖面等)，则将指引线的末端画成箭头，并指向该部分的轮廓，如图 9-3 所示。

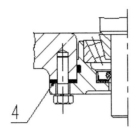

图 9-3　箭头代替圆点标注法

指引线不能相交，但可曲折一次，当通过剖面线的区域时，指引线应避免与剖面线平行。

一组禁锢件或装配关系清楚的零件组，可共用同一指引线，如图 9-4 所示。

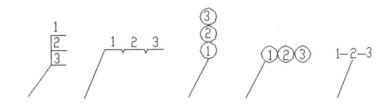

图 9-4　共用同一指引线示例

装配图中的序号应按水平或垂直方向(顺时针或逆时针方向)依次编排，以便查找。

2)　标题栏和明细栏

装配图与零件图的标题栏在内容、格式上完全一样，所不同的是装配图中的标题栏中的"材料"栏目无须填写，因为装配体不只是一个零件，每个零件的材料都不相同，各个零件的材料填写在明细栏内。

明细栏应包括序号、代号、名称、数量、材料、重量、备注等，通常明细栏配置在标题栏的上方，按由下而上的顺序填写，当位置不够时可紧靠在标题栏的左边继续自下而上延续，如图 9-5 所示，也可作为装配图的续页，按 A4 幅面单独绘制，填写顺序则为自下而上，此时，下方仍应画出标题栏。

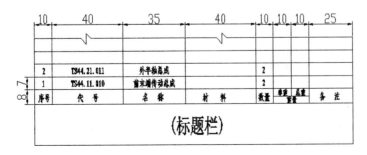

图 9-5　装配图的明细栏

9.1.3 装配图的标注

装配图的标注主要包括尺寸标注、零件序号标注和标题栏、明细栏和技术要求等的文字标注。

1. 装配图的尺寸标注

与零件图的尺寸标注不同，装配图不需要注出每个零件的全部尺寸，只需要注出与部件的性能、装配、安装等有关的尺寸。在千斤顶的装配图中，只需注出底座与螺套的配合尺寸 φ32、绞杠外形尺寸 112、底座直径 φ74 和装配好的千斤顶高度范围 113～143 等尺寸。本例中的尺寸标注不多，可将这些尺寸都标注到主视图上。

2. 绘制零件序号

装配图中的零件序号可以按顺时针或逆时针的方向，按大小顺序水平或垂直地整齐排列。本例中的序号按逆时针方向由小到大排列，并将全部序号都标注在主视图上。

序号的字体高度应比尺寸标注中的字高大 1 号或 2 号，本例中的序号字高设为 8。

3. 填写标题栏、明细栏和技术要求

1) 填写标题栏、明细栏的要求

根据生产需要，将明细栏分为序号、名称、数量、材料、备注 5 项。本例中，除装配图名称外，标题栏和明细栏的字高均为 4，装配图名称的字高为 7。

2) 书写技术要求

技术要求的内容应简明扼要、通顺易懂，一般包括部件基本性能和质量方面的要求、装配工艺方面的要求、试验方面的规定等内容。技术要求在装配图中，可位于明细栏的上方或左侧。当有多项要求时，还应编顺序号。在本实例的装配图中，写出试验要求即可，因仅有一条，不必编号。技术要求的字高为 4。

9.2 零件装配图案例——千斤顶零件图的装配

案例文件：ywj\9\9-1-1.dwg，ywj\9\9-1-2.dwg。

视频文件：光盘\视频课堂\第 9 章\9.1。

本案例主要介绍根据产品或部件实物，用 AutoCAD 绘制装配图的方法。根据实物要绘制本例中的装配图，首先应绘出除标准件以外的全部零件草图，然后根据零件草图整理和绘制装配图。

9.2.1 设置绘图环境

绘图之前对绘图环境进行设置是非常必要的，读者不要忽视了这一步，有一个合理、舒适的绘图环境可使绘图工作进行得更顺利。本案例设置绘图环境的操作如下。

step 01 选择【文件】|【新建】菜单命令，弹出【选择样板】对话框，在【打开】下拉列表框中选择【无样板打开-公制】选项，如图 9-6 所示。

图 9-6　【选择样板】对话框设置

step 02 选择【工具】|【选项】菜单命令，打开【选项】对话框，切换到【文件】选项卡，单击【添加】按钮，添加装配图路径，如图 9-7 所示。

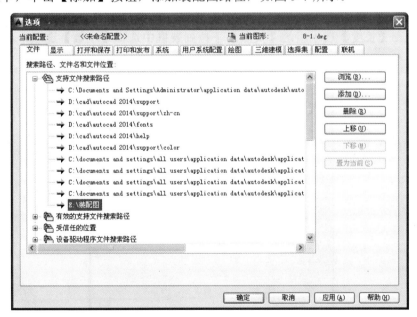

图 9-7　建立支持文件搜索路径

step 03 在【选项】对话框中切换到【显示】选项卡，在【显示精度】选项组中设置【圆弧和圆的平滑度】数值为 1500，以提高圆与圆弧的显示分辨率，如图 9-8 所示。

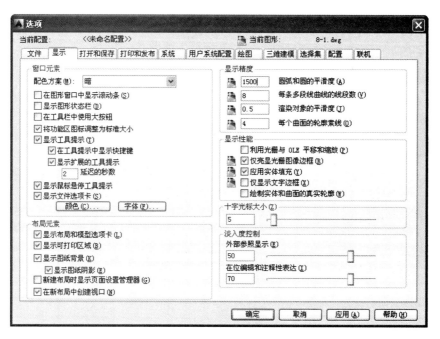

图 9-8　改变圆与圆弧的显示分辨率

 提示

　　"圆弧和圆的平滑度"数值过小，显示速度越快，但圆弧的多边形的边数过少，视觉感受会很不舒适；此数值越大，显示精度越高，但显示速度越慢，应根据计算机的配置酌情选择。

step 04　设置绘图单位。选择【格式】|【单位】菜单命令，打开【图形单位】对话框，在【长度】选项组的【类型】下拉列表框中选择【小数】选项，在【精度】下拉列表框中选择 0.0000 选项，如图 9-9 所示。

图 9-9　【图形单位】对话框参数设置

9.2.2 设置图层和样式

设置图层和样式的操作方法如下。

step 01 选择【格式】|【图层】菜单命令，打开【图层特性管理器】，单击【新建图层】按钮，创建 5 个图层。定义各图层的名称、颜色、线型、线宽，最后【图层特性管理器】中的设置如图 9-10 所示。

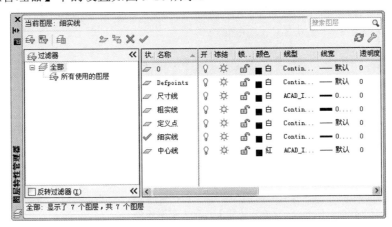

图 9-10 【图层特性管理器】中的参数设置

step 02 选择【格式】|【文字样式】菜单命令，打开【文字样式】对话框，其中【宽度因子】文本框中的值用来控制长形、方形或宽形字体，输入"0.75"表示长形字体，输入"1"表示方形字体，输入"1.33333"表示宽形字体，本例中应用长形字体 0.75。设置文字样式如图 9-11 所示。

图 9-11 【文字样式】参数设置

step 03 选择【格式】|【标注样式】菜单命令，打开【标注样式管理器】，单击【修改】按钮，打开【修改标注样式】对话框，在各选项卡中设置尺寸标注样式，如图 9-12 所示。

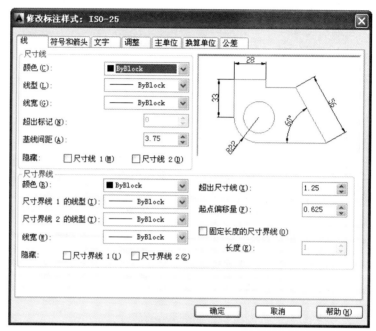

(a)【线】选项卡参数设置

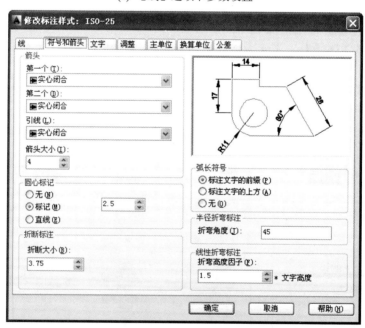

(b)【符号和箭头】选项卡参数设置

图 9-12　标注样式设置

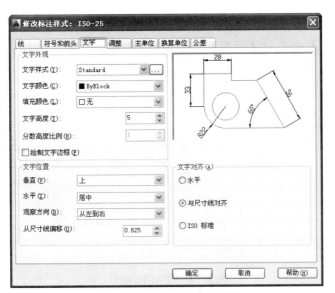

(c)【文字】选项卡参数设置

图 9-12 （续）

9.2.3 绘制图框、标题栏、明细栏

绘制图框、标题栏、明细栏的具体操作方法如下。

`step 01` 绘制图框主要是限制图纸的外轮廓。先设置"粗实线"层为当前层，再选择
【绘图】|【矩形】菜单命令，绘制矩形外框。选择【修改】|【偏移】菜单命
令，将刚绘制的矩形向内偏移 5 个绘图单位，完成的 A4 图框如图 9-13 所示。

`step 02` 继续运用【直线】和【矩形】菜单命令进行绘制，得到的 A4 图框和标题栏，如
图 9-14 所示。

图 9-13 绘制完成的 A4 图框

图 9-14 A4 图框及标题栏

step 03 选择【修改】|【偏移】菜单命令，选择标题栏上边的水平线进行偏移，然后利用【直线】命令和【修剪】命令进一步绘制出明细栏，绘制出的效果如图 9-15 所示。

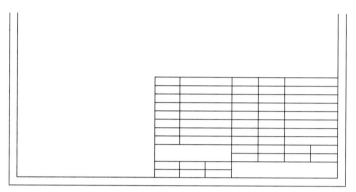

图 9-15　绘制的明细栏

9.2.4　绘制装配基准线

由于装配是以基准线定位的，因此要先绘制出装配基准线。

step 01 选择【格式】|【图层】菜单命令，打开【图层特性管理器】，在列表中选择"中心线"层，单击【置为当前】按钮 ✔，单击【确定】按钮，设置中心线层为当前层。

step 02 单击【绘图】面板中的【直线】按钮 ✏，绘制中心线和装配基准线，如图 9-16 所示。

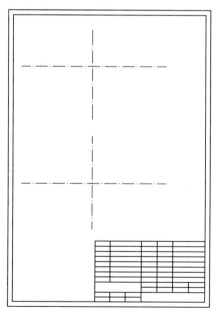

图 9-16　绘制的中心线和装配基准线

这是绘制装配图必不可少的一步，在装配图中，零件就是沿着基准线依次"安装"的。

9.2.5 绘制零件草图

下面来绘制各主要装配零件的零件草图，以方便后面的装配。

1. 绘制底座图

step 01 设置"粗实线"层为当前层。单击【绘图】面板中的【直线】按钮 ，绘制如图 9-17 所示图形。

step 02 用【直线】命令和【偏移】命令绘制出内部孔，得到孔的结果如图 9-18 所示。

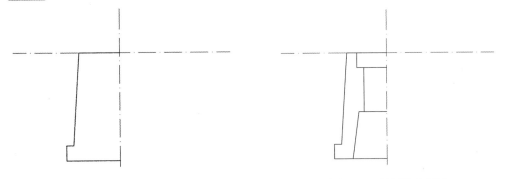

图 9-17 绘制的部分图形　　　　　　　　图 9-18 绘制的内部孔

step 03 单击【修改】面板中的【圆角】按钮 ，对刚绘制的图形进行圆角，圆角半径为 2，如图 9-19 所示。

step 04 选择【修改】|【镜像】菜单命令，对底座的左半部分进行镜像，镜像后得到底座的主视图，如图 9-20 所示。

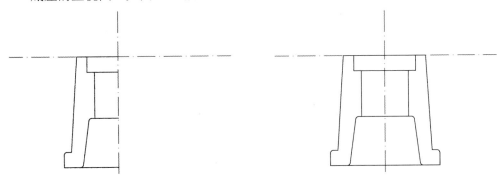

图 9-19 圆角　　　　　　　　　　　图 9-20 底座零件草图主视图

step 05 单击【绘图】面板中的【圆】按钮 ，绘制出底座外形俯视图，如图 9-21 所示。

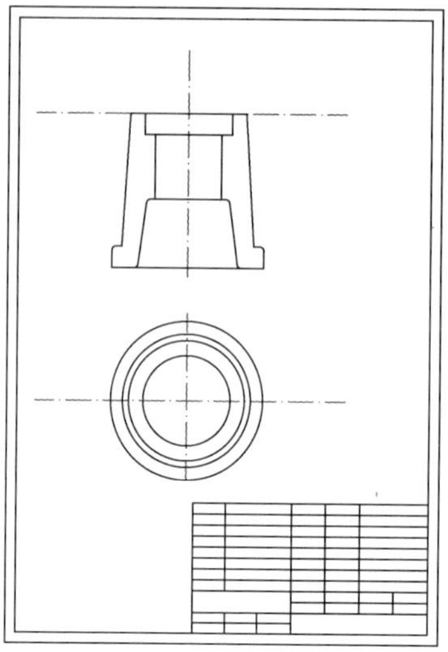

图 9-21   底座零件草图俯视图

2. 绘制其他零件草图

在实际的装配图绘制过程中，零件图往往是已经绘制完成的，因此，可以利用将零件图导入到装配图中的方法来绘制零件草图，下面的其他零件就使用这种方法来进行绘制。

step 01 打开 9-1-1 文件——"螺套零件图"，隐去尺寸和剖面线，然后将螺套图形复制到剪切板。切换到 9-1-2 文件，从剪贴板上将螺套图形粘贴到如图 9-22 所示的位置。考虑到俯视图中螺套的大部分线条被遮挡，这里可先不画螺套的俯视图。结果如图 9-22 所示。

step 02 将事先绘制好的螺旋杆图形粘贴到装配图中主视图的相应位置。螺旋杆的俯视图可以先不画。螺旋杆草图的主视图如图 9-23 所示。

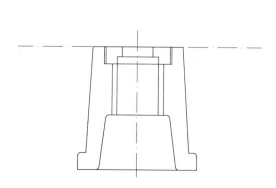

图 9-22   在主视图上绘制螺套

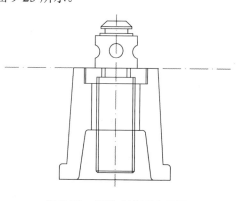

图 9-23   螺旋杆草图主视图

step 03 将绘制好的顶垫图形粘贴到装配图中主视图的相应位置，结果如图 9-24 所示。

step 04 将绘制好的绞杠图形粘贴到装配图中主视图和俯视图的相应位置，结果如图 9-25 所示。至此，千斤顶的主要零件就都绘制好了。

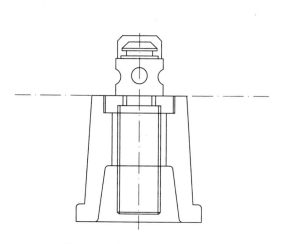

图 9-24　主视图上绘制的顶垫

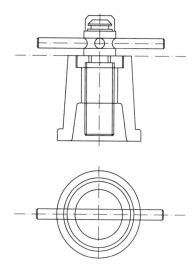

图 9-25　绘制的绞杠

9.2.6　完善视图

下面对视图进行完善，将被遮挡的部分去掉，补画缺少的线条，并绘制剖面线。

1. 修剪图形

step 01　选择【修改】|【修剪】菜单命令，修剪掉被遮挡的线，修剪后的结果如图 9-26 所示。

step 02　选择【绘图】|【样条曲线】菜单命令，绘制两条样条曲线，所得的曲线如图 9-27 所示。

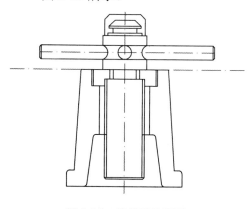

图 9-26　修剪后的图形

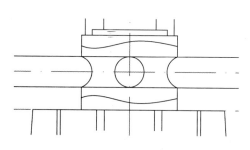

图 9-27　绘制的样条曲线

step 03　使用【修剪】命令和【删除】命令删除内部多余的线，得到完善后的主视图，如图 9-28 所示。

step 04　按照同样的方法，修剪俯视图，并且使用【直线】命令和【圆】命令补充缺少的图形，得到完善后的俯视图，如图 9-29 所示。

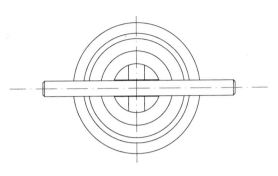

图 9-28　完善后的主视图　　　　　　　　　图 9-29　完善后的俯视图

2. 绘制剖面线

step 01　设置"剖面线"层为当前层。选择【绘图】|【图案填充】菜单命令，打开【图案填充和渐变色】对话框，设置对话框中各选项的参数，如图 9-30 所示。单击对话框中的【添加：拾取点】按钮，进入绘图区，在图案填充区单击后按 Enter键，返回到【图案填充和渐变色】对话框，单击【确定】按钮，完成剖面线的创建，所得的剖视图如图 9-31 所示。

图 9-30　【图案填充和渐变色】对话框

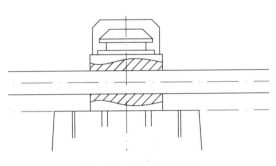

图 9-31　绘制的剖面线

step 02　使用同样的方法绘制其他部分的剖面线，绘制剖面线后的主视图如图 9-32 所示。

提示　　　相邻的零件不能用同样的剖面线。机械行业中的剖面线类型多为 ANST31 和 ANST37，金属零件选用 ANST31 型剖面线，橡胶件等非金属零件则用 ANST37 型剖面线。

step 03　绘制俯视图中的剖面线，画好剖面线的俯视图如图 9-33 所示。

图 9-32　绘制剖面线后的主视图

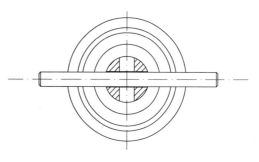

图 9-33　绘制剖面线后的俯视图

9.2.7　标注装配图的方法和步骤

装配图的标注主要包括尺寸标注、零件序号标注和标题栏、明细栏和技术要求等的文字标注。

1. 装配图的尺寸标注

与零件图的尺寸标注不同，装配图不需要注出每个零件的全部尺寸，只需要注出与部件的性能、装配、安装等有关的尺寸。在千斤顶的装配图中，只需注出底座与螺套的配合尺寸 φ32、绞杠外形尺寸 112、底座直径 φ74 和装配好的千斤顶高度范围 113～143 等尺寸。本案例中的尺寸标注不多，可将这些尺寸都标注到主视图上。

step 01　设置"尺寸线"层为当前层。由于前面已经设置好标注样式，这里不用重新设置，下面来标注绞杠的外形尺寸和千斤顶的高度。选择【标注】|【线性】菜单命令，标注如图 9-34 所示的尺寸。

step 02　单击刚标注的尺寸，更改主视图的高度尺寸数字，如图 9-35 所示。

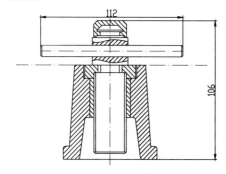

图 9-34　标注尺寸

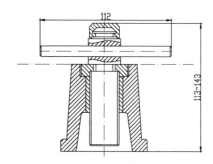

图 9-35　标注出主视图的高度尺寸

step 03　接着标注底座与螺套的配合尺寸、底座直径。首先需要设置标注样式，选择【格式】|【标注样式】菜单命令，打开【标注样式管理器】，单击的【新建】按钮，打开如图 9-36 所示的【新建标注样式】对话框，在【主单位】选项卡中的【前缀】文本框中输入符号"%%c"，即表示前缀符号"φ"，其他不变。单击对话框的【确定】按钮，返回到【标注样式管理器】，单击【置为当前】按钮，然后单击

【关闭】按钮。

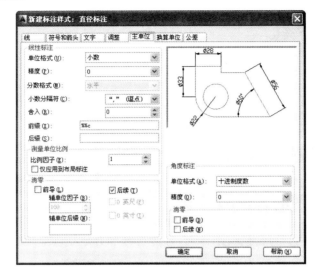

图 9-36　【新建标注样式】对话框参数设置

step 04　选择【标注】|【线性】菜单命令，标注如图 9-37 所示的直径尺寸。

2. 绘制零件序号

装配图中的零件序号可以按顺时针或逆时针的方向，按大小顺序水平或垂直地整齐排列。本案例中的序号按逆时针方向由小到大排列，并将全部序号都标注在主视图上。

序号的字体高度应比尺寸标注中的字高大 1 号或 2 号，本案例中的序号字高设为 8。

step 01　单击【绘图】面板中的【直线】按钮，自零件部分绘制直线作为序号标注引出线。

step 02　选择【绘图】|【单行文字】菜单命令，在序号标注的引出线上标注序号，标注完成的结果如图 9-38 所示。

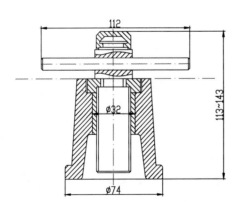

图 9-37　标注直径尺寸后的主视图

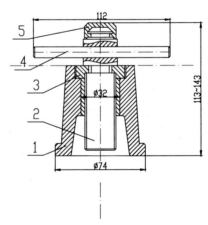

图 9-38　标记序号后的主视图

3. 填写标题栏、明细栏和技术要求

填写标题栏、明细栏和技术要求的操作步骤如下。

1）填写标题栏、明细栏

根据生产需要，将明细栏分为序号、名称、数量、材料、备注 5 项。选择【绘图】|【多行文字】菜单命令，在明细栏中框选一个区域，打开【文字样式】对话框，设置相关选项，在文字编辑器中填写各项内容，选中所填写的内容，选择【格式】|【文字样式】菜单命令，从中设置文字的高度。同样使用【多行文字】命令在标题栏中填写装配图名称和绘图比例等。

本案例中，标题栏和明细栏的字高均为 4，装配图名称的字高为 7。

2）书写技术要求

技术要求的内容应简明扼要、通俗易懂，一般包括部件基本性能和质量方面的要求、装配工艺方面的要求、试验方面的规定等内容。技术要求在装配图中，可位于明细栏的上方或左侧。当有多项要求时，还应编顺序号。在本案例的装配图中，写出试验要求即可，因仅有一条，不必编号。技术要求的字高为 4。

选择【绘图】|【多行文字】菜单命令，在绘图区的文字标注位置框选标注区域，打开【文字样式】对话框，书写技术要求，再打开【文字样式】对话框设置文字的高度即可。

填写好的标题栏、明细栏和技术要求如图 9-39 所示。

至此，千斤顶的装配图已全部绘制完成，如图 9-40 所示。

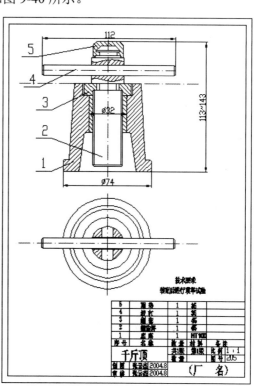

图 9-39 标题栏、明细栏和技术要求　　图 9-40 绘制完整的千斤顶装配图

9.3 本 章 小 结

  机械装配图是表示产品及其组成部分的连接、装配关系的图样。装配图通常用以表明设计者对装配体的整体设计意图,除了特别重要的零件,装配图不必、也不可能将所有的零件部分都表达完整。尽管每种零件都应在装配图中至少出现一次,但与零件图的表达任务和内容是不一样的。因此,通过本章的学习,希望读者能理解装配图的特点,同时能够掌握装配图的具体绘制方法。

第 10 章
绘制零件轴测图

　　轴测图是一种单面投影图，在一个投影面上能同时反映出物体 3 个坐标面的形状，并接近于人们的视觉习惯，形象、逼真，富有立体感。但是轴测图一般不能反映出物体各表面的实形，因而度量性差，同时作图较复杂。因此，在工程上常把轴测图作为辅助图样，来说明机器的结构、安装、使用等情况，在设计中，用轴测图帮助构思、想象物体的形状，以弥补正投影图的不足。

10.1 轴测图的基本知识

将物体和确定其空间位置的直角坐标系,按选定的某一方向,用平行投影法投影到某一选定的平面上,所得到的图形称为轴测投影图,简称轴测图。

10.1.1 轴测图的形成

将物体连同确定其空间位置的直角坐标系,沿不平行于任一坐标面的方向,用平行投影法将其投射在单一投影面上所得的具有立体感的图形叫作轴测图。

"轴测图"分为正轴测图和斜轴测图两大类,每类按轴向变形系数又分为 3 种,即正等轴测图、正二轴测图、正三轴测图、斜等轴测图、斜二轴测图和斜三轴测图。国家标准规定,轴测图一般采用正等轴测图、正二等轴测和斜二等轴测图 3 种类型,必要时允许使用其他类型的轴测图。

10.1.2 轴测图的绘制

绘制轴测图,一般有以下几种方法。

(1) 坐标法。对于完整的形体,可采用沿坐标轴方向测量,按坐标轴画出各顶点位置,然后连线绘图,这种绘制轴测图的方法称为坐标法。

(2) 切割法。对于不完整的形体,可先画出完整形体的轴测图,然后再利用切割的方法画出不完整的部分。

(3) 组合法。对于较复杂的形体,可将其分成若干个基本形状,在相应位置上逐个画出,然后将各部分形体组合起来。

10.1.3 设置轴测环境

轴测图必须在轴测图专用的绘图环境下进行绘制。下面介绍轴测图绘图环境的设置和等轴测面的切换方法,具体步骤如下。

1. 设置轴测图环境

(1) 在菜单栏中,选择【工具】|【绘图设置】命令,打开【草图设置】对话框。

(2) 在该对话框中切换到【捕捉和栅格】选项卡,在【捕捉类型】选项组中,选中【等轴测捕捉】单选按钮,如图 10-1 所示。

(3) 单击【确定】按钮关闭对话框,完成轴测图环境的设置。

2. 切换等轴测面

(1) 按 F5 功能键,将当前轴测面切换为 <等轴测平面 俯视>。

(2) 连续按 F5 功能键,将当前轴测面切换为 <等轴测平面 右视>。

(3) 连续按 F5 功能键,将当前轴测面切换为 <等轴测平面 左视>。

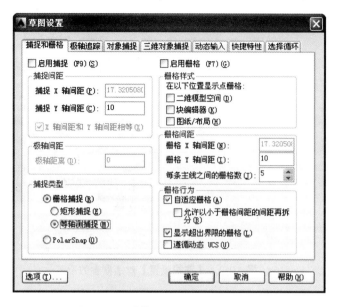

图 10-1　【草图设置】对话框

10.1.4　在等轴测面内绘制简单图形

简单图形的绘制方法很多，而在等轴测面内绘制椭圆比较典型，因此本节只讲解椭圆的绘制方法，读者可以举一反三理解掌握。

椭圆是由两条不等的椭圆轴所控制的闭合曲线，系统变量"Pellipse"决定椭圆的类型。当该变量为"0"即默认值时，绘制的椭圆是真正的椭圆；当变量为"1"时，绘制由多段线表示的椭圆。执行【椭圆】命令主要有以下几种方式。

(1) 在菜单栏中，选择【绘图】｜【椭圆】｜【中心点】或【轴、端点】菜单命令。

(2) 单击【绘图】工具栏中的相关按钮。

(3) 在命令行输入"Ellipse"后按 Enter 键。

(4) 在命令行输入"EL"后按 Enter 键。

使用【椭圆】命令同时可以绘制等轴测圆，只不过需要将当前的绘图环境设置为【等轴测捕捉】，系统才会显示出【椭圆】命令中的"等轴测圆"功能。

绘制零件轴测图案例 1——在等轴测面内画平行线

案例文件：ywj\10\10-1-1.dwg。

视频文件：光盘\视频课堂\第 10 章\10.1.1。

案例操作步骤如下。

step 01　选择【工具】｜【绘图设置】菜单命令，在打开的【草图设置】对话框进行如图 10-2 所示的参数设置。

图 10-2　【草图设置】对话框参数设置

提示　　绘制等轴测图之前，需要将绘图环境设置为【等轴测捕捉】模式。

step 02　按 F5 功能键，将等轴测平面切换为俯视图等轴测平面。单击【绘图】面板中的
【直线】按钮 ✎，绘制长度如图 10-3 所示的外轮廓线。

step 03　选择【修改】|【复制】菜单命令，将刚绘制的闭合轮廓线进行复制，如图 10-4
所示。

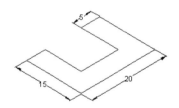

图 10-3　绘制的外轮廓线　　　　　　　　　　图 10-4　复制的闭合轮廓线

step 04　单击【绘图】面板中的【直线】按钮 ✎，绘制垂直轮廓线，如图 10-5 所示。

step 05　修剪并删除不可见直线，如图 10-6 所示。

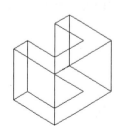

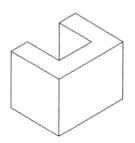

图 10-5　绘制的垂直轮廓线　　　　　　　　　图 10-6　修剪后的图形

绘制零件轴测图案例 2——在等轴测面内画圆和圆弧

📷 案例文件：ywj\10\10-1-2.dwg。

🎬 视频文件：光盘\视频课堂\第 10 章\10.1.2。

案例操作步骤如下。

step 01 按 F5 功能键，将等轴测平面切换为左视图等轴测平面。单击【绘图】面板中的【直线】按钮✐，绘制长度如图 10-7 所示的外轮廓线。

step 02 单击【绘图】面板中的【直线】按钮✐，绘制其他棱线并连接，如图 10-8 所示。

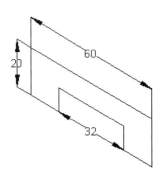

图 10-7　绘制的外轮廓线

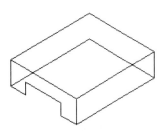

图 10-8　绘制的棱线

step 03 选择【绘图】|【椭圆】菜单命令，以棱线中点为圆心，绘制半径为 18 的等轴测圆，如图 10-9 所示。

step 04 选择【修改】|【复制】菜单命令，将刚绘制的等轴测圆进行复制，如图 10-10 所示。

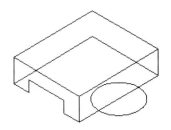

图 10-9　绘制的等轴测圆

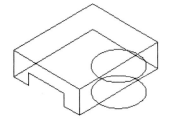

图 10-10　复制的等轴测圆

step 05 修剪并删除不可见直线，如图 10-11 所示。

step 06 单击【绘图】面板中的【直线】按钮✐，绘制辅助线，如图 10-12 所示。

step 07 选择【修改】|【复制】菜单命令，将刚修剪的圆弧进行复制，如图 10-13 所示。

step 08 单击【绘图】面板中的【直线】按钮✐，绘制内轮廓线，如图 10-14 所示。

step 09 修剪并删除辅助线，如图 10-15 所示。

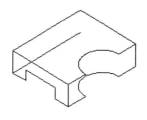

图 10-11　修剪后的图形

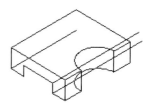

图 10-12　绘制的辅助线

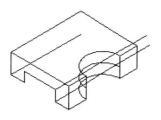

图 10-13　复制的圆弧

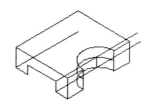

图 10-14　绘制的内轮廓线

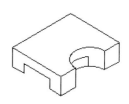

图 10-15　修剪后的图形

绘制零件轴测图案例 3——绘制机械样板正等轴测图

 案例文件：ywj\10\10-1-3.dwg。

视频文件：光盘\视频课堂\第 10 章\10.1.3。

案例操作步骤如下。

step 01 按 F5 键，将等轴测平面切换为俯视图等轴测平面。单击【绘图】面板中的【直线】按钮✐，绘制中心线，如图 10-16 所示。

step 02 选择【修改】│【复制】菜单命令，将刚绘制的中心线进行复制，如图 10-17 所示。

图 10-16　绘制的中心线

图 10-17　复制的中心线

step 03 单击【绘图】面板中的【直线】按钮✐，绘制长度如图 10-18 所示的外轮廓线。

step 04 选择【绘图】│【椭圆】菜单命令，绘制半径为 8 的等轴测圆，如图 10-19 所示。

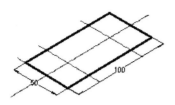

图 10-18　绘制的外轮廓线

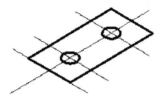

图 10-19　绘制的等轴测圆

step 05 单击【绘图】面板中的【直线】按钮 ✐，绘制外公切线，如图 10-20 所示。

step 06 修剪并删除多余的直线，如图 10-21 所示。

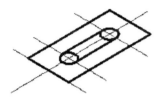

图 10-20　绘制的外公切线

图 10-21　修剪后的图形

step 07 按 F5 功能键，将等轴测平面切换为俯视图等轴测平面。选择【修改】|【复制】菜单命令，将第 6 步修剪的图形进行复制，如图 10-22 所示。

step 08 单击【绘图】面板中的【直线】按钮 ✐，绘制外轮廓线，如图 10-23 所示。

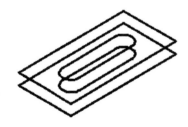

图 10-22　复制结果

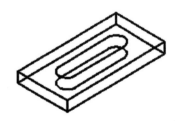

图 10-23　绘制的外轮廓线

step 09 修剪并删除不可见直线，如图 10-24 所示，完成机械样板正等轴测图的绘制。

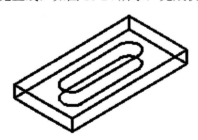

图 10-24　修剪后的图形

绘制零件轴测图案例 4——根据二视图绘制轴测图

📁 案例文件：ywj\10\10-1-4-1.dwg，ywj\10\10-1-4-2.dwg。

🎬 视频文件：光盘\视频课堂\第 10 章\10.1.4。

案例操作步骤如下。

step 01 打开的 10-1-4-1 文件——"箱体二视图"，如图 10-25 所示。

step 02 单击【绘图】面板中的【直线】按钮 ✏，绘制尺寸如图 10-26 所示的矩形。

  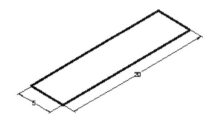

图 10-25　打开的 10-1-4-1 文件　　　　　图 10-26　绘制的矩形

step 03 选择【修改】│【复制】菜单命令，将刚绘制的矩形进行复制，复制距离为 20 个绘图单位，如图 10-27 所示。

step 04 单击【绘图】面板中的【直线】按钮 ✏，绘制外轮廓线，如图 10-28 所示。

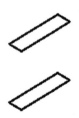 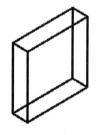

图 10-27　复制的矩形　　　　　　　图 10-28　绘制的外轮廓线

step 05 单击【绘图】面板中的【直线】按钮 ✏，绘制中心线，如图 10-29 所示。

step 06 选择【绘图】│【椭圆】菜单命令，分别绘制半径为 4 和 6 的等轴测圆，如图 10-30 所示。

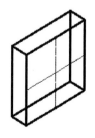 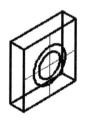

图 10-29　绘制的中心线　　　　　　　图 10-30　绘制的等轴测圆

step 07 修剪并删除多余的线段，如图 10-31 所示。

step 08 选择【修改】|【复制】菜单命令，将等轴测圆进行复制，如图 10-32 所示。

图 10-31 修剪后的图形

图 10-32 复制的等轴测圆

step 09 单击【绘图】面板中的【直线】按钮，绘制与圆相切的外轮廓线，如图 10-33 所示。

step 10 修剪并删除多余的线段，如图 10-34 所示，完成轴测图绘制。

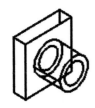

图 10-33 绘制的外轮廓线

图 10-34 修剪后的图形

绘制零件轴测图案例 5——绘制支架正等轴测图

案例文件：ywj\10\10-1-5.dwg。

视频文件：光盘\视频课堂\第 10 章\10.1.5。

案例操作步骤如下。

step 01 单击【绘图】面板中的【直线】按钮，绘制尺寸如图 10-35 所示的矩形。

step 02 选择【修改】|【复制】菜单命令，将刚绘制的矩形进行复制，如图 10-36 所示。

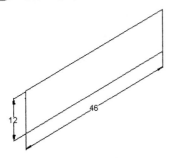

图 10-35 绘制的矩形

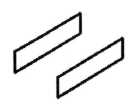

图 10-36 复制的矩形

step 03 单击【绘图】面板中的【直线】按钮，绘制外轮廓线，如图 10-37 所示。

计算机辅助设计案例课堂

step 04 单击【绘图】面板中的【直线】按钮 ∕，绘制长度如图 10-38 所示的辅助线。

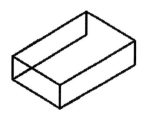

图 10-37　绘制的外轮廓线

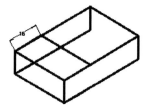

图 10-38　绘制的辅助线

step 05 选择【绘图】|【椭圆】菜单命令，绘制半径为 8 的等轴测圆，如图 10-39 所示。

step 06 单击【绘图】面板中的【直线】按钮 ∕，绘制支架轮廓线，如图 10-40 所示。

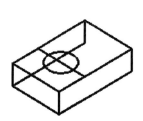

图 10-39　绘制的等轴测圆

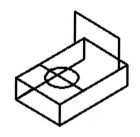

图 10-40　绘制的支架轮廓线

step 07 选择【绘图】|【椭圆】菜单命令，分别绘制半径为 8 和 15 的等轴测圆，如图 10-41 所示。

step 08 修剪并删除多余的线段，如图 10-42 所示。

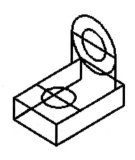

图 10-41　绘制的等轴测圆

图 10-42　修剪后的图形

step 09 选择【修改】|【复制】菜单命令，将刚修剪的弧形轮廓线进行复制，如图 10-43 所示。

step 10 选择【修改】|【拉长】菜单命令，将刚绘制的垂直轮廓线进行拉长，拉长增量为 14，如图 10-44 所示。

图 10-43 复制的弧形轮廓线

图 10-44 拉长垂直轮廓线

step 11 选择【修改】|【延伸】菜单命令，对刚复制的圆弧进行延伸，如图 10-45 所示。

step 12 单击【绘图】面板中的【直线】按钮 ╱，绘制与圆相切的外轮廓线，如图 10-46 所示。

图 10-45 延伸圆弧后的图形

图 10-46 绘制与圆相切的外轮廓线

step 13 修剪并删除多余的线段，如图 10-47 所示，完成支架正等轴测图的绘制。

图 10-47 修剪后的图形

绘制零件轴测图案例 6——绘制端盖斜二测图

案例文件：ywj\10\10-1-6.dwg。

视频文件：光盘\视频课堂\第 10 章\10.1.6。

案例操作步骤如下。

step 01 单击【绘图】面板中的【直线】按钮 ╱，绘制中心线，如图 10-48 所示。

step 02 单击【绘图】面板中的【圆】按钮 ⊙，分别绘制半径为 18 和 33 的圆，如图 10-49

所示。

step 03 选择【修改】|【复制】菜单命令，将刚绘制的圆进行复制，如图 10-50 所示。

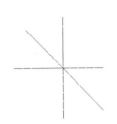

图 10-48　绘制的中心线

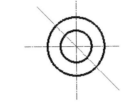

图 10-49　绘制的圆

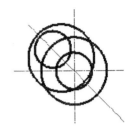

图 10-50　复制的圆

step 04 单击【绘图】面板中的【直线】按钮／，绘制圆柱桶的切线，如图 10-51 所示。

step 05 修剪并删除多余的线段，如图 10-52 所示。

step 06 单击【绘图】面板中的【圆】按钮⊘，分别绘制半径为 50 和 60 的圆，如图 10-53 所示。

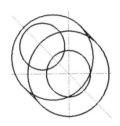

图 10-51　绘制的圆柱桶切线

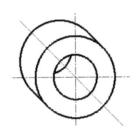

图 10-52　修剪后的图形

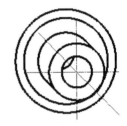

图 10-53　绘制的圆

step 07 选择【修改】|【复制】菜单命令，将中心线进行复制，如图 10-54 所示。

step 08 单击【绘图】面板中的【圆】按钮⊘，绘制半径为 7 的圆，如图 10-55 所示。

step 09 选择【修改】|【阵列】|【环形阵列】菜单命令，以圆心为基点将刚绘制的小圆进行环形阵列，如图 10-56 所示。

图 10-54　复制的中心线

图 10-55　绘制的圆

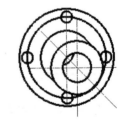

图 10-56　环形阵列小圆

step 10 选择【修改】|【复制】菜单命令，对刚阵列的小圆和半径为 60 的圆进行复制，如图 10-57 所示。

step 11 单击【绘图】面板中的【直线】按钮／，绘制底座的切线，如图 10-58 所示。

step 12 修剪并删除多余的线段，如图 10-59 所示，完成端盖斜二测图的绘制。

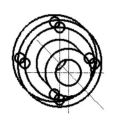
图 10-57　复制的圆

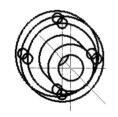
图 10-58　绘制的底座切线

图 10-59　修剪后的图形

 斜二测与正等测主要区别在于轴间角和轴向伸缩系数不同，而绘图方法与正等测类似，通过绘制端盖斜二测图。

绘制零件轴测图案例 7——绘制球轴承轴测图

📝 **案例文件：** ywj\10\10-1-7.dwg。

🖊 **视频文件：** 光盘\视频课堂\第 10 章\10.1.7。

案例操作步骤如下。

step 01 单击【绘图】面板中的【直线】按钮✏️，绘制中心线，如图 10-60 所示。

step 02 选择【绘图】│【椭圆】菜单命令，分别绘制半径为 25 和 15 的等轴测圆，如图 10-61 所示。

step 03 选择【修改】│【复制】菜单命令，将刚绘制的等轴测圆进行复制，距离为 48 个绘图单位，如图 10-62 所示。

图 10-60　绘制的中心线

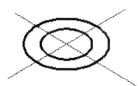
图 10-61　绘制的等轴测圆

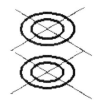
图 10-62　复制的等轴测圆

step 04 单击【绘图】面板中的【直线】按钮✏️，绘制外圆的外公切线，如图 10-63 所示。

step 05 选择【修改】│【复制】菜单命令，将底侧的中心线进行复制，距离为 55 个绘图单位，如图 10-64 所示。

step 06 选择【绘图】│【椭圆】菜单命令，分别绘制半径为 21 和 14 的等轴测圆，如图 10-65 所示。

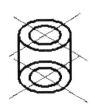
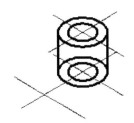
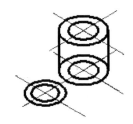

图 10-63　绘制的外圆外公切线　　　图 10-64　复制的底侧中心线　　　图 10-65　绘制的等轴测圆

step 07　选择【修改】|【修剪】菜单命令，修剪图形，如图 10-66 所示。

step 08　单击【绘图】面板中的【直线】按钮✐，绘制棱线。选择【修改】|【复制】
菜单命令，将第 7 步修剪的图形进行复制，距离为 9 个绘图单位，如图 10-67 所示。

step 09　单击【绘图】面板中的【直线】按钮✐，绘制棱线。选择【修改】|【修剪】
菜单命令，修剪图形，如图 10-68 所示。

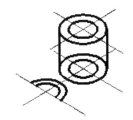

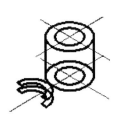
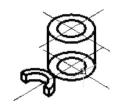

图 10-66　修剪后的图形　　　　图 10-67　复制结果　　　　图 10-68　修剪后的图形

step 10　选择【修改】|【复制】菜单命令，复制 3 个圆柱顶圆，上下之间的距离分别
设置为 12、18 和 24 个绘图单位，如图 10-69 所示。

step 11　单击【绘图】面板中的【直线】按钮✐，绘制外圆的外公切线，如图 10-70 所示。

step 12　修剪并删除多余的线段，如图 10-71 所示，完成球轴承轴测图绘制。

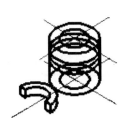
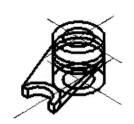

图 10-69　复制的圆柱顶圆　　　图 10-70　绘制外圆的外公切线　　　图 10-71　修剪后的图形

提示　　　　　　在捕捉轴测圆上的切点时，可能不容易找到，此时可在距离对象最近点的地
方拾取点，然后再捕捉切点，即可绘制公切线，然后删除参照线。

绘制零件轴测图案例 8——绘制阀体零件轴测图

案例操作步骤如下。

step 01 单击【绘图】面板中的【直线】按钮 ✎，绘制中心线，如图 10-72 所示。

step 02 选择【绘图】|【椭圆】菜单命令，分别绘制直径为 30 和 43 的等轴测圆，如图 10-73 所示。

step 03 选择【修改】|【复制】菜单命令，将水平中心线向下复制，距离为 48 个绘图单位，将垂直中心线向左右复制，距离为 5.5 和 15 个绘图单位，如图 10-74 所示。

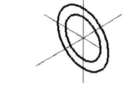
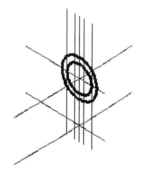

图 10-72　绘制的中心线　　　图 10-73　绘制的等轴测圆　　　图 10-74　复制的中心线

step 04 单击【绘图】面板中的【直线】按钮 ✎，绘制外轮廓线，如图 10-75 所示。

step 05 选择【修改】|【复制】菜单命令，将所有轮廓线进行复制，距离为 26 个绘图单位，如图 10-76 所示。

step 06 单击【绘图】面板中的【直线】按钮 ✎，绘制外轮廓线，如图 10-77 所示。

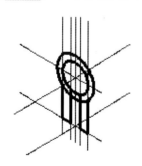
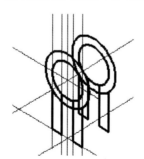
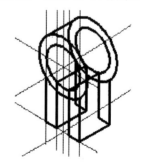

图 10-75　绘制的外轮廓线　　　图 10-76　复制的轮廓线　　　图 10-77　绘制的外轮廓线

step 07 修剪并删除多余的线段，如图 10-78 所示，完成阀体零件轴测图绘制。

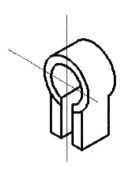

图 10-78　修剪后的图形

绘制零件轴测图案例 9——绘制螺母轴测剖视图

> 📁 **案例文件：** ywj\10\10-1-9-1.dwg，ywj\10\10-1-9-2.dwg。
>
> 🎬 **视频文件：** 光盘\视频课堂\第 10 章\10.1.9。

案例操作步骤如下。

step 01 打开的 10-1-9-1 文件——"螺母轴测图"，如图 10-79 所示。

step 02 单击【绘图】面板中的【直线】按钮 ✏，绘制中心线，如图 10-80 所示。

step 03 选择【修改】|【复制】菜单命令，将水平中心线进行复制，如图 10-81 所示。

 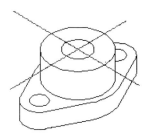 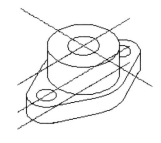

图 10-79　打开的 10-1-9-1 文件　　图 10-80　绘制的中心线　　图 10-81　复制的水平中心线

step 04 单击【绘图】面板中的【直线】按钮 ✏，绘制切面轮廓线，如图 10-82 所示。

step 05 选择【修改】|【复制】菜单命令，将中间的圆向下复制 40 个绘图单位，将两侧的圆向下复制 15 个绘图单位，如图 10-83 所示。

step 06 修剪并删除多余的线段，如图 10-84 所示。

step 07 选择【修改】|【延伸】菜单命令，将小圆圆弧进行延伸，如图 10-85 所示。

step 08 选择【修改】|【拉长】菜单命令，对剩下的两端圆弧执行拉长命令，如图 10-86 所示。

step 09 单击【绘图】面板中的【直线】按钮 ✏，绘制拉长圆弧的公切线，如图 10-87 所示。

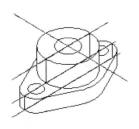

图 10-82 绘制的切面轮廓线

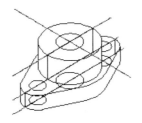

图 10-83 复制的圆

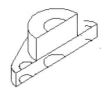

图 10-84 修剪后的图形

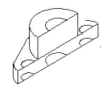

图 10-85 延伸小圆圆弧后的图形

图 10-86 拉长两端圆弧后的图形

图 10-87 绘制拉长圆弧的公切线

step 10 选择【修改】|【修剪】菜单命令，修剪图形，如图 10-88 所示。

step 11 单击【绘图】面板中的【直线】按钮，绘制外轮廓线。选择【修改】|【修剪】菜单命令，修剪图形，如图 10-89 所示。

step 12 选择【绘图】|【图案填充】菜单命令，对图形进行图案填充，如图 10-90 所示，完成螺母轴测剖视图的绘制。

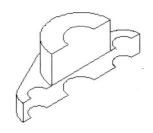

图 10-88 修剪后的图形

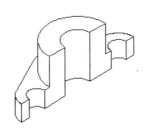

图 10-89 修剪后的图形

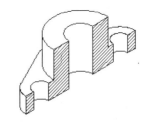

图 10-90 图案填充后的图形

绘制零件轴测图案例 10——绘制轮盘轴测剖视图

📖 案例文件：ywj\10\10-1-10.dwg。

💿 视频文件：光盘\视频课堂\第 10 章\10.1.10。

案例操作步骤如下。

step 01 单击【绘图】面板中的【直线】按钮，分别绘制长宽为 42 和 24 的四边形，如图 10-91 所示。

step 02 选择【修改】|【复制】菜单命令，将四边形向上复制 49 个绘图单位，如图 10-92 所示。

step 03 单击【绘图】面板中的【直线】按钮 ∕，绘制棱线连接相应图形，如图 10-93 所示。

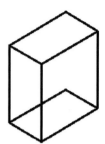

图 10-91　绘制的四边形　　　　图 10-92　复制的四边形　　　　图 10-93　绘制的棱线

step 04 选择【绘图】|【椭圆】菜单命令，绘制半径为 15 的等轴测圆，如图 10-94 所示。

step 05 选择【修改】|【修剪】菜单命令，修剪图形，如图 10-95 所示。

step 06 单击【绘图】面板中的【直线】按钮 ∕，绘制辅助线，如图 10-96 所示。

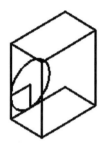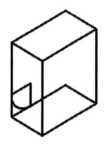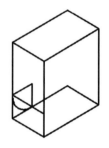

图 10-94　绘制的等轴测圆　　　图 10-95　修剪后的图形　　　图 10-96　绘制的辅助线

step 07 选择【修改】|【复制】菜单命令，复制第 5 步修剪的椭圆弧。单击【绘图】面板中的【直线】按钮 ∕，绘制圆弧切线，如图 10-97 所示。

step 08 修剪并删除多余的线段，如图 10-98 所示。

step 09 单击【绘图】面板中的【直线】按钮 ∕，绘制长度如图 10-99 所示的辅助线。

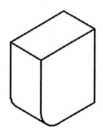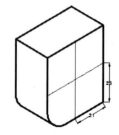

图 10-97　绘制的圆弧切线　　　图 10-98　修剪后的图形　　　图 10-99　绘制的辅助线

step 10 选择【绘图】|【椭圆】菜单命令，分别绘制半径为 16 和 8 的等轴测圆，如图 10-100 所示。

step 11 选择【修改】|【复制】菜单命令，将刚绘制的圆向右下侧复制 20 个绘图单位，如图 10-101 所示。

step 12 单击【绘图】面板中的【直线】按钮，绘制外圆的切线，如图 10-102 所示。

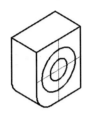
图 10-100 绘制的等轴测圆

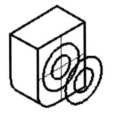
图 10-101 复制的圆

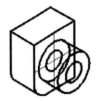
图 10-102 绘制的外圆切线

step 13 修剪并删除多余的线段，如图 10-103 所示。

step 14 单击【绘图】面板中的【直线】按钮，绘制辅助线，如图 10-104 所示。

step 15 单击【绘图】面板中的【直线】按钮，分别绘制长宽为 30、12 和 24、6 的两个四边形，如图 10-105 所示。

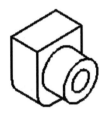
图 10-103 修剪后的图形

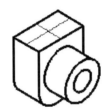
图 10-104 绘制的辅助线

图 10-105 绘制的四边形

step 16 选择【修改】|【复制】菜单命令，将四边形向上复制 10 个绘图单位，并用直线连接，如图 10-106 所示。

step 17 修剪并删除多余的线段，如图 10-107 所示。

step 18 单击【绘图】面板中的【直线】按钮，绘制剖切线，把形体的 1/4 剖切掉，如图 10-108 所示。

图 10-106 复制的四边形

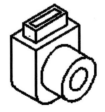
图 10-107 修剪后的图形

图 10-108 绘制的剖切线

step 19 修剪并删除多余的线段，如图 10-109 所示。

step 20 单击【绘图】面板中的【直线】按钮，绘制内部可见轮廓线，并修剪删除多余线段，如图 10-110 所示。

step 21 选择【绘图】|【图案填充】菜单命令，对图形进行图案填充，如图 10-111 所示，完成轮盘轴测剖视图的绘制。

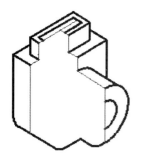  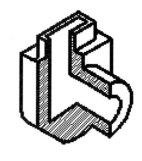

图 10-109　修剪后的图形　　　图 10-110　绘制的内部可见轮廓线　　　图 10-111　图案填充后的图形

绘制零件轴测图案例 11——绘制箱体轴测剖视图

📁 案例文件：ywj\10\10-1-11.dwg。

🎬 视频文件：光盘\视频课堂\第 10 章\10.1.11。

案例操作步骤如下。

step 01 单击【绘图】面板中的【直线】按钮╱，绘制中心线，如图 10-112 所示。

step 02 选择【绘图】|【椭圆】|【圆弧】菜单命令，绘制半径为 25 的等轴测圆弧，如图 10-113 所示。

step 03 单击【绘图】面板中的【直线】按钮╱，绘制长度如图 10-114 所示的轮廓线。

 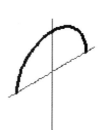 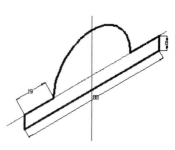

图 10-112　绘制的中心线　　　图 10-113　绘制的等轴测圆弧　　　图 10-114　绘制的轮廓线

step 04 选择【修改】|【复制】菜单命令，将刚绘制的图形向右复制 44 个绘图单位，如图 10-115 所示。

step 05 单击【绘图】面板中的【直线】按钮╱，绘制直线连接相应图形，如图 10-116 所示。

step 06 修剪并删除多余的线段，如图 10-117 所示。

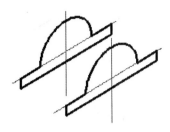

图 10-115　复制后的图形

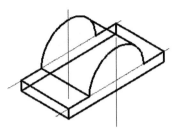

图 10-116　绘制直线连接

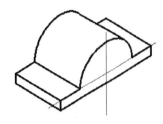

图 10-117　修剪后的图形

step 07 单击【绘图】面板中的【直线】按钮✎，绘制长度如图 10-118 所示的辅助线。

step 08 选择【修改】|【复制】菜单命令，将竖直辅助线向左右各复制 8 和 12 个绘图单位，水平辅助线向左右各复制 12 和 16 个绘图单位，如图 10-119 所示。

step 09 单击【绘图】面板中的【直线】按钮✎，绘制外轮廓线，如图 10-120 所示。

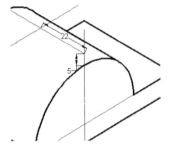

图 10-118　绘制的辅助线

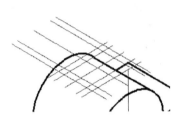

图 10-119　复制的辅助线

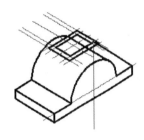

图 10-120　绘制的外轮廓线

step 10 修剪并删除多余的线段，如图 10-121 所示。

step 11 选择【修改】|【复制】菜单命令，将最前端的等轴测圆弧向后复制 10 个绘图单位，如图 10-122 所示。

step 12 单击【绘图】面板中的【直线】按钮✎，绘制外轮廓线，如图 10-123 所示。

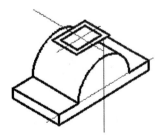

图 10-121　修剪后的图形

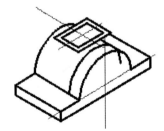

图 10-122　复制的等轴测圆弧

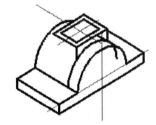

图 10-123　绘制的外轮廓线

step 13 选择【修改】|【复制】菜单命令，将刚绘制的轮廓线向后复制 24 个绘图单位，并连接刚复制的两条轮廓线，如图 10-124 所示。

step 14 选择【修改】|【修剪】菜单命令，修剪图形，如图 10-125 所示。

step 15 单击【绘图】面板中的【直线】按钮✎，绘制长度如图 10-126 所示的辅助线。

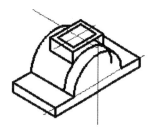

图 10-124　复制的轮廓线

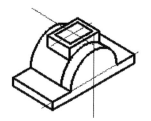

图 10-125　修剪后的图形

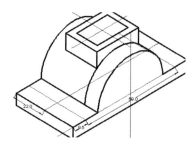

图 10-126　绘制的辅助线

step 16　选择【绘图】|【椭圆】菜单命令，绘制半径为 5 的等轴测圆，如图 10-127 所示。

step 17　选择【修改】|【复制】菜单命令，将第 15 步绘制的直线向后复制 24 个绘图单位，并连接刚复制的两条直线，如图 10-128 所示。

step 18　选择【修改】|【复制】菜单命令，将箱体顶部的两条直线向下复制 3 个绘图单位，并连接复制的直线和被复制直线的交点，如图 10-129 所示。

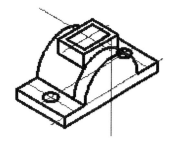

图 10-127　绘制的等轴测圆

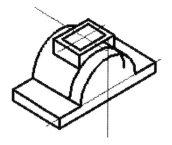

图 10-128　复制并连接的直线

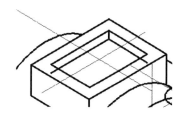

图 10-129　复制并连接的顶部直线

step 19　单击【绘图】面板中的【直线】按钮 ✐，绘制轴测剖切参照线，如图 10-130 所示。

step 20　修剪并删除多余的线段，如图 10-131 所示。

step 21　单击【绘图】面板中的【直线】按钮 ✐，绘制内部可见轮廓线，如图 10-132 所示。

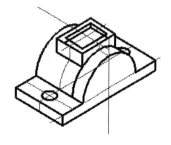

图 10-130　绘制的参照线

图 10-131　修剪后的图形

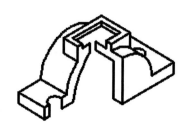

图 10-132　绘制的内部可见轮廓线

step 22　选择【绘图】|【图案填充】菜单命令，对图形进行图案填充，如图 10-133 所示，完成箱体轴测剖视图的绘制。

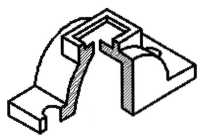

图 10-133　图案填充后的图形

绘制零件轴测图案例 12——绘制管道接口

案例文件：ywj\10\10-1-12.dwg。

视频文件：光盘\视频课堂\第 10 章\10.1.12。

案例操作步骤如下。

step 01 选择【绘图】|【椭圆】菜单命令，绘制半径为 50 的等轴测圆，如图 10-134 所示。

step 02 选择【修改】|【复制】菜单命令，将刚绘制的等轴测圆垂直向上复制 10 个绘图单位，如图 10-135 所示。

step 03 单击【绘图】面板中的【直线】按钮／，绘制中心线，如图 10-136 所示。

　　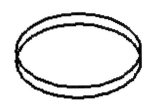　　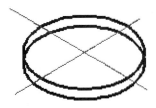

图 10-134　绘制的等轴测圆　　　图 10-135　复制的等轴测圆　　　图 10-136　绘制的中心线

step 04 选择【修改】|【复制】菜单命令，将刚绘制的中心线分别向两边各复制 25 个绘图单位，如图 10-137 所示。

step 05 选择【绘图】|【椭圆】菜单命令，绘制 4 个半径为 2.5 的等轴测圆，如图 10-138 所示。

step 06 单击【绘图】面板中的【直线】按钮／，绘制两个大圆的公切线，如图 10-139 所示。

step 07 修剪并删除多余的线段，如图 10-140 所示。

step 08 选择【绘图】|【椭圆】菜单命令，分别绘制半径为 20 和 12 的等轴测同心圆，如图 10-141 所示。

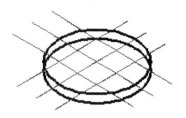

图 10-137　复制的中心线

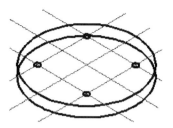

图 10-138　绘制的等轴测圆

图 10-139　绘制两个大圆的公切线

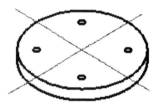

图 10-140　修剪后的图形

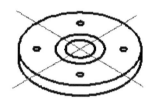

图 10-141　绘制的等轴测同心圆

step 09 选择【修改】|【复制】菜单命令，将刚绘制的同心圆向上复制 25 个绘图单位，并连接上下轴测圆，如图 10-142 所示。

step 10 修剪并删除多余的线段，如图 10-143 所示，完成管道接口的绘制。

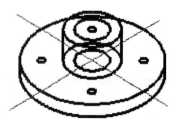

图 10-142　复制的同心圆并连接上下轴测图

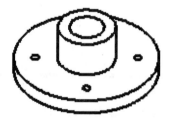

图 10-143　修剪后的图形

10.2　轴测图上的尺寸标注

根据 GB4458.3－84 规定，在轴测图中标注尺寸，应遵循以下几点。

(1) 轴测图的线性尺寸，一般应沿轴测轴方向标注。

(2) 尺寸数值为零件的基本尺寸。尺寸数字应按相应的轴测图形标注在尺寸线的上方。

(3) 尺寸线必须和所标注的线段平行，尺寸界线一般应平行于某一轴测轴，如图 10-144 所示。

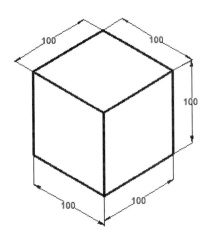

图 10-144　尺寸标注

(4) 标注圆的直径时，尺寸线和尺寸界线应分别平行于圆所在平面内的轴测轴，标注圆弧半径和较小圆的直径时，尺寸线应从(或通过)圆心引出标注，但注写尺寸数字的横线最好平行于轴测轴，如图 10-145 所示。

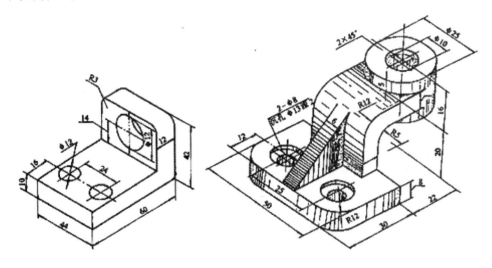

图 10-145　直径标注

标注轴测图案例 1——为螺母轴测剖视图标注尺寸

　📖 案例文件：ywj\10\10-2-1-1.dwg，ywj\10\10-2-1-2.dwg。

　📀 视频文件：光盘\视频课堂\第 10 章\10.2.1。

案例操作步骤如下。

step 01 打开的 10-2-1-1 文件——"螺母轴测剖视图"，如图 10-146 所示。

step 02 选择【标注】|【对齐】菜单命令，标注轴面尺寸，如图 10-147 所示。

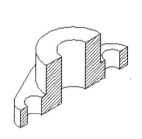

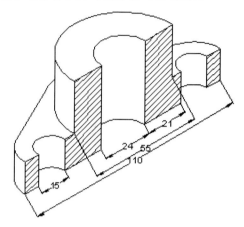

图 10-146　打开的 10-2-1-1 文件

图 10-147　对齐标注轴面尺寸

step 03 选择【标注】|【倾斜】菜单命令，将刚标注的尺寸倾斜 90°，如图 10-148 所示。

step 04 选择【标注】|【对齐】菜单命令，标注轴测图高度，如图 10-149 所示。

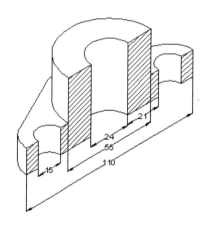

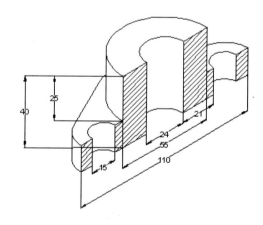

图 10-148　倾斜 90°标注

图 10-149　标注的轴测图高度

step 05 选择【标注】|【倾斜】菜单命令，将刚标注的尺寸倾斜 30°，如图 10-150 所示。

step 06 选择【标注】|【多重引线】菜单命令，标注轴测图引线尺寸，如图 10-151 所示，完成螺母轴测剖视图尺寸标注。

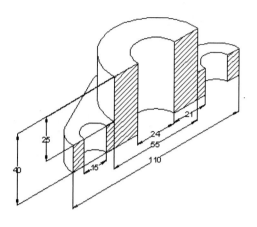

图 10-150　倾斜 30°标注

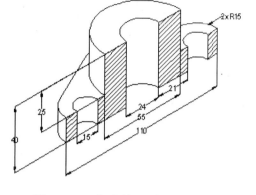

图 10-151　标主轴测图的引线尺寸

标注轴测图案例 2——为正方体轴测图标注文字

📷 案例文件：ywj\10\10-2-2.dwg。

💿 视频文件：光盘\视频课堂\第 10 章\10.2.2。

案例操作步骤如下。

step 01 单击【绘图】面板中的【直线】按钮，绘制边长为 100 的正方体，如图 10-152 所示。

step 02 选择【格式】|【文字样式】菜单命令，创建名为 30 和-30 的文字样式。具体参数设置如图 10-153 和图 10-154 所示。

step 03 单击【绘图】面板中的【直线】按钮，绘制正方体的中线，如图 10-155 所示。

step 04 选择【绘图】|【文字】|【单行文字】菜单命令，在左轴测平面输入"左视图"，如图 10-156 所示。

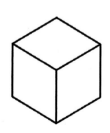

图 10-152　绘制的正方体

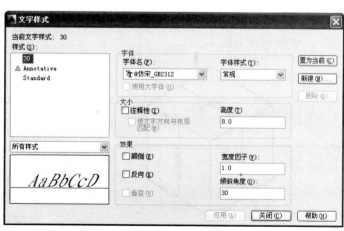

图 10-153　设置 30 的文字样式

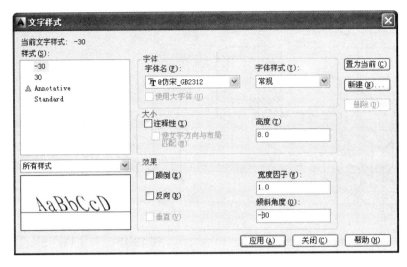

图 10-154　设置-30 的文字样式

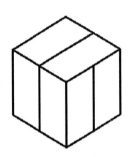

图 10-155　绘制的中线

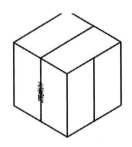

图 10-156　创建左轴测文字

step 05 ▶ 选择【绘图】│【文字】│【单行文字】菜单命令，在其他轴测平面输入单行文字，如图 10-157 所示。

step 06 ▶ 选择【修改】│【删除】菜单命令，删除中线，如图 10-158 所示，完成正方体轴测图文字标注。

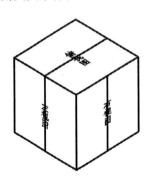

图 10-157　创建其他轴测文字

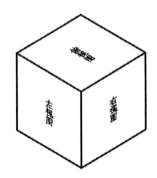

图 10-158　删除中线后的正方体轴测图

10.3 本 章 小 结

通过本章的学习，读者需要重点掌握正等轴测图与斜二轴测图的画法，由于正等轴测图中各个方向的椭圆画法相对比较简单，所以当物体各个方向都有圆时，一般都采用正等轴测图。斜二轴测图的优点：凡是物体上平行于投影面的平面，在图上都反映实形。因此，当物体只有一个方向的形状比较复杂，特别是只有一个方向有圆时，常采用斜二轴测图。

第 11 章

绘制零件表面模型

　　表面模型是通过面来表达三维形体的模型。它不仅定义三维对象的边而且定义面，所以可以进行消隐、着色等操作。但表面模型没有立体的信息，且创建后不利于编辑修改。

11.1 三维坐标和视点

三维立体是一个直观的立体的表现方式，但要在平面的基础上表示三维图形则需要有一些三维知识，并且对平面的立体图形有所认识。在 AutoCAD 2014 中包含三维绘图的界面，更加适合三维绘图的习惯。另外，要进行三维绘图，首先要了解用户坐标。下面来认识一下三维坐标系统和视点，并了解用户坐标系统的一些基本操作。

11.1.1 用户坐标系

用户坐标系(UCS)是用于创建坐标、操作平面和观察的一种可移动的坐标系统。用户坐标系统由用户来指定，它可以在任意平面上定义 XY 平面，并根据这个平面，垂直拉伸出 Z 轴，组成坐标系统，它大大方便了三维物体绘制时坐标的定位。

打开【视图】选项卡，常用的关于坐标系的命令就放在如图 11-1 所示【坐标】面板中，用户只要单击其中的按钮即可启动对应的坐标系命令。也可以使用菜单栏中【工具】｜【新建 UCS】下的菜单命令打开坐标子命令，如图 11-2 所示。

图 11-1 【坐标】面板   图 11-2 【新建 UCS】下的菜单子命令

AutoCAD 的大多数几何编辑命令取决于 UCS 的位置和方向，图形将绘制在当前 UCS

的 XY 平面上。UCS 命令设置用户坐标系在三维空间中的方向，它定义二维对象的方向和 THICKNESS 系统变量的拉伸方向，它也提供 ROTATE(旋转)命令的旋转轴，并为指定点提供默认的投影平面。当使用定点设备定义点时，定义的点通常置于 XY 平面上。如果 UCS 旋转使 Z 轴位于与观察平面平行的平面上(XY 平面对于观察者来说显示为一条边)，那么可能很难查看该点的位置。这种情况下，将把该点定位在与观察平面平行的包含 UCS 原点的平面上。例如，如果观察方向沿着 X 轴，那么用定点设备指定的坐标将定义在包含 UCS 原点的 YZ 平面上。不同的对象新建的 UCS 也有所不同，如表 11-1 所示。

表 11-1 不同对象新建 UCS 的情况

对 象	确定 UCS 的情况
圆弧	圆弧的圆心成为新 UCS 的原点，X 轴通过距离选择点最近的圆弧端点
圆	圆的圆心成为新 UCS 的原点，X 轴通过选择点
直线	距离选择点最近的端点成为新 UCS 的原点，选择新 X 轴，直线位于新 UCS 的 XZ 平面上。直线第二个端点在新系统中的 Y 坐标为 0
二维多段线	多段线的起点为新 UCS 的原点，X 轴沿从起点到下一个顶点的线段延伸

11.1.2 新建 UCS

1. 启动 USC

启动 UCS 可以执行以下两种操作之一。

(1) 单击【视图】选项卡中【UCS】面板上的【原点】按钮 。

(2) 在命令行中输入"UCS"命令。

在命令行中将会出现如下选择命令提示。

```
命令：ucs
当前 UCS 名称：*世界*
指定 UCS 的原点或 [面(F)/命名(NA)/对象(OB)/上一个(P)/视图(V)/世界(W)/X/Y/Z/Z 轴
(ZA)] <世界>：
```

     该命令不能选择下列对象：三维实体、三维多段线、三维网络、视窗、多线、面、样条曲线、椭圆、射线、构造线、引线、多行文字。

新建用户坐标系(UCS)，输入 N(新建)时，命令行提示用户选择新建用户坐标系的方法，提示如下。

```
指定 UCS 的原点或 [面(F)/命名(NA)/对象(OB)/上一个(P)/视图(V)/世界(W)/X/Y/Z/Z 轴
(ZA)] <世界>：N
指定新 UCS 的原点或 [Z 轴(ZA)/三点(3)/对象(OB)/面(F)/视图(V)/X/Y/Z] <0,0,0>：
```

2. 建立新坐标

下列 7 种方法可以建立新坐标。

1) 原点

通过指定当前用户坐标系 UCS 的新原点，保持其 X、Y 和 Z 轴方向不变，从而定义新的 UCS，如图 11-3 所示。

命令行提示如下。

```
指定新 UCS 的原点或 [Z 轴(ZA)/三点(3)/对象(OB)/面(F)/视图(V)/X/Y/Z] <0,0,0>:
// 指定点
```

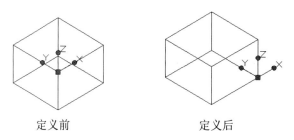

定义前　　　　　　　　　定义后

图 11-3　自定原点定义坐标系

2) Z 轴(ZA)

用特定的 Z 轴正半轴定义 UCS。

命令行提示如下。

```
指定新 UCS 的原点或 [Z 轴(ZA)/三点(3)/对象(OB)/面(F)/视图(V)/X/Y/Z] <0,0,0>: ZA
指定新原点 <0, 0, 0>:                      //指定点
在正 Z 轴的半轴指定点:                     //指定点
```

指定新原点和位于新建 Z 轴正半轴上的点。"Z 轴"选项使 XY 平面倾斜，如图 11-4 所示。

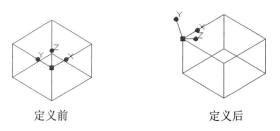

定义前　　　　　　　　　定义后

图 11-4　自定 Z 轴定义坐标系

3) 三点(3)

指定新 UCS 原点及其 X 和 Y 轴的正方向。Z 轴由右手螺旋定则确定。可以使用此选项指定任意可能的坐标系。也可以在 UCS 面板中单击【3 点 UCS】按钮 ⌐。

命令行提示如下。

```
指定新 UCS 的原点或 [Z 轴(ZA)/三点(3)/对象(OB)/面(F)/视图(V)/X/Y/Z] <0,0,0>:3
指定新原点 <0,0,0>: _ner                         //捕捉如图 10-5(a)所示的最近点
在正 X 轴范围上指定点 <1.0000,-106.9343,0.0000>: @0,10,0
                                                //按相对坐标确定 X 轴通过的点
在 UCS XY 平面的正 Y 轴范围上指定点 <-1.0000,-106.9343,0.0000>: @-10,0,0
                                                //按相对坐标确定 Y 轴通过的点
```

效果如图 11-5(b)所示。

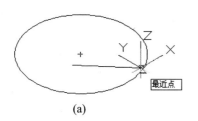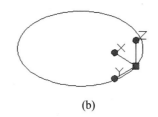

(a)   (b)

图 11-5　3 点确定 UCS

第一点指定新 UCS 的原点，第二点定义了 X 轴的正方向，第三点定义了 Y 轴的正方向。第三点可以位于新 UCS XY 平面 Y 轴正半轴上的任何位置。

4）对象(OB)

根据选定三维对象定义新的坐标系。新坐标系 UCS 的 Z 轴正方向为选定对象的拉伸方向，如图 11-6 所示。

命令行提示如下。

```
指定新 UCS 的原点或 [Z 轴(ZA)/三点(3)/对象(OB)/面(F)/视图(V)/X/Y/Z] <0,0,0>: OB
选择对齐 UCS 的对象：                    //选择对象
```

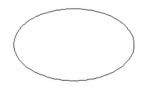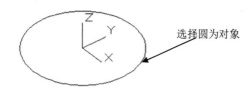

图 11-6　选择对象定义坐标系

此选项不能用于下列对象：三维实体、三维多段线、三维网格、面域、样条曲线、椭圆、射线、参照线、引线、多行文字等不能拉伸的图形对象。

对于非三维面的对象，新 UCS 的 XY 平面与当绘制该对象时生效的 XY 平面平行。但 X 和 Y 轴可做不同的旋转。

5）面(F)

将 UCS 与实体对象的选定面对齐。要选择一个面，请在此面的边界内或面的边上单击，被选中的面将亮显，UCS 的 X 轴将与找到的第一个面上的最近的边对齐。

命令行提示如下。

```
指定新 UCS 的原点或 [Z 轴(ZA)/三点(3)/对象(OB)/面(F)/视图(V)/X/Y/Z] <0,0,0>:F
选择实体对象的面：
输入选项 [下一个(N)/X 轴反向(X)/Y 轴反向(Y)] <接受>:
下一个：将 UCS 定位于邻接的面或选定边的后向面。
X 轴反向：将 UCS 绕 X 轴旋转 180 度。
Y 轴反向：将 UCS 绕 Y 轴旋转 180 度。
```

【接受】：如果按 Enter 键，则接受该位置。否则将重复出现提示，直到接受位置为止，如图 11-7 所示。

6）视图(V)

以垂直于观察方向(平行于屏幕)的平面为 XY 平面，建立新的坐标系。UCS 原点保持不变，如图 11-8 所示。

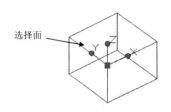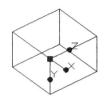

选择面

图 11-7　选择面定义坐标系

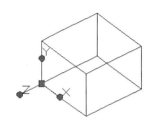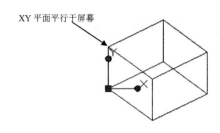

XY 平面平行于屏幕

图 11-8　用视图方法定义坐标系

7)　X/Y/Z

绕指定轴旋转当前 UCS。

命令行提示如下。

指定新 UCS 的原点或 [Z 轴(ZA)/三点(3)/对象(OB)/面(F)/视图(V)/X/Y/Z] <0,0,0>:X
　　　　　　　　　　　　　　　　　　　　　　　　　　　　//或者输入 Y 或者 Z
指定绕 X 轴、Y 轴或 Z 轴的旋转角度 <0>:　　　　　　　　//指定角度

　　输入正或负的角度以旋转 UCS。AutoCAD 用右手定则来确定绕该轴旋转的正方向。通过指定原点和一个或多个绕 X、Y 或 Z 轴的旋转，可以定义任意的 UCS，如图 11-9 所示。 也可以通过 UCS 面板上的【绕 X 轴旋转当前 UCS】按钮，【绕 Y 轴旋转当前 UCS】按钮，【绕 Z 轴旋转当前 UCS】按钮来实现。

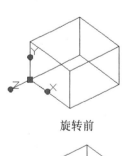

旋转前　　　　　　　　　　　　绕 X 轴旋转 45°

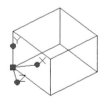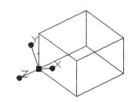

绕 Y 轴旋转 60°　　　　　　　　绕 Z 轴旋转 30°

图 11-9　坐标系绕坐标轴旋转

11.1.3　UCS 对话框

UCS 对话框的参数用来设置和管理 UCS 坐标，如图 11-10 所示。下面分别对这些参数设置进行讲解。

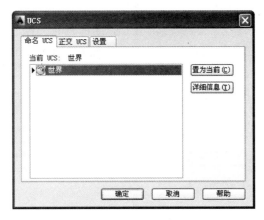

图 11-10　UCS 对话框

1. 命名 UCS

新建了 UCS 后，还可以对 UCS 进行命名。

用户可以使用下面的任一种方法启动 UCS 命名工具。

(1) 在命令行中输入"dducs"命令。

(2) 在菜单栏中，选择【工具】|【命名 UCS】菜单命令。

2. 正交 UCS

指定 AutoCAD 提供的 6 个正交 UCS 之一。这些 UCS 设置通常用于查看和编辑三维模型。
命令行提示如下。

```
指定 UCS 的原点或 [面(F)/命名(NA)/对象(OB)/上一个(P)/视图(V)/世界(W)/X/Y/Z/Z 轴
(ZA)] <世界>:G
输入选项 [俯视(T)/仰视(B)/主视(F)/后视(BA)/左视(L)/右视(R)] :　　//输入选项
```

默认情况下，正交 UCS 设置将相对于世界坐标系(WCS)的原点和方向确定当前 UCS 的
方向。 UCSBASE 系统变量控制 UCS，这个 UCS 是正交设置的基础。使用 UCS 命令的移动选项可修改正交 UCS 设置中的原点或 Z 向深度。

3. 设置

要了解当前用户坐标系的方向，可以显示用户坐标系图标。有几种版本的图标可供使用，可以改变其大小、位置和颜色。

为了指示 UCS 的位置和方向，将在 UCS 原点或当前视口的左下角显示 UCS 图标。

可以选择 3 种图标中的一种来表示 UCS。

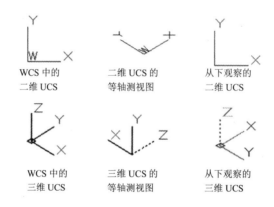

使用 UCSICON 命令在显示二维或三维 UCS 图标之间选择。将显示着色三维视图的着色 UCS 图标。要指示 UCS 的原点和方向，可以使用 UCSICON 命令在 UCS 原点显示 UCS 图标。

如果图标显示在当前 UCS 的原点处，则图标中有一个加号 (+)。如果图标显示在视口的左下角，则图标中没有加号。

如果存在多个视口，则每个视口都显示自己的 UCS 图标。

使用多种方法显示 UCS 图标，以帮助用户了解工作平面的方向。下面是一些图标的样例。

WCS 中的
二维 UCS

二维 UCS 的
等轴测视图

从下观察的
二维 UCS

WCS 中的
三维 UCS

三维 UCS 的
等轴测视图

从下观察的
三维 UCS

可以使用 UCSICON 命令在二维 UCS 图标和三维 UCS 图标之间切换。也可以使用此命令改变三维 UCS 图标的大小、颜色、箭头类型和图标线宽度。

如果沿着一个与 UCS XY 平面平行的平面观察，二维 UCS 图标将变成 UCS 断笔图标。断笔图标指示 XY 平面的边几乎与观察方向垂直。此图标警告用户不要使用定点设备指定坐标。

使用定点设备定位点时，断笔图标通常位于 XY 平面上。如果旋转 UCS 使 Z 轴位于与观察平面平行的平面上(即，如果 XY 平面垂直于观察平面)，则很难确定该点的位置。这种情况下，将把该点定位在与观察平面平行的包含 UCS 原点的平面上。例如，如果观察方向是沿 X 轴方向，则使用定点设备指定的坐标将位于包含 UCS 原点的 YZ 平面上。

使用三维 UCS 图标有助于了解坐标投影在哪个平面上，三维 UCS 图标不使用断笔图标。

11.1.4 移动 UCS

通过平移当前 UCS 的原点或修改其 Z 轴深度来重新定义 UCS，但保留其 XY 平面的方向不变。修改 Z 轴深度将使 UCS 相对于当前原点沿自身Z 轴的正方向或负方向移动。

命令行提示如下。

指定 UCS 的原点或 [面(F)/命名(NA)/对象(OB)/上一个(P)/视图(V)/世界(W)/X/Y/Z/Z 轴
(ZA)] <世界>:M
指定新原点或 [Z 向深度(Z)] <0，0，0>：　//指定或输入 z

(1) 新原点：修改 UCS 的原点位置。

(2) Z 向深度(Z)：指定 UCS 原点在 Z 轴上移动的距离。

命令行提示如下。

指定 Z 向深度 <0>：　　　　　　　　　　　//输入距离

如果有多个活动视窗，且改变视窗来指定新原点或 Z 向深度时，那么所做修改将被应用到命令开始执行时的当前视窗中的 UCS 上，且命令结束后此视图被置为当前视图。

11.1.5　设置三维视点

视点是指用户在三维空间中观察三维模型的位置。视点的 X、Y、Z 坐标确定了一个由原点发出的矢量，这个矢量就是观察方向。由视点沿矢量方向原点看到的图形称为视图。

绘制三维图形时常需要改变视点，以满足从不同角度观察图形各部分的需要。设置三维视点主要有两种方法：视点设置命令(VPOINT)和用【视点预设】对话框选择视点两种方法。

1. 使用视点设置命令

视点设置命令用来设置观察模型的方向。

在命令行中输入"VPOINT"，按 Enter 键。

命令行提示如下。

命令：VPOINT
当前视图方向：VIEWDIR=-1.0000，-1.0000，1.0000
指定视点或 [旋转(R)] <显示指南针和三轴架>：

这里有几种方法可以设置视点。

(1) 使用输入的 X、Y 和 Z 坐标定义视点，创建定义观察视图的方向的矢量。定义的视图如同是观察者在该点向原点 (0,0,0) 方向观察。

命令行提示如下。

命令：VPOINT
当前视图方向：VIEWDIR=0.0000，0.0000，1.0000
指定视点或 [旋转(R)] <显示指南针和三轴架>:0,1,0
正在重生成模型。

(2) 使用旋转(R)：使用两个角度指定新的观察方向。

命令行提示如下。

指定视点或 [旋转(R)] <显示指南针和三轴架>：R
输入 XY 平面中与 X 轴的夹角 <当前值>：
//指定一个角度，第一个角度指定为在 XY 平面中与 X 轴的夹角。
输入 XY 平面中与 X 轴的夹角 <当前值>：
//指定一个角度，第二个角度指定为与 XY 平面的夹角，位于 XY 平面的上方或下方。

(3) 使用指南针和三轴架：在命令行中直接按 Enter 键，则按默认选项显示指南针和三轴架，用来定义视窗中的观察方向，如图 11-11 所示。

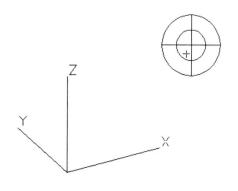

图 11-11　　使用指南针和三轴架

这里，右上角指南针为一个球体的俯视图，十字光标代表视点的位置。拖动鼠标，使十字光标在指南针范围内移动，光标位于小圆环内表示视点在 Z 轴正方向，光标位于两个圆环之间表示视点在 Z 轴负方向，移动光标，就可以设置视点。图 11-12 所示为不同指南针和三轴架设置时不同的视点位置。

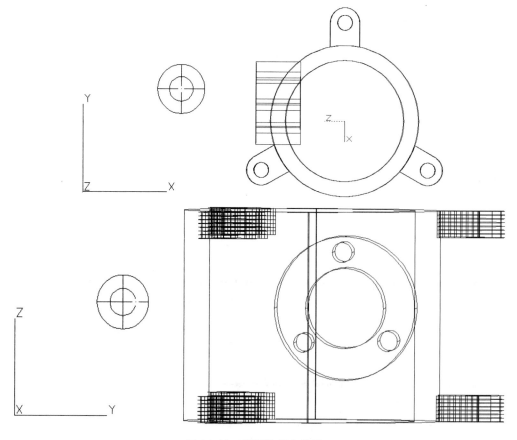

图 11-12　　不同的视点设置

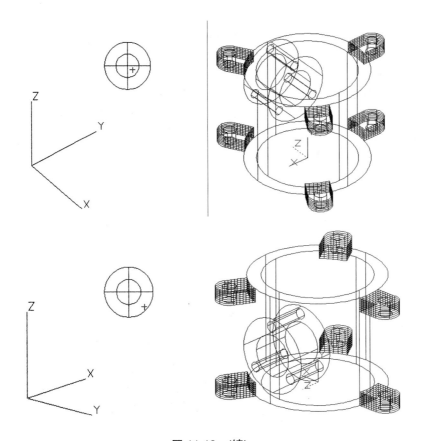

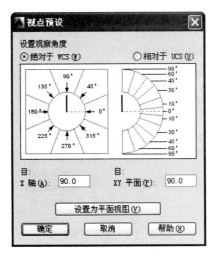

图 11-12　（续）

2. 使用【视点预设】对话框

选择【视图】|【三维视图】|【视点预设】菜单命令或者在命令行中输入
"Ddvpoint"，按 Enter 键，打开的【视点预设】对话框如图 11-13 所示，其中各参数设置方
法如下。

图 11-13　【视点预设】对话框

计算机辅助设计案例课堂

(1) 绝对于 WCS：所设置的坐标系基于世界坐标系。

(2) 相对于 UCS：所设置的坐标系相对于当前用户坐标系。

(3) 左半部分方形分度盘表示观察点在 XY 平面投影与 X 轴夹角。有 8 个位置可选。

(4) 右半部分半圆分度盘表示观察点与原点连线与 XY 平面夹角。有 9 个位置可选。

(5) 【X 轴】文本框：可输入 360° 以内任意值设置观察方向与 X 轴的夹角。

(6) 【XY 平面】文本框：可输入以±90° 内任意值设置观察方向与 XY 平面的夹角。

(7) 【设置为平面视图】按钮：单击该按钮，则取标准值，与 X 轴夹角 270°，与 XY 平面夹角 90°。

3. 其他特殊视点

在视点摄制过程中，还可以选取预定义标准观察点，可以从 AutoCAD 2014 中预定义的 10 个标准视图中直接选取。

在菜单栏中，选择【视图】|【三维视图】的 10 个标准命令，如图 11-14 所示，即可定义观察点。这些标准视图包括：俯视图、仰视图、左视图、右视图、主视图、后视图、西南等轴测视图、东南等轴测视图、东北等轴测视图和西北等轴测视图。

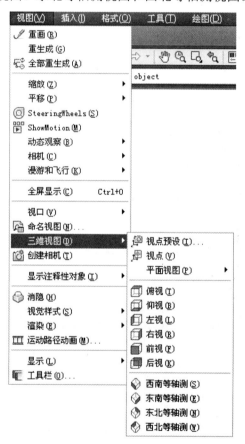

图 11-14　三维视图菜单

三维坐标和视点案例 1——视图的转化与坐标系的定义

案例文件：ywj\11\11-1-1.dwg。

视频文件：光盘\视频课堂\第 11 章\11.1.1。

案例操作步骤如下。

step 01 选择【绘图】|【矩形】菜单命令，绘制边长为 100 的正方形，如图 11-15 所示。

step 02 选择【视图】|【三维视图】|【西南等轴测】菜单命令，将当前视图切换为西南视图，如图 11-16 所示。

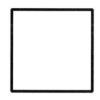

图 11-15　绘制的正方形

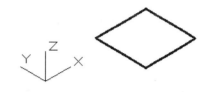

图 11-16　切换后的西南视图

step 03 选择【绘图】|【建模】|【拉伸】菜单命令，将绘制的正方形拉伸 50 个绘图单位并绘制棱边，如图 11-17 所示。

step 04 选择【工具】|【新建 UCS】|【三点】菜单命令，新建 UCS，如图 11-18 所示。

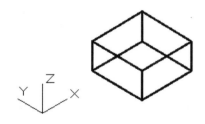

图 11-17　拉伸并绘制棱边的正方体

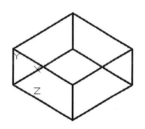

图 11-18　新建 UCS

step 05 选择【绘图】|【文字】|【单行文字】菜单命令，在正方体右侧面输入"右视图"，如图 11-19 所示。

step 06 选择【工具】|【新建 UCS】|【三点】菜单命令，新建 UCS，并在正方体左侧面输入"左视图"，如图 11-20 所示。

step 07 选择【工具】|【新建 UCS】|【世界】菜单命令，将世界坐标设置为当前坐标，并在正方体顶面输入"俯视图"，如图 11-21 所示。

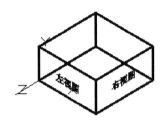

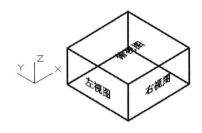

图 11-19　标注文字　　　图 11-20　新建 UCS 并标　　图 11-21　选择世界 UCS 并标注文字
　　　　　　　　　　　　　　　　　注文字

三维坐标和视点案例 2——绘制立体面模型

> 案例文件：ywj\11\11-1-2.dwg。
>
> 视频文件：光盘\视频课堂\第 11 章\11.1.2。

案例操作步骤如下。

step 01 选择【绘图】|【矩形】菜单命令，绘制边长为 100 的正方形，如图 11-22 所示。

step 02 选择【视图】|【三维视图】|【西南等轴测】菜单命令，将当前视图切换为西南视图，如图 11-23 所示。

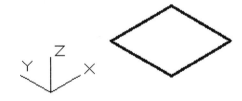

图 11-22　绘制的正方形　　　　　　　图 11-23　切换后的西南视图

step 03 选择【修改】|【复制】菜单命令，将刚绘制的正方形复制并沿 Z 轴偏移 80 个绘图单位，如图 11-24 所示。

step 04 单击【绘图】面板中的【直线】按钮，绘制立方体的棱边，如图 11-25 所示。

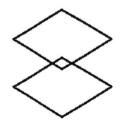

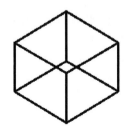

图 11-24　复制并偏移的正方形　　　　图 11-25　绘制立方体的棱边

step 05 选择【绘图】|【建模】|【网格】|【三维面】菜单命令，选择立方体的左

侧面创建三维模型。在命令行输入"SHADE"为面模型着色，如图 11-26 所示。

【三维面】命令主要用于构建物体表面，在创建物体表面模型之前，一般需要将物体的轮廓线画出来。

step 06 选择【绘图】|【建模】|【网格】|【三维面】菜单命令，创建其他侧面模型。选择【视图】|【三维视图】|【东北等轴测】菜单命令，将当前视图切换为东北视图，如图 11-27 所示。

step 07 选择【绘图】|【建模】|【网格】|【三维面】菜单命令，继续创建其他侧面模型，绘制完成的立体面模型如图 11-28 所示。

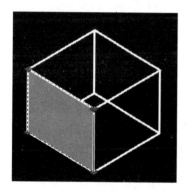 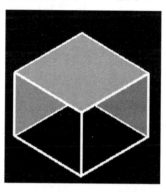 

图 11-26 着色面　　　图 11-27 切换后的东北视图　　　图 11-28 绘制完成的立体面模型

11.2 绘制三维曲面

AutoCAD 2014 可绘制的三维图形有线框模型、表面模型和实体模型等，并且可以对三维图形进行编辑。

11.2.1 绘制三维面

三维面命令用来创建任意方向的三边或四边三维面，4 点可以不共面。绘制三维面模型命令调用方法如下。

(1) 在菜单栏中，选择【绘图】|【建模】|【网格】|【三维面】菜单命令。

(2) 在命令行中输入"3dface"命令。

命令行提示如下。

```
命令：3dface
指定第一点或 [不可见(I)]：
指定第二点或 [不可见(I)]：
指定第三点或 [不可见(I)] <退出>：              //按 Enter 键，生成三边面，指定点继续
指定第四点或 [不可见(I)] <创建三侧面>：
```

在提示行中若指定第四点，则命令提示行继续提示指定第三点或退出，按 Enter 键，则生成四边平面或曲面。若继续确定点，则上一个第三点和第四点连线成为后续平面第一边，三

维面递进生长。

命令行提示如下。

指定第三点或 [不可见(I)] <退出>：
指定第四点或 [不可见(I)] <创建三侧面>：

绘制成的三边平面、四边平面和多个面如图 11-29 所示。

  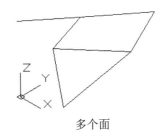

三边平面   四边平面   多个面

图 11-29　三维面

命令行选项说明如下。

(1)　第一点：定义三维面的起点。在输入第一点后，可按顺时针或逆时针方向输入其余的点，以创建普通三维面。如果 4 个顶点在同一个平面上，那么 AutoCAD 将创建一个类似于面域对象的平面。当着色或渲染对象时，该平面将被填充。

(2)　不可见(I)：控制三维面各边的可见性，以便建立有孔对象的正确模型。在边的第一点之前输入"i"或"invisible"可以使该边不可见。不可见属性必须在使用任何对象捕捉模式、XYZ 过滤器或输入边的坐标之前定义。可以创建所有边都不可见的三维面。这样的面是虚幻面，它不显示在线框图中，但在线框图形中会遮挡形体。

11.2.2　绘制基本三维曲面

三维线框模型是三维形体的框架，是一种较直观和简单的三维表达方式。AutoCAD 2014 中的三维线框模型只是空间点之间相连直线、曲线信息的集合，没有面和体的定义，因此，它不能消隐、着色或渲染。但是它有简洁、好编辑的优点。

(1)　三维线条：二维绘图中使用的直线和样条曲线命令可直接用于绘制三维图形，操作方式与二维绘制相同，在此就不重复了，只是绘制三维线条时，输入点的坐标值时，要输入 X、Y、Z 的坐标值。

(2)　三维多段线：三维多段线由多条空间线段首尾相连的多段线，其可以作为单一对象编辑，但其与二维多线段有区别，它只能为线段首位相连，不能设计线段的宽度。图 11-30 所示为三维多段线。

绘制三维多段线的方法如下。

● 在【默认】选项卡【绘图】面板中单击【三维多段线】按钮 。
● 在菜单栏中选择【绘图】|【三维多段线】菜单命令。
● 在命令行中输入"3dpoly"命令。

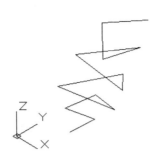

图 11-30　三维多段线

命令行提示如下。

指定多段线的起点：
指定直线的端点或 [放弃(U)]：
指定直线的端点或 [放弃(U)]：
指定直线的端点或 [闭合(C)/放弃(U)]：

从前一点到新指定的点绘制一条直线。命令提示不断重复，直到按 Enter 键结束命令为止。如果在命令行输入命令"：U"，则结束绘制三维多段线，如果输入指定三点后，输入命令"：C"，则多段线闭合。指定点可以用鼠标选择或者输入点的坐标。

三维多段线和二维多段线的比较如表 11-2 所示。

表 11-2　三维多段线和二维多段线比较

	三维多段线	二维多段线
相同点	(1)多段线是一个对象 (2)可以分解 (3)可以用 Pedit 命令进行编辑	
不同点	(1)Z 坐标值可以不同 (2)不含弧线段，只有直线段 (3)不能有宽度 (4)不能有厚度 (5)只有实线一种线形	(1)Z 坐标值均为 0 (2)包括弧线段等多种线段 (3)可以有宽度 (4)可以有厚度 (5)有多种线形

11.2.3　绘制三维网格

使用三维网格命令可以生成矩形三维多边形网格，主要用于图解二维函数。

在命令行中输入"3dmesh"命令，命令行提示如下。

命令：3dmesh
输入 M 方向上的网格数量：
输入 N 方向上的网格数量：
指定顶点 (0, 0) 的位置：
指定顶点 (0, 1) 的位置：

计算机辅助设计案例课堂

指定顶点 (1, 0) 的位置：
指定顶点 (1, 1) 的位置：
指定顶点 (2, 0) 的位置：
指定顶点 (2, 1) 的位置：

绘制完成的三维网格如图 11-31 所示。

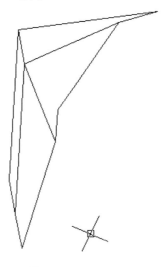

图 11-31　三维网格

提示

M 和 N 的数值在 2～256 之间。

11.2.4　绘制旋转曲面

旋转网格的命令是将对象绕指定轴旋转，生成旋转网格曲面。绘制旋转网格命令调用方法如下。

(1)　选择【绘图】|【建模】|【网格】|【旋转网格】菜单命令。

(2)　单击【网格】选项卡【图元】面板中的【旋转网格】按钮 🔘。

(3)　在命令行中输入"revsurf"命令。

命令行提示如下。

命令: revsurf
当前线框密度: SURFTAB1=6 SURFTAB2=6
选择要旋转的对象:　　　　　　　　　　//选择一个对象
选择定义旋转轴的对象:　　　　　　　　//选择一个对象，通常为直线
指定起点角度 <0>:
指定包含角 (+=逆时针, -=顺时针) <360>:

绘制完成的旋转网格如图 11-32 所示。

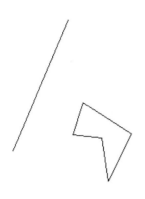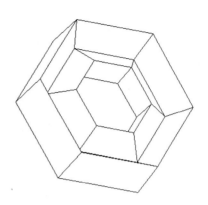

图 11-32　旋转网格

提示　　在命令行中输入"SURFTAB1"或"SURFTAB2"后，按 Enter 键，可调整线框的密度值。

11.2.5　绘制平移曲面

平移网格命令可绘制一个由路径曲线和方向矢量所决定的多边形网格。绘制平移网格命令调用方法如下。

(1) 选择【绘图】|【建模】|【网格】|【平移网格】菜单命令。

(2) 单击【网格】选项卡【图元】面板中的【平移网格】按钮 。

(3) 在命令行中输入"tabsurf"命令。

命令行提示如下。

```
命令: _tabsurf
当前线框密度: SURFTAB1=6
选择用作轮廓曲线的对象:
选择用作方向矢量的对象:
```

绘制完成的平移曲面如图 11-33 所示。

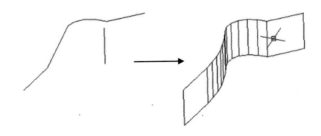

图 11-33　平移曲面

提示　　在执行此命令前，应绘制好轮廓曲线和方向矢量。轮廓曲线可以是直线、圆弧、曲线等。

11.2.6 绘制直纹曲面

直纹网格命令用于在两个对象之间建立一个 2×N 的直纹网格曲面。绘制直纹网格命令调用方法如下。

(1) 选择【绘图】|【建模】|【网格】|【直纹网格】菜单命令。

(2) 单击【网格】选项卡【图元】面板中的【直纹网格】按钮 。

(3) 在命令行中输入"rulesurf"命令。

命令行提示如下。

```
命令：rulesurf
当前线框密度：SURFTAB1=6
选择第一条定义曲线：
选择第二条定义曲线：
```

绘制完成的直纹曲面如图 11-34 所示。

图 11-34   直纹曲面

要生成直纹曲面，两个曲线对象只能都是封闭曲线，或者都是开放曲线。

11.2.7 绘制边界曲面

边界网格命令是把 4 个称为边界的对象创建为孔斯曲面片网格。边界可以是圆弧、直线、多线段、样条曲线和椭圆弧，并且必须形成闭合环和公共端点。孔斯曲面片是插在 4 个边界间的双三次曲面(一条 M 方向上的曲线和一条 N 方向上的曲线)。绘制边界网格命令调用方法如下。

(1) 【绘图】|【建模】|【网格】|【边界网格】菜单命令。

(2) 单击【网格】选项卡【图元】面板中的【边界网格】按钮 。

(3) 在命令行中输入"edgesurf"命令。

命令行提示如下。

```
命令：edgesurf
当前线框密度：SURFTAB1=6  SURFTAB2=6
选择用作曲面边界的对象 1：
选择用作曲面边界的对象 2：
选择用作曲面边界的对象 3：
```

选择用作曲面边界的对象 4：

绘制完成的边界曲面如图 11-35 所示。

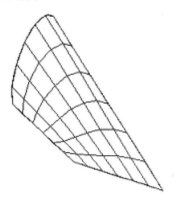

图 11-35　边界曲面

绘制三维网格曲面案例 1——绘制基本三维面

案例操作步骤如下。

step 01 ▶ 打开的 11-2-1-1 文件——"基本三维面"，如图 11-36 所示。

step 02 ▶ 选择【绘图】|【建模】|【网格】|【三维面】菜单命令，创建可见侧面模型，如图 11-37 所示。

step 03 ▶ 在命令行输入"SHADE"为面模型着色，如图 11-38 所示。

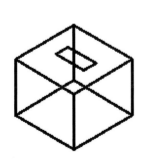　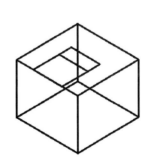　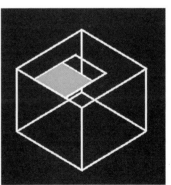

图 11-36　打开的 11-2-1-1 文件　　图 11-37　创建的可见侧面模型　　图 11-38　着色面

step 04 ▶ 选择【绘图】|【建模】|【网格】|【三维面】菜单命令，创建可见侧面模型，如图 11-39 所示。

step 05 ▶ 在命令行输入"SHADE"为面模型着色，绘制完成的基本三维面，如图 11-40 所示。

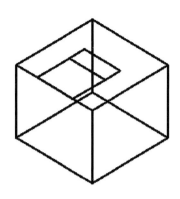

图 11-39　创建的可见侧面模型

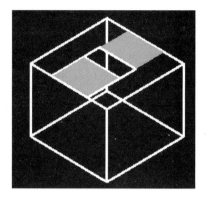

图 11-40　绘制完成的基本三维面

绘制三维网格曲面案例 2——绘制回转曲面

📁 **案例文件:** ywj\11\11-2-2.dwg。

🎬 **视频文件:** 光盘\视频课堂\第 11 章\11.2.2。

案例操作步骤如下。

step 01 选择【绘图】|【多段线】菜单命令,绘制闭合轮廓截面,其尺寸如图 11-41 所示。

step 02 选择【修改】|【圆角】菜单命令,对轮廓线进行圆角编辑,圆角半径为 0.5,如图 11-42 所示。

step 03 单击【绘图】面板中的【直线】按钮／,绘制高度如图 11-43 所示的水平线段。

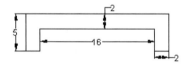

图 11-41　绘制的闭合轮廓截面

图 11-42　轮廓线圆角结果

图 11-43　绘制的水平线段

step 04 在命令行中分别输入"SURFATAB1"和"SURFATAB2",设置曲面模型表面线框密度的变量值均为 24。选择【视图】|【三维视图】|【西南等轴测】菜单命令,将当前视图切换为西南视图,如图 11-44 所示。

step 05 选择【绘图】|【建模】|【网格】|【旋转网格】菜单命令,将轮廓截面创建为三维模型,如图 11-45 所示。

step 06 选择【视图】|【消隐】菜单命令,对模型进行消隐着色,如图 11-46 所示,创建出回转曲面。

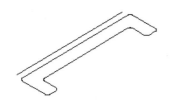

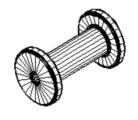

图 11-44 切换后的西南视图   图 11-45 创建的三维模型   图 11-46 消隐着色后的回转曲面

绘制三维网格曲面案例 3——绘制平移曲面

案例文件：ywj\11\11-2-3.dwg。

视频文件：光盘\视频课堂\第 11 章\11.2.3。

案例操作步骤如下。

step 01 选择【绘图】|【矩形】菜单命令，绘制长度为 20，宽度为 5，倒角距离为 2 的倒角矩形，如图 11-47 所示。

step 02 选择【修改】|【偏移】菜单命令，将刚绘制的矩形向内偏移 1 个绘图单位，如图 11-48 所示。

图 11-47 绘制的倒角矩形   图 11-48 偏移后的矩形

step 03 选择【视图】|【三维视图】|【西南等轴测】菜单命令，将当前视图切换为西南视图，如图 11-49 所示。

step 04 单击【绘图】面板中的【直线】按钮 ，沿着 Z 轴正方向，绘制高度为 3 的垂直线段，如图 11-50 所示。

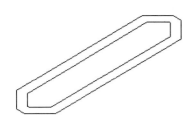
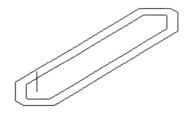

图 11-49 切换后的西南视图   图 11-50 绘制的垂直线段

step 05 在命令行中分别输入"SURFATAB1"和"SURFATAB2"，设置曲面模型表面线框密度的变量值均为 24。选择【绘图】|【建模】|【网格】|【平移网格】菜

单命令，创建平移网格，如图 11-51 所示。

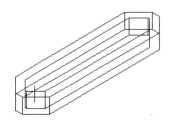

图 11-51　创建的平移网格

提示

　　【平移网格】命令是由一条轨迹线沿着指定方向矢量平移延伸而成的三维曲面，所以在创建曲面前，需要确定轨迹线和矢量方向。

step 06　选择【修改】|【移动】菜单命令，将刚创建的两个平移网格进行外移，如图 11-52 所示。

step 07　选择【绘图】|【边界】菜单命令，打开【边界创建】对话框，设置参数，如图 11-53 所示。单击【边界创建】对话框中的【拾取点】按钮，将两个倒角矩形转化为面域。

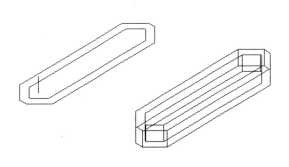

图 11-52　外移后的平移网格　　　　图 11-53　【边界创建】对话框参数设置

step 08　选择【修改】|【实体编辑】|【差集】菜单命令，将两个面域进行差集运算。选择【修改】|【移动】菜单命令，将刚创建的差集面域移至平移曲面底部，如图 11-54 所示。

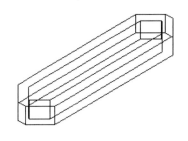

图 11-54　差集面域移至平移曲面底部效果

提示

在 AutoCAD 中，可以将某些类型的线框对象沿指定的方向矢量进行平移，根据被平移对象的轮廓和平移的路径形成一个指定密度的网格，即 AutoCAD 的平移曲面对象。

绘制三维网格曲面案例 4——绘制边界曲面

> 案例文件：ywj\11\11-2-4-1.dwg，ywj\11\11-2-4-2.dwg。
> 视频文件：光盘\视频课堂\第 11 章\11.2.4。

案例操作步骤如下。

step 01 打开的 11-2-4-1 文件——"圆角长方体"，如图 11-55 所示。

提示

边界曲面是 CAD 的一个三维制作命令，必须是由 4 条首尾相连的空间(可以是不在同一平面的立体的三维的)线段(线段可以是曲线)组成的闭合圈，才能用此命令制作成曲面。

step 02 选择【绘图】|【建模】|【网格】|【边界网格】菜单命令，创建边界网格，如图 11-56 所示。

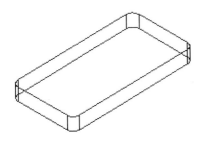

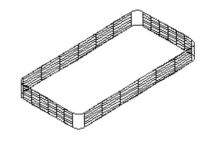

图 11-55　打开的 11-2-4-1 文件　　　　　图 11-56　创建的边界网格

提示

【边界网格】命令是用于将 4 条首尾相连的空间直线或曲线作为边界，创建成空间模型，在执行此命令之前，必须要定义出 4 条首尾相连的空间直线或曲线。

绘制三维网格曲面案例 5——绘制直纹曲面

> 案例文件：ywj\11\11-2-5.dwg。
> 视频文件：光盘\视频课堂\第 11 章\11.1.7。

提示

直纹网格命令用于在两条曲线之间构造一个表示直纹曲面的多边形网格。

案例操作步骤如下。

step 01 选择【绘图】|【多段线】菜单命令，绘制闭合轮廓截面，其尺寸如图 11-57

所示。

step 02 单击【绘图】面板中的【圆】按钮◎，以图 11-58 所示位置为圆心，绘制半径为 25 的圆。

step 03 选择【视图】|【三维视图】|【西南等轴测】菜单命令，将当前视图切换为西南视图，如图 11-59 所示。

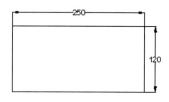

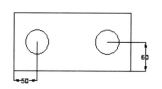

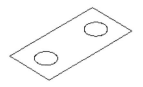

图 11-57　绘制的闭合轮廓截面　　　图 11-58　绘制的圆　　　图 11-59　切换后的西南视图

step 04 选择【修改】|【复制】菜单命令，将刚绘制的图形沿 Z 轴复制并偏移 20 和 100 个绘图单位，如图 11-60 所示。

step 05 在命令行中分别输入 "SURFATAB1" 和 "SURFATAB2"，设置曲面模型表面线框密度的变量值均为 48。选择【绘图】|【建模】|【网格】|【直纹网格】菜单命令，创建内部圆孔模型与轮廓面模型，如图 11-61 所示。

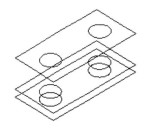

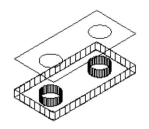

图 11-60　复制并偏移后的图形　　　图 11-61　创建内部圆孔模型与轮廓面模型

step 06 选择【绘图】|【面域】菜单命令，将网格上方的 3 个闭合图形转换为面域。选择【修改】|【实体编辑】|【差集】菜单命令，对刚创建的 3 个面域进行差集运算，如图 11-62 所示。

step 07 选择【修改】|【移动】菜单命令，将差集后的面域沿 Z 轴负方向移动 80 个绘图单位，如图 11-63 所示。

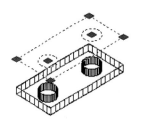

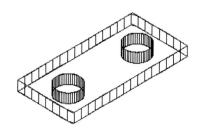

图 11-62　差集运算结果　　　　　　图 11-63　位移结果

绘制三维网格曲面案例6——创建底座模型

📁 案例文件： ywj\11\11-2-6.dwg。

🎬 视频文件： 光盘\视频课堂\第 11 章\11.2.6。

案例操作步骤如下。

step 01 选择【格式】|【图层】菜单命令，在打开的【图层特性管理器】对话框中创建"底座面""座侧面""座顶面"和"圆筒面"4 个图层，并将这 4 个图层关闭，如图 11-64 所示。

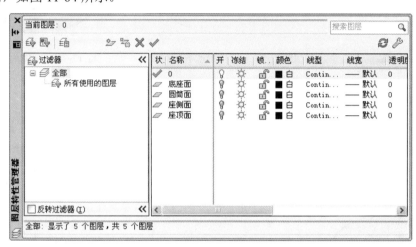

图 11-64 创建图层

step 02 单击【绘图】面板中的【圆】按钮 ⊘，绘制半径为 50 的圆。单击【绘图】面板中的【直线】按钮 ／，以圆的圆心为起点，沿着 Z 轴正方向，绘制高度为 10 的垂直线段，如图 11-65 所示。

step 03 选择【绘图】|【建模】|【网格】|【平移网格】菜单命令，创建平移网格，如图 11-66 所示。

step 04 修改平移网格的图层为"座侧面"图层，单击【绘图】面板中的【直线】按钮 ／，绘制圆的中心线。单击【绘图】面板中的【圆】按钮 ⊘，绘制半径为 20 的圆，如图 11-67 所示。

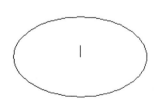

图 11-65 绘制的垂直线段

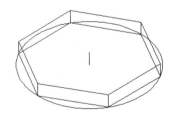

图 11-66 创建的平移网格

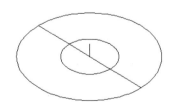

图 11-67 绘制的圆

step 05 选择【修改】|【修剪】菜单命令，修剪图形，如图 11-68 所示。

step 06 选择【绘图】|【圆弧】|【起点、圆心、端点】菜单命令，绘制右上侧半圆弧。在命令行中分别输入"SURFATAB1"和"SURFATAB2"，设置曲面模型表面线框密度的变量值均为 30。选择【绘图】|【建模】|【网格】|【边界网格】菜单命令，创建边界网格，如图 11-69 所示。

step 07 选择【修改】|【镜像】菜单命令，镜像图形，如图 11-70 所示。

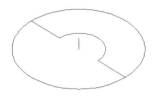
图 11-68 修剪后的图形

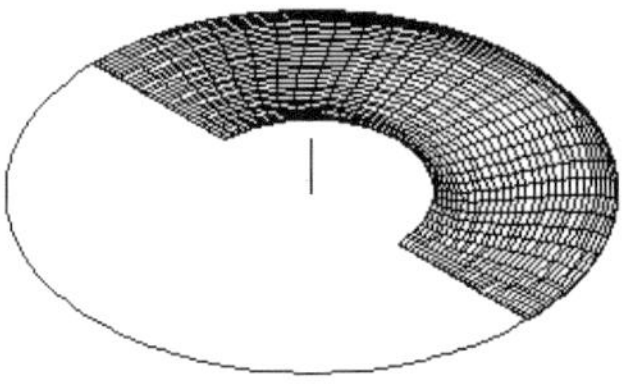

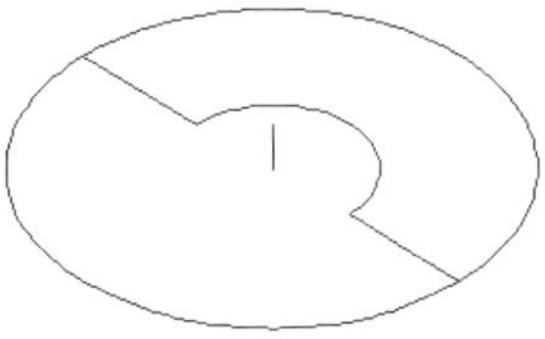

图 11-69 创建的边界网格

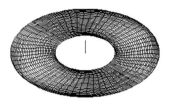
图 11-70 镜像后的图形

step 08 选择【修改】|【移动】菜单命令，选择两个边界网格模型进行位移，以任意点为基点，目标点为"@0,0,-10"，如图 11-71 所示。

step 09 修改边界网格的图层为"底座面"图层。选择【修改】|【缩放】菜单命令，选择里侧的圆弧以原点为基点进行缩放，缩放比例为 1.5，如图 11-72 所示。

step 10 选择【修改】|【修剪】菜单命令，修剪图形，如图 11-73 所示。

图 11-71 位移结果

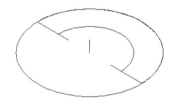
图 11-72 缩放结果

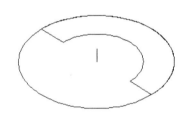
图 11-73 修剪后的图形

step 11 选择【绘图】|【建模】|【网格】|【边界网格】菜单命令，创建边界网格，如图 11-74 所示。

step 12 选择【修改】|【镜像】菜单命令，镜像图形，如图 11-75 所示。

step 13 修改边界网格的图层为"座顶面"图层，单击【绘图】面板中的【圆】按钮⊙，分别绘制半径为 20 和 30 的圆。选择【修改】|【移动】菜单命令，将刚绘制的圆沿 Z 轴正方向移动 50 个绘图单位，如图 11-76 所示。

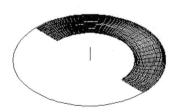
图 11-74 创建的边界网格

图 11-75 镜像后的图形

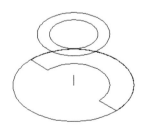
图 11-76 位移结果

step 14　选择【绘图】|【建模】|【网格】|【直纹网格】菜单命令，创建圆筒顶面模型，如图 11-77 所示。

step 15　选择【绘图】|【建模】|【圆柱体】菜单命令，分别创建半径为 30 和 20，高为 50 的圆筒模型，如图 11-78 所示。

step 16　选择【格式】|【图层】菜单命令，打开所有被关闭的图层，如图 11-79 所示。

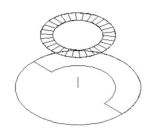

图 11-77　创建的圆筒顶面模型

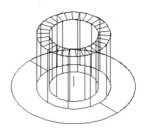

图 11-78　创建的圆筒模型

step 17　选择【视图】|【消隐】菜单命令，对模型进行消隐着色，如图 11-80 所示，完成底座模型创建。

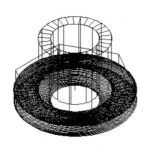

图 11-79　打开的图层

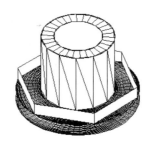

图 11-80　消隐着色后的底座模型

绘制三维网格曲面案例 7——创建斜齿轮

案例文件：ywj\11\11-2-7.dwg。

视频文件：光盘\视频课堂\第 11 章\11.2.7。

案例操作步骤如下。

step 01　单击【绘图】面板中的【圆】按钮 ⊘，绘制半径分别为 38、35.8、33.5 和 25 的圆，如图 11-81 所示。

step 02　单击【绘图】面板中的【直线】按钮 ╱，绘制经过圆心的中心线。选择【修改】|【偏移】菜单命令，将竖直中心线分别向左偏移 0.6、1.6 和 2 个绘图单位，如图 11-82 所示。

step 03　选择【绘图】|【圆弧】|【三点】菜单命令，绘制右上侧半圆弧，如图 11-83 所示。

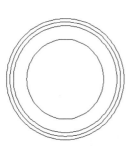

图 11-81　绘制的圆

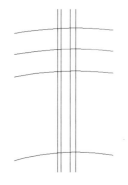

图 11-82　偏移的中心线

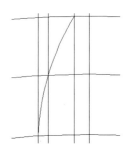

图 11-83　绘制的右上侧半圆弧

step 04 选择【修改】|【镜像】菜单命令，镜像刚绘制的圆弧，如图 11-84 所示。

step 05 修剪并删除多余的直线，绘制出的齿轮牙如图 11-85 所示。

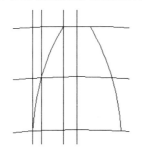

图 11-84　镜像的圆弧

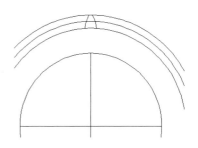

图 11-85　绘制出的齿轮牙

step 06 选择【修改】|【阵列】|【环形阵列】菜单命令，以圆心为基点将上一步修剪完成的齿轮牙环形阵列 36 份，如图 11-86 所示。

step 07 修剪并删除直线，形成的键槽轮廓线如图 11-87 所示。

step 08 选择【修改】|【偏移】菜单命令，将竖直中心线向左右各偏移 6 个绘图单位，将水平中心线向上偏移 28 个绘图单位，如图 11-88 所示。

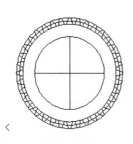

图 11-86　环形阵列齿轮牙

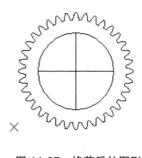

图 11-87　修剪后的图形

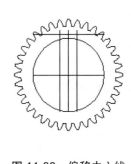

图 11-88　偏移中心线

step 09 修剪并删除多余的直线，如图 11-89 所示。

step 10 在命令行中输入"PE"命令，将上一步修剪完成的轮廓线创建为两条闭合多段线，选择【视图】|【三维视图】|【西南等轴测】菜单命令，将当前视图切换为西南视图，如图 11-90 所示。

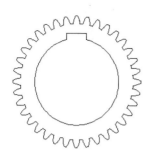

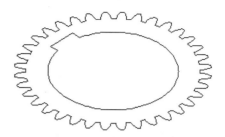

图 11-89　修剪后的图形

图 11-90　切换后的西南视图

step 11　单击【绘图】面板中的【直线】按钮，以圆的圆心为起点，沿着 Z 轴正方向，绘制高度为 20 的垂直线段，如图 11-91 所示。

step 12　在命令行中分别输入"SURFATAB1"和"SURFATAB2"，设置曲面模型表面线框密度的变量值均为 30。选择【绘图】|【建模】|【网格】|【平移网格】菜单命令，创建平移网格，如图 11-92 所示。

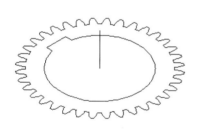

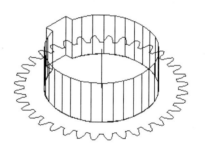

图 11-91　绘制的垂直线段

图 11-92　创建的平移网格

step 13　选择【格式】|【图层】菜单命令，创建"曲面"图层，并将该图层关闭，修改平移网格的图层为"曲面"图层。选择【修改】|【复制】菜单命令，将外侧闭合轮廓线沿 Z 轴复制 20 个绘图单位，如图 11-93 所示。

step 14　选择【修改】|【旋转】菜单命令，将复制后的轮廓线旋转 6.78°，基点为垂直辅助线上端点，如图 11-94 所示。

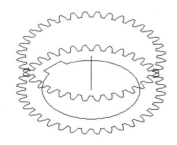

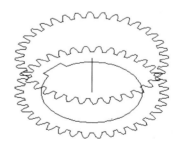

图 11-93　复制的外侧闭合轮廓线

图 11-94　复制旋转后的闭合轮廓线

step 15 在命令行中输入"SURFATAB1"，设置曲面模型表面线框密度的变量值为360。选择【绘图】|【建模】|【网格】|【直纹网格】菜单命令，创建直纹网格模型，如图 11-95 所示。

step 16 修改平移网格的图层为"曲面"图层，单击【绘图】面板中的【直线】按钮，绘制圆的中心线，如图 11-96 所示。

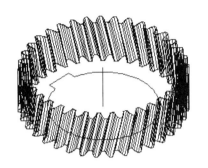

图 11-95　创建的直纹网格模型

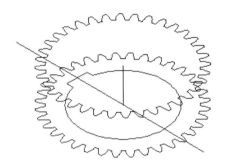

图 11-96　绘制的圆中心线

step 17 选择【修改】|【打断】菜单命令，以中心线与内外轮廓线交点作为断点，分别将内外轮廓线创建为两条多段线。选择【绘图】|【建模】|【网格】|【直纹网格】菜单命令，创建直纹网格模型，如图 11-97 所示。

step 18 修改平移网格的图层为"曲面"图层，选择【修改】|【移动】菜单命令，将键槽轮廓线和中心线沿 Z 轴正方向移动 20 个绘图单位，并将移动后的中心线旋转 6.78°，如图 11-98 所示。

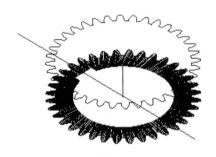

图 11-97　创建的直纹网格模型

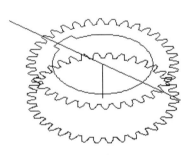

图 11-98　位移结果

step 19 重复第 16 和第 17 步骤，创建直纹网格，如图 11-99 所示。

step 20 选择【修改】|【删除】菜单命令，删除中心线，选择【格式】|【图层】菜单命令，打开所有被关闭的图层，如图 11-100 所示。

step 21 选择【视图】|【消隐】菜单命令，对模型进行消隐着色，如图 11-101 所示，完成斜齿轮的创建。

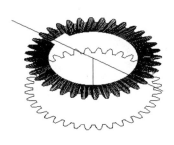

图 11-99　创建的直纹网格　　　图 11-100　打开所有被关闭的图层　　　图 11-101　消隐着色后的斜齿轮

11.3　本 章 小 结

本章介绍了在 AutoCAD 2014 中绘制三维图形对象中创建三维坐标和视点，以及绘制三维曲面的方法。通过本章的学习，读者需要重点掌握在 AutoCAD 2014 的三维物体绘制时坐标的定位，利用坐标系绘制三维面。

第 12 章
绘制零件实体模型

　　绘制三维零件实体模型时，首先要对模型的结构进行分析，选择最佳的建模方案，建立构成模型的各个简单实体，尤其要多利用 AutoCAD 创建长方体、球体、圆柱体、圆环体、楔体、圆环等基本的实体，或通过将二维图形拉伸和旋转创建实心体，然后对三维实体进行编辑、布尔运算等操作，从而构建成复杂的实体模型。

12.1　三维基本实体

在 AutoCAD 2014 中提供了多种基本的实体模型，可直接建立实体模型，如长方体、球体、圆柱体、圆锥体、楔体、圆环等。

12.1.1　绘制长方体

下面首先介绍绘制长方体的命令调用方法。

(1) 选择【绘图】|【建模】|【长方体】菜单命令。

(2) 单击【默认】选项卡【建模】面板中的【长方体】按钮 □ 。

(3) 在命令行中输入"box"命令。

命令行提示如下。

```
命令：box
指定长方体的角点或 [中心点(CE)] <0,0,0>：          //指定长方体的第一个角点
指定角点或 [立方体(C)/长度(L)]：                    //输入 C 则创建立方体
指定高度：
```

　长度(L)是指按照指定长、宽、高创建长方体。长度与 X 轴对应，宽度与 Y 轴对应，高度与 Z 轴对应。

绘制完成的长方体如图 12-1 所示。

图 12-1　绘制完成的长方体

12.1.2　绘制球体

sphere 命令用来创建球体。绘制球体命令调用方法如下。

(1) 选择【绘图】|【建模】|【球体】菜单命令。

(2) 在命令行中输入"sphere"命令。

(3) 单击【默认】选项卡【建模】面板中的【球体】按钮 ○ 。

命令行提示如下。

命令: sphere
指定中心点或 [三点(3P)/两点(2P)/相切、相切、半径(T)]:
指定球体半径或 [直径(D)]:

绘制完成的球体如图 12-2 所示。

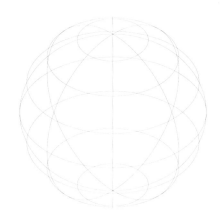

图 12-2　绘制完成的球体

12.1.3　绘制圆柱体

圆柱底面既可以是圆，也可以是椭圆。绘制圆柱体命令的调用方法如下。

(1)　选择【绘图】|【建模】|【圆柱体】菜单命令。

(2)　在命令行中输入"cylinder"命令。

(3)　单击【默认】选项卡【建模】面板中的【圆柱体】按钮。

首先来绘制圆柱体，命令行提示如下。

命令: cylinder
指定底面的中心点或 [三点(3P)/两点(2P)/相切、相切、半径(T)/椭圆(E)]:
　　　　　　　　　　　　　　　　　//输入坐标或者指定点

指定底面半径或 [直径(D)]:
指定高度或 [两点(2P)/轴端点(A)]:

绘制完成的圆柱体如图 12-3 所示。

下面来绘制椭圆柱体，命令行提示如下。

命令: cylinder
指定底面的中心点或 [三点(3P)/两点(2P)/相切、相切、半径(T)/椭圆(E)]: E(执行绘制椭圆柱
体选项)
指定第一个轴的端点或 [中心(C)]: c(执行中心点选项)
指定中心点:
指定到第一个轴的距离:
指定第二个轴的端点:
指定高度或 [两点(2P)/轴端点(A)]:

绘制完成的椭圆柱体如图 12-4 所示。

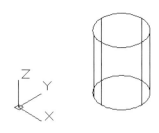

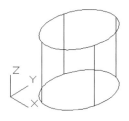

图 12-3 绘制完成的圆柱体　　　　图 12-4 绘制完成的椭圆柱体

12.1.4 绘制圆锥体

cone 命令用来创建圆锥体或椭圆锥体。绘制圆锥体命令调用方法如下。

(1) 选择【绘图】|【建模】|【圆锥体】菜单命令。

(2) 在命令行中输入"cone"命令。

(3) 单击【默认】选项卡【建模】面板中的【圆锥体】按钮△。

命令行提示如下。

命令: cone
指定底面的中心点或 [三点(3P)/两点(2P)/相切、相切、半径(T)/椭圆(E)]: //输入 E 可以绘制椭圆锥体
指定底面半径或 [直径(D)]:
指定高度或 [两点(2P)/轴端点(A)/顶面半径(T)]:

图 12-5 绘制完成圆锥体

绘制完成的圆锥体如图 12-5 所示。

12.1.5 绘制楔体

wedge 命令用来绘制楔体。绘制楔体命令调用方法如下。

(1) 选择【绘图】|【建模】|【楔体】菜单命令。

(2) 在命令行中输入"wedge"命令。

(3) 单击【默认】选项卡【建模】面板中的【楔体】按钮◇。

命令行提示如下。

命令: wedge
指定第一个角点或 [中心(C)]::
指定其他角点或 [立方体(C)/长度(L)]:
指定高度或 [两点(2P)]:

图 12-6 绘制完成的楔体

绘制完成的楔体如图 12-6 所示。

12.1.6 绘制圆环体

torus 命令用来绘制圆环。绘制圆环体命令调用方法如下。

(1)　选择【绘图】|【建模】|【圆环体】菜单命令。

(2)　在命令行中输入"torus"命令。

(3)　单击【默认】选项卡【建模】面板中的【圆环体】按钮◎。

命令行提示如下。

```
命令: torus
指定中心点或 [三点(3P)/两点(2P)/切点、切点、半径(T)]:
指定半径或 [直径(D)]:                   //指定圆环体中心到圆环圆管中心的距离
指定圆管半径或 [两点(2P)/直径(D)]:       //指定圆环体圆管的半径
```

绘制完成的圆环体如图 12-7 所示。

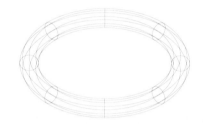

图 12-7　绘制完成的圆环体

绘制三维实体案例——绘制基本实心体

案例文件：ywj\12\12-1-1.dwg。

视频文件：光盘\视频课堂\第 12 章\12.1.1。

案例操作步骤如下。

step 01　选择【视图】|【三维视图】|【西南等轴测】菜单命令，将当前视图切换为西南视图。选择【绘图】|【建模】|【长方体】菜单命令，绘制一个长、宽、高分别为 80、100 和 10 的长方体，如图 12-8 所示。

step 02　选择【绘图】|【建模】|【圆柱体】菜单命令，以长方体中心为圆心，绘制一个半径为 20、高为 40 的圆柱体，如图 12-9 所示。

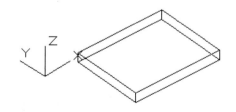

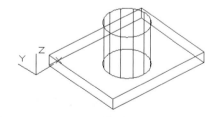

图 12-8　绘制的长方体　　　　　　　　图 12-9　绘制的圆柱体

step 03　在命令行中输入"ISOLINES"，设置实体线框密度的变量值为 12。选择【绘图】|【建模】|【球体】菜单命令，绘制一个半径为 5 的球体，如图 12-10 所示。

step 04　选择【视图】|【三维视图】|【俯视】菜单命令，将当前视图切换为俯视

图。选择【修改】|【镜像】菜单命令，镜像图形，如图 12-11 所示。

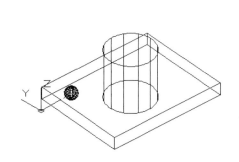

图 12-10　绘制的球体

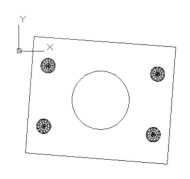

图 12-11　镜像后的图形

step 05 选择【视图】|【三维视图】|【西南等轴测】菜单命令，将当前视图切换为西南视图。选择【视图】|【视觉样式】|【概念】菜单命令，对模型进行着色，如图 12-12 所示。

图 12-12　着色后的基本实心体

12.2　三维实体特征操作

与二维图形对象一样，用户也可以编辑三维图形对象，且二维图形对象编辑中的大多数命令都适用于三维图形。

12.2.1　拉伸生成实体

【拉伸】命令用来拉伸二维对象生成三维实体，二维对象可以是多边形、圆、椭圆、样条封闭曲线等。绘制拉伸实体命令调用方法如下。

(1) 选择【绘图】|【建模】|【拉伸】菜单命令。

(2) 在命令行中输入"extrude"命令。

(3) 单击【默认】选项卡【建模】面板中的【拉伸】按钮。

命令行提示如下。

```
命令: _extrude
当前线框密度: ISOLINES=8
选择要拉伸的对象:                                    //选择一个图形对象
选择要拉伸的对象:
指定拉伸的高度或 [方向(D)/路径(P)/倾斜角(T)]: P      //则沿路径进行拉伸
选择拉伸路径或 [倾斜角(T)]:                           //选择作为路径的对象
路径已移动到轮廓中心。
```

 提示 可以选取直线、圆、圆弧、椭圆、多段线等作为拉伸路径的对象。

绘制完成的拉伸实体如图 12-13 所示。

图 12-13　绘制完成的拉伸实体

12.2.2　旋转生成实体

旋转是将闭合曲线绕一条旋转轴旋转生成回转三维实体。绘制旋转实体命令调用方法如下。

(1) 选择【绘图】|【建模】|【旋转】菜单命令。

(2) 在命令行中输入"revolve"命令。

(3) 单击【默认】选项卡【建模】面板中的【旋转】按钮。

命令行提示如下。

```
命令: revolve
当前线框密度: ISOLINES=10
选择要旋转的对象:                                    // 选择旋转对象
选择要旋转的对象:
定轴起点或根据以下选项之一定义轴 [对象(O)/X/Y/Z] <对象>: // 选择轴起点
指定轴端点:                                          // 选择轴端点
指定旋转角度或 [起点角度(ST)] <360>:
```

绘制完成的旋转实体如图 12-14 所示。

 注意 执行此命令，要事先准备好选择对象。

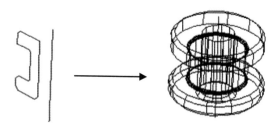

图 12-14　绘制完成的旋转实体

12.2.3　扫掠生成实体

扫掠是将闭合曲线绕一条旋转轴旋转生成回转三维实体。绘制扫掠实体命令调用方法如下。

(1)　单击【建模】面板中的【扫掠】按钮 [⟲扫掠]。

(2)　选择【绘图】｜【建模】｜【扫掠】菜单命令。

(3)　在命令行中输入"sweep"命令。

命令行提示如下。

```
命令：_sweep
当前线框密度：ISOLINES=4
选择要扫掠的对象：找到 1 个                        \\选择圆作为扫掠对象
选择要扫掠的对象：
选择扫掠路径或 [对齐(A)/基点(B)/比例(S)/扭曲(T)]：   \\选择螺旋线作为扫掠路径
```

绘制完成的扫掠实体如图 12-15 所示。

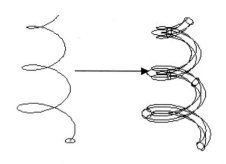

图 12-15　绘制完成的扫掠实体

12.2.4　放样生成实体

放样是将闭合曲线绕一条旋转轴旋转生成回转三维实体。绘制放样实体命令调用方法如下。

(1)　单击【建模】面板中的【放样】按钮 [◯放样]。

(2)　选择【绘图】｜【建模】｜【放样】菜单命令。

(3) 在命令行中输入"loft"命令。

命令行提示如下。

```
命令: _loft
按放样次序选择横截面: 找到 1 个                     \\选择放样图形
按放样次序选择横截面: 找到 1 个, 总计 2 个
按放样次序选择横截面:
输入选项 [导向(G)/路径(P)/仅横截面(C)] <仅横截面>: C
```

绘制完成的放样实体如图 12-16 所示。

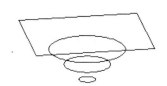

图 12-16　绘制完成的放样实体

12.2.5　截面

创建横截面目的是为了显示三维对象的内部细节。

通过 SECTION 命令, 可以创建截面对象作为穿过实体、曲面、网格或面域的剪切平面。然后打开活动截面, 在三维模型中移动截面对象, 以实时显示其内部细节。

可以通过多种方法对齐截面对象。

1．将截面平面与三维面对齐

设置截面平面的一种方法是单击现有三维对象的面(移动光标时, 会出现一个点轮廓, 表示要选择的平面的边)。截面平面自动与所选的平面对齐, 如图 12-17 所示。

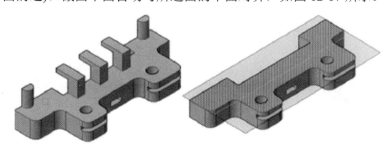

图 12-17　与面对齐的截面对象

2．创建直剪切平面

拾取两个点以创建直剪切平面, 如图 12-18 所示。

3．添加折弯段

截面平面可以是直线, 也可以包含多个截面或折弯截面。例如, 包含折弯的截面是从圆柱体切除扇形楔体形成的, 如图 12-19 所示。

可以通过使用绘制截面选项在三维模型中拾取多个点来创建包含折弯线段的截面线。

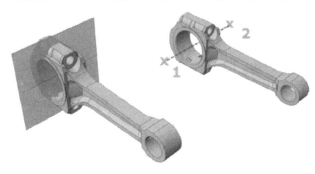

图 12-18　创建直剪切平面

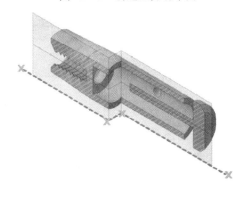

图 12-19　添加的折弯段

4．创建正交截面

可以将截面对象与当前 UCS 的指定正交方向对齐(例如，前视、后视、仰视、俯视、左视或右视)，如图 12-20 所示。

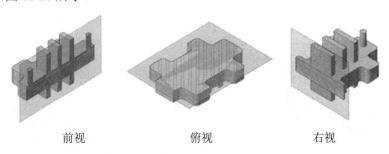

前视　　　　　　　俯视　　　　　　　右视

图 12-20　创建的正交截面

将正交截面平面放置于通过图形中所有三维对象的三维范围的中心位置处。

5．创建面域以表示横截面

通过 SECTION 命令，可以创建二维对象，用于表示穿过三维实体对象的平面横截面，如图 12-21 所示。

使用此传统方法创建横截面时无法使用活动截面功能。

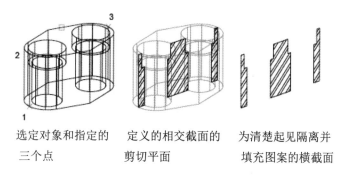

选定对象和指定的　　定义的相交截面的　　为清楚起见隔离并
三个点　　　　　　　剪切平面　　　　　填充图案的横截面

图 12-21　创建的面域

使用以下方法之一定义横截面的面。

(1) 指定三个点。

(2) 指定二维对象，例如圆、椭圆、圆弧、样条曲线或多段线。

(3) 指定视图。

(4) 指定 Z 轴。

(5) 指定 XY、YZ 或 ZX 平面。

三维实体的特征操作案例 1——绘制拉伸实体

案例文件：ywj\12\12-2-1-1.dwg，ywj\12\12-2-1-2.dwg。

视频文件：光盘\视频课堂\第 12 章\12.2.1。

案例操作步骤如下。

step 01　打开的 12-2-1-1 文件——"五角星平面图"，如图 12-22 所示。

step 02　选择【绘图】|【面域】菜单命令，将五角星转换为面域，如图 12-23 所示。

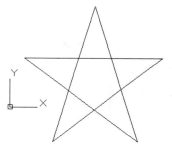

图 12-22　打开的 12-2-1-1 文件

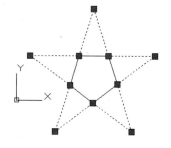

图 12-23　转换的面域

step 03　选择【视图】|【三维视图】|【西南等轴测】菜单命令，将当前视图切换为西南视图。单击【绘图】面板中的【直线】按钮，以圆的圆心为起点，沿着 Z 轴正方向，绘制高度为 20 的垂直线段，如图 12-24 所示。

step 04　单击【绘图】面板中的【直线】按钮，连接刚绘制直线端点与五角星里边的中点，如图 12-25 所示。

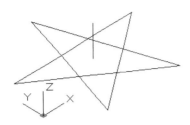

图 12-24　绘制的垂直线段

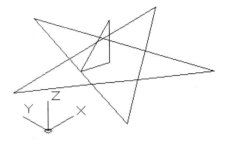

图 12-25　绘制的连接线

step 05　选择【绘图】|【建模】|【拉伸】菜单命令，拉伸刚创建的五角星面域，如图 12-26 所示。

step 06　选择【修改】|【删除】菜单命令，删除多余的直线，如图 12-27 所示。

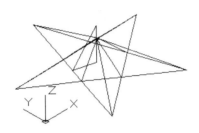

图 12-26　拉伸后的图形

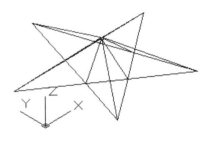

图 12-27　删除多余线后的结果

step 07　选择【视图】|【视觉样式】|【概念】菜单命令，对模型进行着色，如图 12-28 所示。

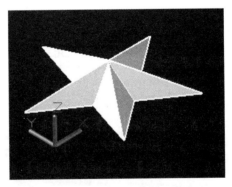

图 12-28　模型着色

三维实体的特征操作案例 2——绘制放样实体

　案例文件：ywj\12\12-2-2.dwg。

　视频文件：光盘\视频课堂\第 12 章\12.2.2。

案例操作步骤如下。

step 01 选择【视图】|【三维视图】|【西南等轴测】菜单命令，将当前视图切换为西南视图。选择【绘图】|【矩形】菜单命令，绘制 2 个长度为 20、宽度为 10 的矩形，如图 12-29 所示。

step 02 选择【工具】|【新建 UCS】|【三点】菜单命令，新建 UCS，如图 12-30 所示。

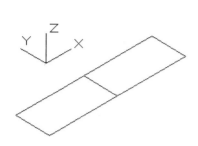

图 12-29　绘制的矩形

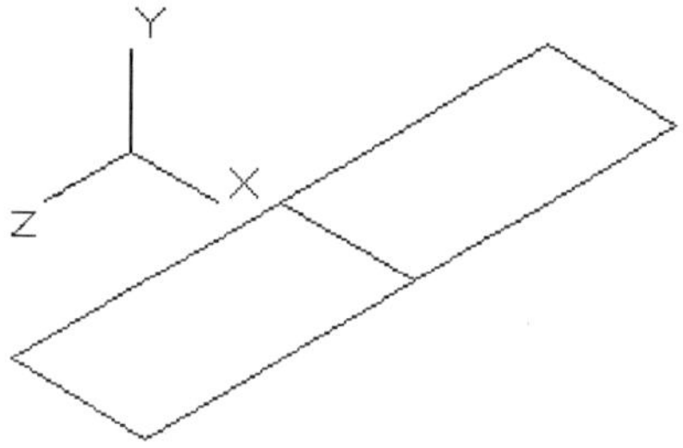

图 12-30　新建 UCS

step 03 选择【绘图】|【矩形】菜单命令，绘制 1 个长度为 10、宽度为 20 的矩形，如图 12-31 所示。

step 04 在命令行中输入"ISOLINES"，设置实体线框密度的变量值为 12。选择【绘图】|【建模】|【放样】菜单命令，从左到右依次选择 3 个截面，创建放样实体，如图 12-32 所示。

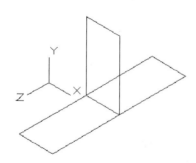

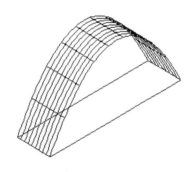

图 12-31　绘制的矩形

图 12-32　创建的放样实体

三维实体的特征操作案例 3——绘制回转实体

📷 案例文件：ywj\12\12-2-3-1.dwg，ywj\12\12-2-3-2.dwg。

🎬 视频文件：光盘\视频课堂\第 12 章\12.2.3。

案例操作步骤如下。

step 01 打开的 12-2-3-1 文件——"手柄零件图"，如图 12-33 所示。

step 02 选择【修改】|【修剪】菜单命令，修剪图形，如图 12-34 所示。

step 03 在命令行中输入"PE"命令，将刚绘制的轮廓线合并为多段线。再在命令行中输入"ISOLINES"，设置实体线框密度的变量值为 12。选择【绘图】|【建模】|

【旋转】菜单命令，将实体旋转 360°，创建三维回转实体，如图 12-35 所示。

step 04 选择【视图】|【三维视图】|【东北等轴测】菜单命令，将当前视图切换为东北视图，如图 12-36 所示。

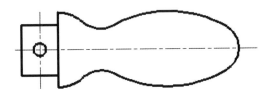

图 12-33　打开的 12-2-3-1 文件

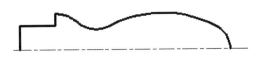

图 12-34　修剪后的图形

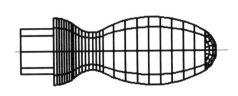

图 12-35　创建的三维回转实体

图 12-36　切换后的东北视图

step 05 选择【视图】|【视觉样式】|【概念】菜单命令，对模型进行着色，如图 12-37 所示。

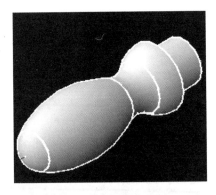

图 12-37　着色后的回转实体

三维实体的特征操作案例 4——绘制组合实体

案例文件：ywj\12\12-2-4-1.dwg，ywj\12\12-2-4-2.dwg。

视频文件：光盘\视频课堂\第 12 章\12.2.3。

案例操作步骤如下。

step 01 打开的 12-2-4-1 文件——"组合实体图"，如图 12-38 所示。

step 02 选择【修改】|【实体编辑】|【并集】菜单命令，将圆柱体与长方体进行合

并，如图 12-39 所示。

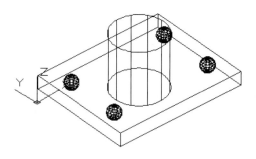

图 12-38 打开的 12-2-4-1 文件

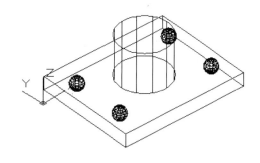

图 12-39 并集结果

step 03 选择【修改】|【实体编辑】|【差集】菜单命令，将长方体与球体进行差集运算，创建出球形孔洞，如图 12-40 所示。

step 04 选择【视图】|【视觉样式】|【概念】菜单命令，对模型进行着色，如图 12-41 所示。

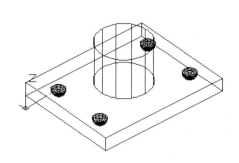

图 12-40 差集结果

图 12-41 着色后的组合实体

三维实体的特征操作案例 5——绘制切割实体

案例文件：ywj\12\12-2-5-1.dwg，ywj\12\12-2-5-2.dwg。

视频文件：光盘\视频课堂\第 12 章\12.2.5。

案例操作步骤如下。

step 01 打开的 12-2-5-1 文件——"阀盖零件图"，如图 12-42 所示。

step 02 在命令行中输入"SECTION"命令，对打开的实体模型进行切割，如图 12-43 所示。

【切割】命令用于创建实体内部的剖切面，默认情况下，剖切是以"三点"进行剖切的，即以指定的 3 个点所定义的平面作为剖切面。

step 03 选择【修改】|【移动】菜单命令，对切割后产生的截面进行位移，如图 12-44 所示。

step 04　选择【修改】|【分解】菜单命令，分解位移后的截面。选择【视图】|【三维视图】|【俯视图】菜单命令，将当前视图切换为俯视图，如图 12-45 所示。

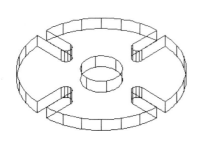

图 12-42　打开的 12-2-5-1 文件

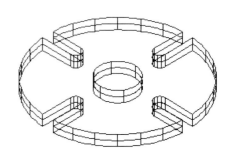

图 12-43　切割结果

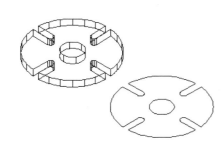

图 12-44　位移结果

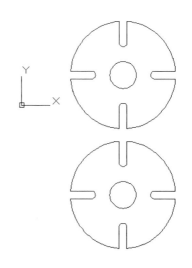

图 12-45　切换后的俯视图

step 05　选择【绘图】|【图案填充】菜单命令，对截面进行图案填充，如图 12-46 所示。

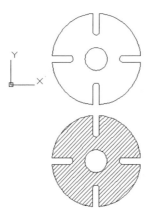

图 12-46　图案填充后的切割实体

三维实体的特征操作案例 6——绘制扫掠实体

📇 **案例文件：** ywj\12\12-2-6.dwg。

🎬 **视频文件：** 光盘\视频课堂\第 12 章\12.2.6。

案例操作步骤如下。

step 01 选择【视图】|【三维视图】|【西南等轴测】菜单命令，将当前视图切换为西南视图。在命令行中输入"ISOLINES"，设置实体线框密度的变量值为 12。运用【正多边形】、【矩形】、【样条曲线】和【圆弧】命令，绘制如图 12-47 所示的图形。

step 02 选择【绘图】|【建模】|【扫掠】菜单命令，将矩形沿样条曲线扫掠为实体，再接着运用【扫掠】命令将多边形沿圆弧的轨迹扫掠为曲面，如图 12-48 所示。

图 12-47　绘制的各类平面图形

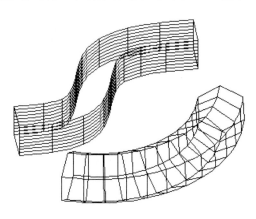

图 12-48　扫掠结果

提示　　【扫掠】命令主要用于将闭合二维边界扫掠为三维实体，将非闭合二维图形扫掠为曲面。

step 03 选择【视图】|【消隐】菜单命令，对模型进行消隐着色，如图 12-49 所示。

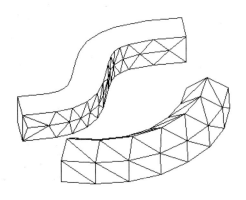

图 12-49　消隐着色后的扫掠实体

三维实体的特征操作案例 7——绘制三维弹簧

📄 案例文件: ywj\12\12-2-7.dwg。

💿 视频文件: 光盘\视频课堂\第 12 章\12.2.7。

案例操作步骤如下。

step 01 将当前视图切换为东南视图。选择【绘图】|【螺旋】菜单命令,绘制一个顶面和底面半径均为 100、高度为 200,顺时针旋转 8 圈的螺旋体,如图 12-50 所示。

step 02 选择【视图】|【三维视图】|【前视】菜单命令,将当前视图切换为前视图。单击【绘图】面板中的【圆】按钮◎,绘制半径为 2 的圆,如图 12-51 所示。选择【绘图】|【面域】菜单命令,将刚绘制的圆转换为面域。

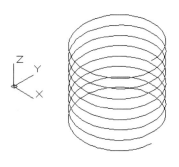

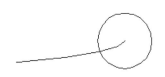

图 12-50　绘制的螺旋体　　　　　　　　图 12-51　绘制的圆

step 03 选择【视图】|【三维视图】|【东南等轴测】菜单命令,将当前视图切换为东南视图。在命令行中输入"ISOLINES",设置实体线框密度的变量值为 10。选择【绘图】|【建模】|【扫掠】菜单命令,将创建的圆面域以螺旋线路径进行扫掠,如图 12-52 所示。

step 04 选择【视图】|【视觉样式】|【真实】菜单命令,对模型进行着色,如图 12-53所示。

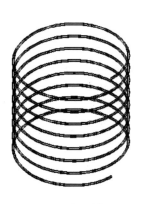

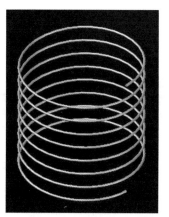

图 12-52　扫掠结果　　　　　　　　　图 12-53　着色后的三维弹簧

12.3 本 章 小 结

    本章介绍了在 AutoCAD 2014 中绘制三维实体图形对象的方法，其中主要包括三维实体的创建，三维实体特征操作等内容。通过本章的学习，读者应该熟练掌握绘制三维图形的基本命令。

第 13 章

编辑三维零件模型

　　在上一章中，读者学习了如何创建三维模型。在绘图的过程中，会发现某些图形不是一次就能绘制出来的，并且不可避免地会出现一些错误的操作，这时就要使用三维编辑命令来修改。通过本章的学习，读者应学会一些基本的三维编辑命令，如删除面、倾斜面和旋转面、拉伸面等编辑功能。

13.1　编辑三维图形

与二维图形对象一样，用户也可以编辑三维图形对象，且二维图形对象编辑中的大多数命令都适用于三维图形。下面介绍编辑三维图形对象的命令，包括三维阵列、三维镜像、三维旋转、截面、剖切实体、并集运算等。

13.1.1　三维阵列

三维阵列命令用于在三维空间创建对象的矩形和环形阵列，三维阵列命令调用方法如下。

(1)　选择【修改】|【三维操作】|【三维阵列】菜单命令。

(2)　在命令行中输入"3darray"命令。

命令行提示如下。

```
命令: 3darray
正在初始化... 已加载 3DARRAY。
选择对象:                        //选择要阵列的对象
选择对象:
输入阵列类型 [矩形(R)/环形(P)] <矩形>:
```

这里有两种阵列方式：矩形阵列和环形阵列，下面来分别介绍。

1. 矩形阵列

在行(X 轴)、列(Y 轴)和层(Z 轴)矩阵中复制对象。一个阵列必须具有至少两个行、列或层。

命令行提示如下：

```
输入阵列类型 [矩形(R)/环形(P)] <矩形>:R
输入行数 (---) <1>:
输入列数 (|||) <1>:
输入层数 (...) <1>:
指定行间距 (---):
指定列间距 (|||):
指定层间距 (...):
```

输入正值将沿 X、Y、Z 轴的正向生成阵列。输入负值将沿 X、Y、Z 轴的负向生成阵列。

矩形阵列得到的图形如图 13-1 所示。

2. 环形阵列

环形阵列是指绕旋转轴复制对象。

命令行提示如下。

```
输入阵列类型 [矩形(R)/环形(P)] <矩形>:P
输入阵列中的项目数目:                    //输入要阵列的数目
```

指定要填充的角度 (+=逆时针，-=顺时针) <360>：
旋转阵列对象？ [是(Y)/否(N)] <是>：
指定阵列的中心点：
指定旋转轴上的第二点：

环形阵列得到的图形如图 13-2 所示。

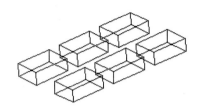

图 13-1　矩形阵列图形

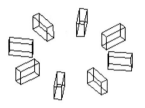

图 13-2　环形阵列图形

13.1.2　三维镜像

三维镜像命令用来沿指定的镜像平面创建三维镜像。三维镜像命令调用方法如下。

(1)　选择【修改】|【三维操作】|【三维镜像】菜单命令。

(2)　在命令行中输入"mirror3d"命令。

命令行提示如下。

```
命令: _mirror3d
选择对象:                       //选择要镜像的图形
选择对象:
指定镜像平面 (三点) 的第一个点或
 [对象(O)/最近的(L)/Z 轴(Z)/视图(V)/XY 平面(XY)/YZ 平面(YZ)/ZX 平面(ZX)/三点(3)]
<三点>:
```

命令提示行中各选项的说明如下。

(1)　对象(O)：使用选定平面对象的平面作为镜像平面。

```
选择圆、圆弧或二维多段线线段:
是否删除源对象? [是(Y)/否(N)] <否>:
```

如果输入"y"，AutoCAD 将把被镜像的对象放到图形中并删除原始对象。如果输入
"n"或按 Enter 键，AutoCAD 将把被镜像的对象放到图形中并保留原始对象。

(2)　最近的(L)：相对于最后定义的镜像平面对选定的对象进行镜像处理。

```
是否删除源对象? [是(Y)/否(N)] <否>:
```

(3)　Z 轴(Z)：根据平面上的一个点和平面法线上的一个点定义镜像平面。

```
在镜像平面上指定点:
在镜像平面的 Z 轴 (法向) 上指定点:
是否删除源对象? [是(Y)/否(N)] <否>:
```

如果输入"y"，AutoCAD 将把被镜像的对象放到图形中并删除原始对象。如果输入
"n"或按 Enter 键，AutoCAD 将把被镜像的对象放到图形中并保留原始对象。

(4) 视图(V)：将镜像平面与当前视窗中通过指定点的视图平面对齐。

```
在视图平面上指定点 <0,0,0>:                //指定点或按 Enter 键
是否删除源对象？[是(Y)/否(N)] <否>:       //输入 y 或 n 或按 Enter 键
```

如果输入"y"，AutoCAD 将把被镜像的对象放到图形中并删除原始对象。如果输入"n"或按 Enter 键，AutoCAD 将把被镜像的对象放到图形中并保留原始对象。

(5) XY 平面(XY)、YZ 平面(YZ)、ZX 平面(ZX)：将镜像平面与一个通过指定点的标准平面(XY、YZ 或 ZX)对齐。

```
指定 (XY,YZ,ZX) 平面上的点 <0,0,0>:
```

(6) 三点(3)：通过 3 个点定义镜像平面。如果通过指定一点指定此选项，则 AutoCAD 将不再显示"在镜像平面上指定第一点"提示。

```
在镜像平面上指定第一点：
在镜像平面上指定第二点：
在镜像平面上指定第三点：
是否删除源对象？[是(Y)/否(N)] <N>:
```

三维镜像得到的图形如图 13-3 所示。

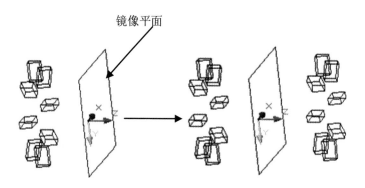

图 13-3　三维镜像后的图形

13.1.3　三维旋转

三维旋转命令用来在三维空间内旋转三维对象。三维旋转命令调用方法如下。

(1) 选择【修改】|【三维操作】|【三维旋转】菜单命令。

(2) 在命令行中输入"3drotate"命令。

命令行提示如下。

```
命令：3drotate
UCS 当前的正角方向：ANGDIR=逆时针  ANGBASE=0
选择对象：                        //选择要旋转的对象
选择对象：
指定轴上的第一个点或定义轴依据
  [对象(O)/最近的(L)/视图(V)/X 轴(X)/Y 轴(Y)/Z 轴(Z)/两点(2)]:
```

命令提示行中各选项的说明如下。

(1)　对象(O)：将旋转轴与现有对象对齐。

命令行提示如下。

选择直线、圆、圆弧或二维多段线线段：

(2)　最近的(L)：使用最近的旋转轴。

命令行提示如下。

指定旋转角度或 [参照(R)]：

(3)　视图(V)：将旋转轴与通过选定点的当前视图的观察方向对齐。

命令行提示如下。

指定视图方向轴上的点 <0,0,0>：
指定旋转角度或 [参照(R)]：

(4)　X 轴(X)/Y 轴(Y)/Z 轴(Z)：将旋转轴与通过选定点的轴(X、Y 或 Z)对齐。

命令行提示如下。

指定 X/Y/Z 轴上的点 <0,0,0>：
指定旋转角度或 [参照(R)]：

(5)　两点(2)：使用两个点定义旋转轴。

在 ROTATE3D 的主提示下按 Enter 键命令行将显示以下提示。如果在主提示下指定点将跳过指定第一个点的提示。

指定轴上的第一点：
指定轴上的第二点：
指定旋转角度或 [参照(R)]：

【例题】沿 X 轴将一个三维实体旋转 60°。

(1)　打开一个三维实体的图形。

(2)　选择【修改】|【三维操作】|【三维旋转】菜单命令。

命令行提示如下。

命令：rotate3d
当前正向角度：ANGDIR=逆时针 ANGBASE=0
选择对象：找到 1 个　　　　　　　//选择该实体
选择对象：
指定轴上的第一个点或定义轴依据
　　[对象(O)/最近的(L)/视图(V)/X 轴(X)/Y 轴(Y)/Z 轴(Z)/两点(2)]：X
指定 X 轴上的点 <0,0,0>：　　　　//指定一点
指定旋转角度或 [参照(R)]：60

(3)　三维实体和旋转后的效果如图 13-4 所示。

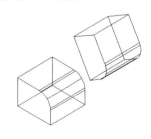

图 13-4　三维实体和旋转后的效果

计
算
机
辅
助
设
计
案
例
课
堂

13.1.4 剖切实体

AutoCAD 2014 提供了对三维实体进行剖切的功能，用户可以利用这个功能很方便地绘制实体的剖切面。【剖切】命令调用方法如下。

(1) 选择【修改】|【三维操作】|【剖切】菜单命令。

(2) 在命令行中输入"slice"命令。

命令行提示如下。

```
命令: slice
选择要剖切的对象: 找到 1 个           //选择剖切对象
选择要剖切的对象:
指定 切面 的起点或 [平面对象(O)/曲面(S)/Z 轴(Z)/视图(V)/XY(XY)/YZ(YZ)/ZX(ZX)/三点
(3)] <三点>:                         //选择点 1
指定平面上的第二个点:                  //选择点 2
指定平面上的第三个点:                  //选择点 3
在所需的侧面上指定点或 [保留两个侧面(B)] <保留两个侧面>:       //输入 B 则两侧都保留
```

剖切后的实体如图 13-5 所示。

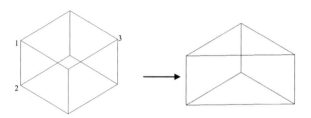

图 13-5　剖切后的实体

13.1.5 加厚实体

在 AutoCAD 2014 中，还可以对实体进行加厚操作，从而将曲面加厚为实体。

(1) 选择【修改】|【三维操作】|【加厚】菜单命令。

(2) 在命令行中输入"Thicken"命令。

命令行提示如下。

```
命令: _Thicken
选择要加厚的曲面: 找到 1 个                      \\选择要加厚的曲面
选择要加厚的曲面:
指定厚度 <0.0000>: 5                            \\输入厚度为 5
```

绘制完成的加厚实体如图 13-6 所示。

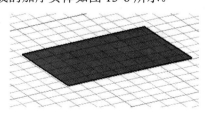 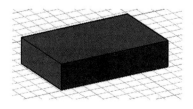

图 13-6　绘制完成的加厚实体

13.1.6 并集运算

并集运算是将两个以上三维实体合为一体。【并集】命令调用方法如下。

(1) 单击【默认】选项卡【实体编辑】面板中的【并集】按钮 。

(2) 选择【修改】|【实体编辑】|【并集】菜单命令。

(3) 在命令行中输入 "union" 命令。

命令行提示如下。

```
命令：union
选择对象：            //选择第 1 个实体
选择对象：            //选择第 2 个实体
选择对象：
```

实体进行并集运算后的结果如图 13-7 所示。

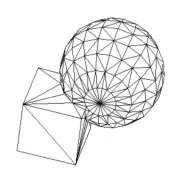

图 13-7 并集运算后的实体

13.1.7 差集运算

差集运算是从一个三维实体中去除与其他实体的公共部分。【差集】命令调用方法如下。

(1) 单击【默认】选项卡【实体编辑】面板中的【差集】按钮 。

(2) 选择【修改】|【实体编辑】|【差集】菜单命令。

(3) 在命令行中输入 "subtract" 命令。

命令行提示如下。

```
命令：_subtract
选择要从中减去的实体或面域...
选择对象：            //选择被减去的实体
选择要减去的实体或面域 ..
选择对象：            //选择减去的实体
```

实体进行差集运算后的结果如图 13-8 所示。

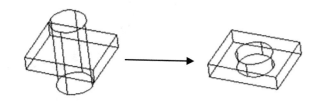

图 13-8 差集运算后的实体

13.1.8 交集运算

交集运算是将几个实体相交的公共部分保留。【交集】命令调用方法如下。

(1) 单击【默认】选项卡【实体编辑】面板中的【交集】按钮 。

(2) 选择【修改】|【实体编辑】|【交集】菜单命令。

（3）在命令行中输入"intersect"命令。

命令行提示如下。

```
命令: _intersect
选择对象:            //选择第 1 个实体
选择对象:            //选择第 2 个实体
```

实体进行交集运算后的结果如图 13-9 所示。

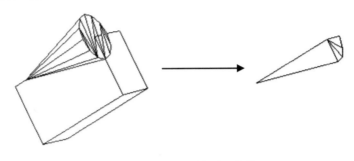

图 13-9   交集运算后的实体

编辑三维曲面案例 1——实体环形阵列

案例文件：ywj\13\13-1-1-1.dwg，ywj\13\13-1-1-2.dwg。

视频文件：光盘\视频课堂\第 13 章\13.1.1。

案例操作步骤如下。

step 01 打开的 13-1-1-1 文件——"端盖零件图"，如图 13-10 所示。

step 02 选择【修改】|【三维操作】|【三维阵列】菜单命令，将拉伸的实体环形阵列 24 等份，如图 13-11 所示。

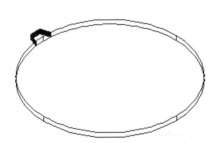

图 13-10   打开的 13-1-1-1 文件

图 13-11   阵列结果

提示   三维阵列的环形阵列是通过指定旋转轴确定环形阵列，在二维阵列中却是通过拾取中心点来确定环形阵列的中心。

step 03 选择【修改】|【实体编辑】|【并集】菜单命令，将图形中的轮齿进行合并。选择【视图】|【消隐】菜单命令，对模型进行消隐着色，如图 13-12 所示。

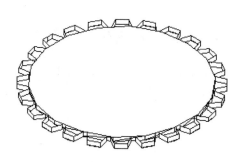

图 13-12　消隐着色后的模型

编辑三维曲面案例 2——实体矩形阵列

案例文件：ywj\13\13-1-2.dwg。

视频文件：光盘\视频课堂\第 13 章\13.1.2。

案例操作步骤如下。

step 01 将当前视图切换为东南视图。在命令行中输入"ISOLINES"，设置实体线框密度的变量值为 10。选择【绘图】|【建模】|【圆柱体】菜单命令，绘制一个底面半径为 5、高度为 15 的圆柱体，如图 13-13 所示。

step 02 选择【修改】|【三维操作】|【三维阵列】菜单命令，将圆柱体进行矩形阵列，阵列行数为 4，列数为 4，层数为 1，如图 13-14 所示。

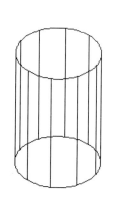

图 13-13　绘制的圆柱体

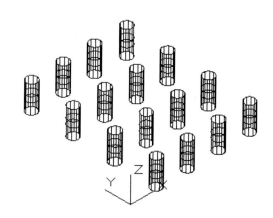

图 13-14　阵列结果

提示

　　（1）　三维阵列的矩形阵列除了二维矩形阵列要求指定行数列数外，还需要指定层数。

　　（2）　三维阵列工具用于在三维空间内复制对象，当将三维轴测视图切换为正交视图或平面视图时，就可以使用二维阵列工具对二维图形或三维图形进行阵列复制。

编辑三维曲面案例 3——实体空间镜像

案例文件：ywj\13\13-1-3-1.dwg，ywj\13\13-1-3-2.dwg。

视频文件：光盘\视频课堂\第 13 章\13.1.3。

案例操作步骤如下。

step 01 打开的 13-1-3-1 文件——"组合体零件图"，如图 13-15 所示。

step 02 选择【修改】|【三维操作】|【三维镜像】菜单命令，将左侧的圆柱体和立方体三维镜像，YZ 平面为镜像平面，如图 13-16 所示。

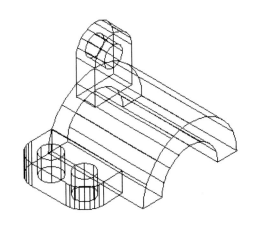

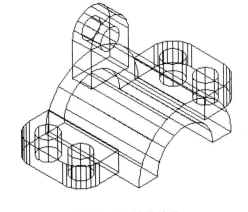

图 13-15 打开的 13-1-3-1 文件　　　　　图 13-16 镜像结果

提示 　　【三维镜像】命令用来沿指定的镜像平面创建三维镜像，默认镜像面为三点定义的平面。

step 03 选择【视图】|【消隐】菜单命令，对模型进行消隐着色，如图 13-17 所示。

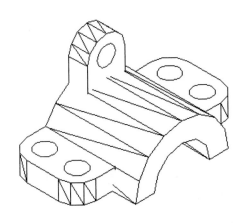

图 13-17 消隐着色后的模型

编辑三维曲面案例 4——实体空间旋转

案例文件: ywj\13\13-1-4.dwg。

视频文件: 光盘\视频课堂\第 13 章\13.1.4。

案例操作步骤如下。

step 01 将当前视图切换为西南视图。在命令行中输入"ISOLINES",设置实体线框密度的变量值为 10。选择【绘图】|【建模】|【圆锥体】菜单命令,绘制一个底面半径为 5、高度为 15 的圆锥体,如图 13-18 所示。

step 02 选择【修改】|【三维操作】|【三维旋转】菜单命令,以 X 轴为旋转轴,将刚绘制的圆锥体旋转 90°,如图 13-19 所示。

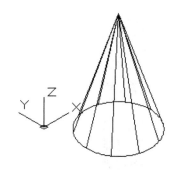

图 13-18　绘制的圆锥体

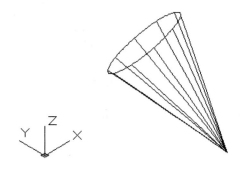

图 13-19　旋转结果

三维模型的旋转是指将三维对象围绕三维空间中的任意轴、视图、对象或两点进行旋转。

编辑三维曲面案例 5——实体边角细化

案例文件: ywj\13\13-1-5-1.dwg, ywj\13\13-1-5-2.dwg。

视频文件: 光盘\视频课堂\第 13 章\13.1.5。

案例操作步骤如下。

step 01 打开的 13-1-5-1 文件——"组合体零件图",如图 13-20 所示。

step 02 选择【修改】|【圆角】菜单命令,选中图形前方两条垂线,对其进行圆角操作,圆角半径为 10,如图 13-21 所示。

step 03 选择【视图】|【视觉样式】|【概念】菜单命令,对模型进行着色,如图 13-22 所示。

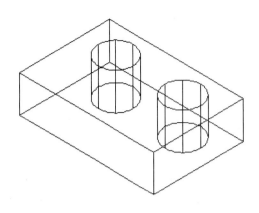

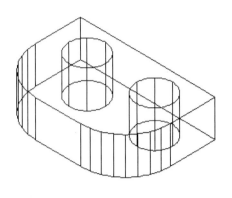

图 13-20 打开的 13-1-5-1 文件 　　　　　　 图 13-21 圆角

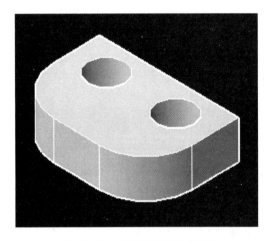

图 13-22 模型着色后的模型

编辑三维曲面案例 6——绘制剖切实体

案例文件：ywj\13\13-1-6.dwg。

视频文件：光盘\视频课堂\第 13 章\13.1.6。

案例操作步骤如下。

step 01 选择【视图】|【三维视图】|【西南等轴测】菜单命令，将当前视图切换为西南视图。

step 02 选择【绘图】|【建模】|【长方体】菜单命令，绘制一个长、宽、高分别为 80、60 和 20 的长方体，如图 13-23 所示。

step 03 选择【修改】|【三维操作】|【剖切】菜单命令，选中长方体的 3 个对角点，对长方体进行剖切，如图 13-24 所示。

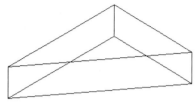

图 13-23　绘制的长方体　　　　　　　　图 13-24　剖切结果

编辑三维曲面案例 7——绘制干涉实体

案例文件：ywj\13\13-1-7.dwg。

视频文件：光盘\视频课堂\第 13 章\13.1.7。

案例操作步骤如下。

step 01 将当前视图切换为西南视图。选择【绘图】|【建模】|【长方体】菜单命令，绘制一个长、宽、高分别为 20、15 和 3 的长方体，如图 13-25 所示。

step 02 选择【绘图】|【建模】|【圆锥体】菜单命令，绘制一个底面半径为 5、高度为 15 的圆锥体，如图 13-26 所示。

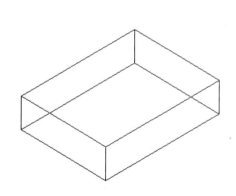

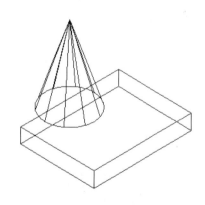

图 13-25　绘制的长方体　　　　　　　　图 13-26　绘制的圆锥体

step 03 选择【修改】|【三维操作】|【干涉检查】菜单命令，对绘制的两个图形进行干涉，结果如图 13-27 所示。

　　　　【干涉】命令主要用于检测多个实体之间是否存在干涉现象，并且将实体的干涉部分提取出来，自动创建为一个新的干涉实体。

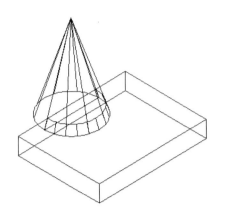

图 13-27   干涉结果

编辑三维曲面案例 8——绘制抽壳实体

📁 案例文件：ywj\13\13-1-8.dwg。

🎬 视频文件：光盘\视频课堂\第 13 章\13.2.8。

案例操作步骤如下。

step 01 将当前视图切换为东南视图。在命令行中输入"ISOLINES"，设置实体线框密度的变量值为 25。再在命令行中输入"FACETRES"后按 Enter 键，设置变量值为 10。选择【绘图】|【建模】|【圆柱体】菜单命令，绘制一个底面半径为 5、高度为 15 的圆柱体，如图 13-28 所示。

step 02 选择【绘图】|【建模】|【棱锥体】菜单命令，绘制一个底面半径为 5、高度为 15 的棱锥体，如图 13-29 所示。

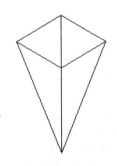

图 13-28   绘制的圆柱体   图 13-29   绘制的棱锥体

step 03 选择【修改】|【实体编辑】|【抽壳】菜单命令，对刚创建的圆柱体和棱锥体进行抽壳，抽壳距离为 5，如图 13-30 所示。

step 04 选择【视图】|【消隐】菜单命令，对模型进行消隐着色，如图 13-31 所示。

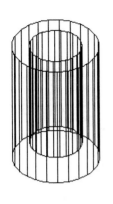
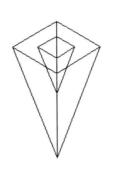

图 13-30　抽壳结果

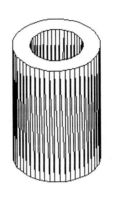
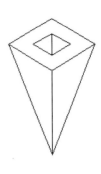

图 13-31　消隐着色后的模型

编辑三维曲面案例 9——实体综合建模

📷 案例文件：ywj\13\13-1-9.dwg。

💿 视频文件：光盘\视频课堂\第 13 章\13.1.9。

案例操作步骤如下。

step 01　使用【圆弧】和【直线】菜单命令，绘制尺寸如图 13-32 所示的闭合平面。

step 02　选择【修改】|【镜像】菜单命令，镜像图形，绘制完成的齿轮牙轮廓如图 13-33 所示。

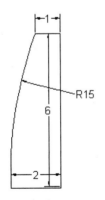

图 13-32　绘制的闭合平面

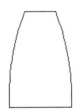

图 13-33　镜像后的齿轮牙轮廓

step 03　单击【绘图】面板中的【圆】按钮⊙，分别绘制半径为 5、15、20、30、38 和 43 的圆，如图 13-34 所示。使用【面域】命令，选择全部图形，将其转换为面域，再对图形进行【差集】操作。

step 04　将当前视图切换为西南视图。选择【绘图】|【建模】|【拉伸】菜单命令，拉伸创建的面域，将齿轮牙轮廓和外圈拉伸 15 个绘图单位，中间圈拉伸 10 个绘图单位，内圈拉伸 15 个绘图单位。最里侧的圆拉伸 50 个绘图单位，如图 13-35 所示。

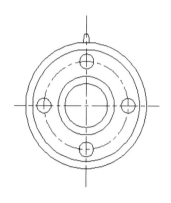

图 13-34　绘制的圆

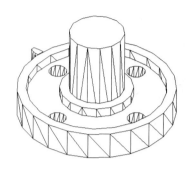

图 13-35　拉伸结果

step 05　选择【修改】|【三维操作】|【三维阵列】菜单命令，将拉伸的齿轮牙环形阵列 50 等份，创建的齿轮实体如图 13-36 所示。

step 06　选择【修改】|【三维操作】|【三维镜像】菜单命令，将刚创建的齿轮实体三维镜像，如图 13-37 所示。

step 07　选择【修改】|【实体编辑】|【并集】菜单命令，将图形中的轮齿进行合并，如图 13-38 所示。

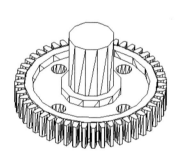

图 13-36　创建的齿轮实体

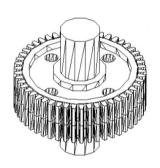

图 13-37　镜像结果

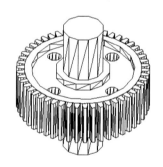

图 13-38　并集结果

13.2　编辑三维实体

本节将介绍三维实体对象的编辑操作，通过对其进行编辑，可以获取一个新的三维实体对象，然后将三维实体对象输出为图像文件。

13.2.1　拉伸面

拉伸面主要用于对实体的某个面进行拉伸处理，从而形成新的实体。选择【修改】|【实体编辑】|【拉伸面】菜单命令，或者单击【默认】选项卡【实体编辑】面板中的【拉伸面】按钮，即可进行拉伸面操作。

命令行提示如下。

```
命令: _solidedit
实体编辑自动检查: SOLIDCHECK=1
输入实体编辑选项 [面(F)/边(E)/体(B)/放弃(U)/退出(X)] <退出>: _face
输入面编辑选项
[拉伸(E)/移动(M)/旋转(R)/偏移(O)/倾斜(T)/删除(D)/复制(C)/颜色(L)/材质(A)/放弃(U)/
退出(X)] <退出>: _extrude
选择面或 [放弃(U)/删除(R)]:                    //选择实体上的面
选择面或 [放弃(U)/删除(R)/全部(ALL)]:
指定拉伸高度或 [路径(P)]:                      //输入 P 则选择拉伸路径
指定拉伸的倾斜角度 <0>:
已开始实体校验。
```

实体经过拉伸面操作后的效果如图 13-39 所示。

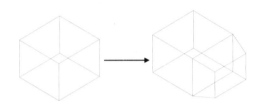

图 13-39　拉伸面操作后的实体

13.2.2　移动面

移动面主要用于对实体的某个面进行移动处理，从而形成新的实体。选择【修改】|
【实体编辑】|【移动面】菜单命令，或者单击【默认】选项卡【实体编辑】面板中的【移
动面】按钮，即可进行移动面操作。

命令行提示如下。

```
命令: _solidedit
实体编辑自动检查: SOLIDCHECK=1
输入实体编辑选项 [面(F)/边(E)/体(B)/放弃(U)/退出(X)] <退出>: _face
输入面编辑选项
[拉伸(E)/移动(M)/旋转(R)/偏移(O)/倾斜(T)/删除(D)/复制(C)/着色(L)/放弃(U)/退出(X)
] <退出>: _move
选择面或 [放弃(U)/删除(R)]:      //选择实体上的面
选择面或 [放弃(U)/删除(R)/全部(ALL)]:
指定基点或位移:                 //指定一点
指定位移的第二点:              //指定第 2 点
已开始实体校验。
```

实体经过移动面操作后的效果如图 13-40 所示。

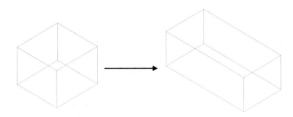

图 13-40　移动面操作后的实体

13.2.3 偏移面

偏移面按指定的距离或通过指定的点，将面均匀地偏移。正值会增大实体的大小或体积，负值会减小实体的大小或体积，选择【修改】|【实体编辑】|【偏移面】菜单命令，或者单击【默认】选项卡【实体编辑】面板中的【偏移面】按钮⚙，即可进行偏移面操作，命令行提示如下。

```
命令: _solidedit
实体编辑自动检查:  SOLIDCHECK=1
输入实体编辑选项 [面(F)/边(E)/体(B)/放弃(U)/退出(X)] <退出>: _face
输入面编辑选项
[拉伸(E)/移动(M)/旋转(R)/偏移(O)/倾斜(T)/删除(D)/复制(C)/颜色(L)/材质(A)/放弃(U)/
退出(X)] <退出>:
_offset
选择面或 [放弃(U)/删除(R)]: 找到一个面。            //选择实体上的面
指定偏移距离: 100                              //指定偏移距离
已开始实体校验。
已完成实体校验。
输入面编辑选项
[拉伸(E)/移动(M)/旋转(R)/偏移(O)/倾斜(T)/删除(D)/复制(C)/颜色(L)/材质(A)/放弃(U)/
退出(X)] <退出>: O                            //输入编辑选项
```

实体经过偏移面操作后的效果如图 13-41 所示。

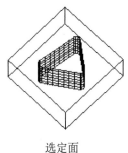 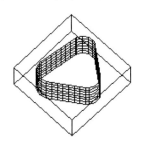 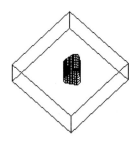

选定面 　　　　　　　 面偏移为正值 　　　　　　　 面偏移为负值

图 13-41　偏移面操作后的实体

 指定偏移距离，设置正值增加实体大小，设置负值减小实体大小。

13.2.4 删除面

删除面包括删除圆角和倒角，使用此选项可删除圆角和倒角边，并在稍后进行修改。如果更改生成无效的三维实体，将不删除面。选择【修改】|【实体编辑】|【删除面】菜单命令，或者单击【默认】选项卡【实体编辑】面板中的【删除面】按钮✖⚙，即可进行删除面操作。

命令行提示如下。

```
命令: _solidedit
实体编辑自动检查: SOLIDCHECK=1
输入实体编辑选项 [面(F)/边(E)/体(B)/放弃(U)/退出(X)] <退出>: _face
输入面编辑选项
[拉伸(E)/移动(M)/旋转(R)/偏移(O)/倾斜(T)/删除(D)/复制(C)/颜色(L)/材质(A)/放弃(U)/
退出(X)] <退出>:
_delete
选择面或 [放弃(U)/删除(R)]: 找到一个面。                //选择的面
选择面或 [放弃(U)/删除(R)/全部(ALL)]:
已开始实体校验。
已完成实体校验。
输入面编辑选项
[拉伸(E)/移动(M)/旋转(R)/偏移(O)/倾斜(T)/删除(D)/复制(C)/颜色(L)/材质(A)/放弃(U)/
退出(X)] <退出>: D                          //选择面的编辑选项
```

实体经过删除面操作后的效果如图 13-42 所示。

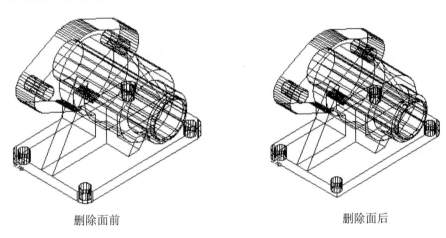

删除面前　　　　　　　　　　　　删除面后

图 13-42　删除面操作后的实体前后对比图

13.2.5　旋转面

旋转面主要用于对实体的某个面进行旋转处理，从而形成新的实体。选择【修改】|
【实体编辑】|【旋转面】菜单命令，或者单击【默认】选项卡【实体编辑】面板中的【旋
转面】按钮，即可进行旋转面操作。

命令行提示如下。

```
命令: _solidedit
实体编辑自动检查: SOLIDCHECK=1
输入实体编辑选项 [面(F)/边(E)/体(B)/放弃(U)/退出(X)] <退出>: _face
输入面编辑选项
[拉伸(E)/移动(M)/旋转(R)/偏移(O)/倾斜(T)/删除(D)/复制(C)/着色(L)/放弃(U)/退出(X)
] <退出>: _rotate
选择面或 [放弃(U)/删除(R)]:                    //选择实体上的面
选择面或 [放弃(U)/删除(R)/全部(ALL)]:
指定轴点或 [经过对象的轴(A)/视图(V)/X 轴(X)/Y 轴(Y)/Z 轴(Z)] <两点>:
指定旋转原点 <0,0,0>:
指定旋转角度或 [参照(R)]:
```

已开始实体校验。

实体经过旋转面操作后的效果如图 13-43 所示。

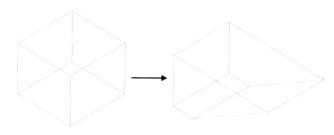

图 13-43　旋转面操作后的实体

13.2.6　倾斜面

倾斜面主要用于对实体的某个面进行倾斜处理，从而形成新的实体。选择【修改】｜【实体编辑】｜【倾斜面】菜单命令，或者单击【默认】选项卡【实体编辑】面板中的【倾斜面】按钮，即可进行倾斜面操作。

命令行提示如下。

```
命令: _solidedit
实体编辑自动检查: SOLIDCHECK=1
输入实体编辑选项 [面(F)/边(E)/体(B)/放弃(U)/退出(X)] <退出>: _face
输入面编辑选项
[拉伸(E)/移动(M)/旋转(R)/偏移(O)/倾斜(T)/删除(D)/复制(C)/着色(L)/放弃(U)/退出(X)
] <退出>: _taper
选择面或 [放弃(U)/删除(R)]:                    //选择实体上的面
选择面或 [放弃(U)/删除(R)/全部(ALL)]:
指定基点:                    //指定一个点
指定沿倾斜轴的另一个点:                    //指定另一个点
指定倾斜角度:
已开始实体校验。
```

实体经过倾斜面操作后的效果如图 13-44 所示。

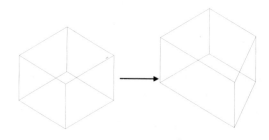

图 13-44　　倾斜面操作后的实体

13.2.7　着色面

着色面可用于亮显复杂三维实体模型内的细节。选择【修改】｜【实体编辑】｜【着色面】菜单命令，或者单击【默认】选项卡【实体编辑】面板中的【着色面】按钮，即可进行着色面操作。

命令行提示如下。

```
命令: _solidedit
实体编辑自动检查: SOLIDCHECK=1
输入实体编辑选项 [面(F)/边(E)/体(B)/放弃(U)/退出(X)] <退出>: _face
输入面编辑选项
[拉伸(E)/移动(M)/旋转(R)/偏移(O)/倾斜(T)/删除(D)/复制(C)/颜色(L)/材质(A)/放弃(U)/
退出(X)] <退出>: _color
选择面或 [放弃(U)/删除(R)]: 找到一个面。             // 选择的面
选择面或 [放弃(U)/删除(R)/全部(ALL)]:
输入面编辑选项
[拉伸(E)/移动(M)/旋转(R)/偏移(O)/倾斜(T)/删除(D)/复制(C)/颜色(L)/材质(A)/放弃(U)/
退出(X)] <退出>: L                              //输入编辑选项
```

选择要着色的面后，打开如图 13-45 所示的【选择颜色】对话框。选择要着色的颜色单击【确定】按钮。

图 13-45 　【选择颜色】对话框

实体经过着色操作后的效果如图 13-46 所示。

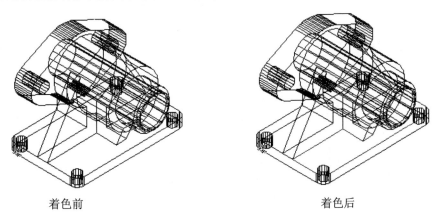

着色前 　　　　　　　　　　　　　　　 着色后

图 13-46 　实体着色前后对比图

13.2.8　复制面

复制面就是将面复制为面域或体。选择【修改】｜【实体编辑】｜【复制面】菜单命令，或者单击【默认】选项卡【实体编辑】面板中的【复制面】按钮 ，即可进行复制面操作。

命令行提示如下。

```
命令：_solidedit
实体编辑自动检查：  SOLIDCHECK=1
输入实体编辑选项  [面(F)/边(E)/体(B)/放弃(U)/退出(X)] <退出>：_face
输入面编辑选项
[拉伸(E)/移动(M)/旋转(R)/偏移(O)/倾斜(T)/删除(D)/复制(C)/颜色(L)/材质(A)/放弃(U)/
退出(X)] <退出>：_copy
选择面或 [放弃(U)/删除(R)]：找到一个面。          //选择复制的面
选择面或 [放弃(U)/删除(R)/全部(ALL)]：
指定基点或位移：                              //选择基点
指定位移的第二点：                            //选择第二位移点
输入面编辑选项
[拉伸(E)/移动(M)/旋转(R)/偏移(O)/倾斜(T)/删除(D)/复制(C)/颜色(L)/材质(A)/放弃(U)/
退出(X)] <退出>：C
```

实体经过复制面操作后的效果如图 13-47 所示。

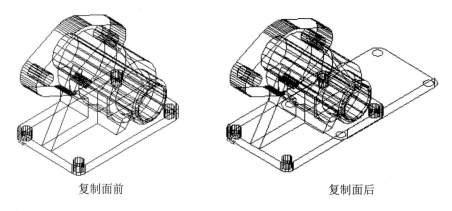

复制面前　　　　　　　　　　　　　　　　复制面后

图 13-47　复制面操作后的实体前后对比图

13.2.9　着色边

选择【修改】｜【实体编辑】｜【着色边】菜单命令，或者单击【默认】选项卡【实体编辑】面板中的【着色边】按钮 ，即可进行着色边操作。

命令行提示如下。

```
命令：_solidedit
实体编辑自动检查：  SOLIDCHECK=1
输入实体编辑选项  [面(F)/边(E)/体(B)/放弃(U)/退出(X)] <退出>：_edge
输入边编辑选项  [复制(C)/着色(L)/放弃(U)/退出(X)] <退出>：_color
选择边或 [放弃(U)/删除(R)]：                         //选择要着色边
输入边编辑选项  [复制(C)/着色(L)/放弃(U)/退出(X)] <退出>：L
```

实体经过对边进行着色操作后的效果如图 13-48 所示。

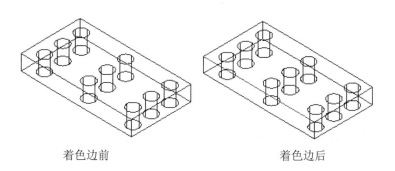

着色边前　　　　　　　　　　　　着色边后

图 13-48　着色边操作后的实体前后对比图

13.2.10　复制边

选择【修改】|【实体编辑】|【复制边】菜单命令，或者单击【默认】选项卡【实体编辑】面板中的【复制边】按钮，即可进行复制边操作。

命令行提示如下。

```
命令: _solidedit
实体编辑自动检查: SOLIDCHECK=1
输入实体编辑选项 [面(F)/边(E)/体(B)/放弃(U)/退出(X)] <退出>: _edge
输入边编辑选项 [复制(C)/着色(L)/放弃(U)/退出(X)] <退出>: _copy
选择边或 [放弃(U)/删除(R)]:                    //选择要复制的边
指定基点或位移:                              //选择指定的基点
指定位移的第二点:                            //选择位移的第二点
输入边编辑选项 [复制(C)/着色(L)/放弃(U)/退出(X)] <退出>: C
```

实体经过复制边操作后的效果如图 13-49 所示。

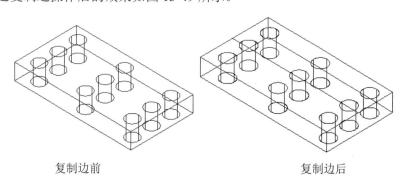

复制边前　　　　　　　　　　　　　　　复制边后

图 13-49　复制边操作后的实体前后对比图

13.2.11　压印边

选择【修改】|【实体编辑】|【压印边】菜单命令，或者单击【默认】选项卡【实体编辑】面板中的【压印边】按钮，即可进行压印边操作。

命令行提示如下。

```
命令: _imprint
选择三维实体或曲面:                          //选择三维实体
```

选择要压印的对象：   //选择要压印的对象
是否删除源对象 [是(Y)/否(N)] <N>: y
选择要压印的对象：

实体经过压印边操作后的效果如图 13-50 所示。

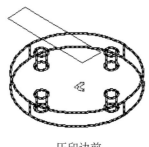 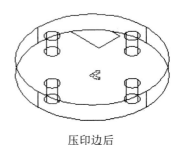

压印边前   压印边后

图 13-50   压印边操作后的实体前后对比图

13.2.12   清除

清除用于删除共享边以及那些在边或顶点具有相同表面或曲线定义的顶点。删除所有多余的边、顶点以及不使用的几何图形，不删除压印的边。选择【修改】|【实体编辑】|【清除】菜单命令，或者单击【默认】选项卡【实体编辑】面板中的【清除】按钮，即可进行清除操作。

命令行提示如下。

```
命令：_solidedit
实体编辑自动检查：  SOLIDCHECK=1
输入实体编辑选项 [面(F)/边(E)/体(B)/放弃(U)/退出(X)] <退出>: _body
输入体编辑选项
[压印(I)/分割实体(P)/抽壳(S)/清除(L)/检查(C)/放弃(U)/退出(X)] <退出>: _clean
选择三维实体：
输入体编辑选项
[压印(I)/分割实体(P)/抽壳(S)/清除(L)/检查(C)/放弃(U)/退出(X)] <退出>: L
```

实体经过清除操作后的效果如图 13-51 所示。

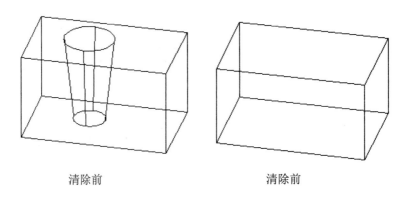

清除前   清除前

图 13-51   清除操作后的对比图

13.2.13　抽壳

抽壳常用于绘制中空的三维壳体类实体，主要是将实体进行内部去除脱壳处理。选择【修改】|【实体编辑】|【抽壳】菜单命令，或者单击【默认】选项卡【实体编辑】面板中的【抽壳】按钮 ，即可进行抽壳操作。

命令行提示如下。

```
命令: _solidedit
实体编辑自动检查: SOLIDCHECK=1
输入实体编辑选项 [面(F)/边(E)/体(B)/放弃(U)/退出(X)] <退出>: _body
输入体编辑选项
[压印(I)/分割实体(P)/抽壳(S)/清除(L)/检查(C)/放弃(U)/退出(X)] <退出>: _shell
选择三维实体:                          //选择实体
删除面或 [放弃(U)/添加(A)/全部(ALL)]:     //选择要删除的实体上的面
删除面或 [放弃(U)/添加(A)/全部(ALL)]:
输入抽壳偏移距离:
已开始实体校验。
```

实体经过抽壳操作后的效果如图 13-52 所示。

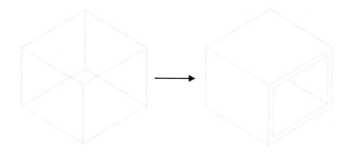

图 13-52　抽壳操作后的实体

编辑三维实体案例 1——拉伸实体面

> 案例文件: ywj\13\13-2-1.dwg。
>
> 视频文件: 光盘\视频课堂\第 13 章\13.2.1。

案例操作步骤如下。

step 01 将当前视图切换为西南视图。选择【绘图】|【建模】|【长方体】菜单命令，绘制一个长、宽、高分别为80、60 和 20 的长方体，如图 13-53 所示。

step 02 选择【修改】|【实体编辑】|【拉伸面】菜单命令，拉伸刚绘制长方体的上底面，拉伸高度为20，倾斜角为45°，如图 13-54 所示。

提示　　拉伸面主要用于对实体的某个面进行拉伸处理，从而形成新的实体，在面拉伸过程中，需要注意倾角的正负值。

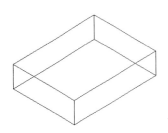

图 13-53　绘制的长方体

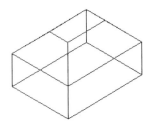

图 13-54　拉伸后的长方体上底面

编辑三维实体案例 2——放样实体面

> 📁 **案例文件：** ywj\13\13-2-2-1.dwg，ywj\13\13-2-2-2.dwg。
>
> 🎬 **视频文件：** 光盘\视频课堂\第 13 章\13.2.2。

案例操作步骤如下。

`step 01` 打开的 13-2-2-1 文件——"放样实体模型"，如图 13-55 所示。

`step 02` 选择【绘图】|【多段线】菜单命令，绘制多段线，如图 13-56 所示。

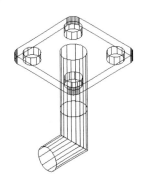

图 13-55　打开的 13-2-2-1 文件

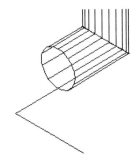

图 13-56　绘制的多段线

`step 03` 选择【修改】|【实体编辑】|【拉伸面】菜单命令，以绘制的多段线为路径，对下部实体进行放样，如图 13-57 所示。

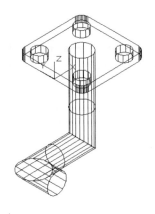

图 13-57　放样实体

编辑三维实体案例 3——移动实体面

案例文件：ywj\13\13-2-3-1.dwg，ywj\13\13-2-3-2.dwg。

视频文件：光盘\视频课堂\第 13 章\13.2.3。

案例操作步骤如下。

step 01 打开的 13-2-3-1 文件——"定位板模型"，如图 13-58 所示。

step 02 选择【修改】|【实体编辑】|【移动面】菜单命令，选择零件体上底面，将其移动 2 个绘图单位，如图 13-59 所示。

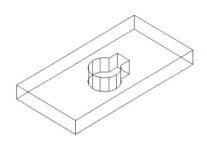

图 13-58 打开的 13-2-3-1 文件

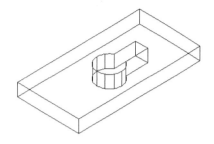

图 13-59 移动结果

【提示】【移动面】命令可以通过移动实体表面，修改实体的尺寸或改变孔和槽的位置，在移动面的过程中将保持面的法线方向不变。

step 03 选择【修改】|【实体编辑】|【差集】菜单命令，将长方体与刚移动的实体面进行差集运算。选择【视图】|【视觉样式】|【概念】菜单命令，对模型进行着色，如图 13-60 所示。

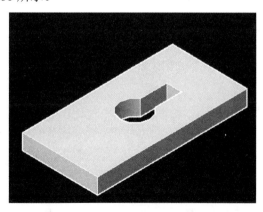

图 13-60 着色后的模型

编辑三维实体案例 4——偏移实体面

案例文件：ywj\13\13-2-4-1.dwg，ywj\13\13-2-4-2.dwg。

视频文件：光盘\视频课堂\第 13 章\13.2.4。

案例操作步骤如下。

step 01 打开的 13-2-4-1 文件——"轴零件模型"，如图 13-61 所示。

step 02 选择【修改】｜【实体编辑】｜【偏移面】菜单命令，将中间的圆柱实体向内偏移 10 个绘图单位，如图 13-62 所示。

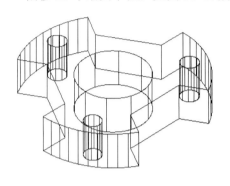

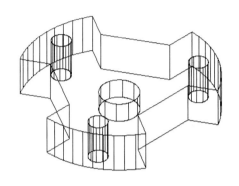

图 13-61　打开的 13-2-4-1 文件　　　　　图 13-62　偏移结果

编辑三维实体案例 5——旋转实体面

案例文件：ywj\13\13-2-5-1.dwg，ywj\13\13-2-5-2.dwg。

视频文件：光盘\视频课堂\第 13 章\13.2.5。

案例操作步骤如下。

step 01 打开的 13-2-5-1 文件——"定位板模型"，如图 13-63 所示。

step 02 选择【修改】｜【实体编辑】｜【旋转面】菜单命令，将定位板内的模型绕 Z 轴旋转 90°，如图 13-64 所示。

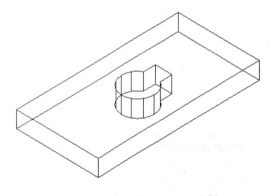

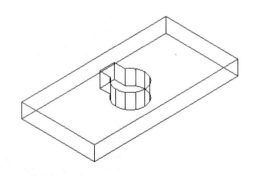

图 13-63　打开的 13-2-5-1 文件　　　　　图 13-64　旋转结果

step 03 选择【修改】｜【实体编辑】｜【差集】菜单命令，将长方体与刚旋转的实体面进行差集运算。选择【视图】｜【视觉样式】｜【概念】菜单命令，对模型进行着色，如图 13-65 所示。

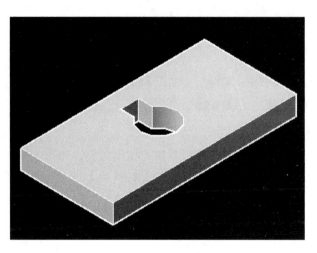

图 13-65　着色后的模型

编辑三维实体案例 6——倾斜实体面

案例文件：ywj\13\13-2-6.dwg。

视频文件：光盘\视频课堂\第 13 章\13.2.6。

案例操作步骤如下。

step 01 将当前视图切换为西南视图。选择【绘图】|【建模】|【长方体】菜单命令，绘制一个长、宽、高分别为 80、60 和 20 的长方体，如图 13-66 所示。

step 02 选择【修改】|【实体编辑】|【倾斜面】菜单命令，倾斜矩形右侧面，倾斜轴为右侧面的垂直中心，倾斜角度为 30°，如图 13-67 所示。

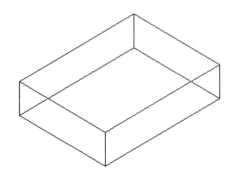

图 13-66　绘制的长方体

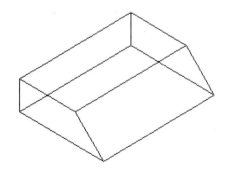

图 13-67　倾斜结果

　　在进行面的倾斜操作时，倾斜的方向是由锥角的正负号及定义矢量时的基点决定的。如果输入的倾角为正值，则 CAD 将已定义的矢量绕基点向实体内部倾斜面；反之，向实体外部倾斜面。

编辑三维实体案例 7——删除实体面

📁 **案例文件**：ywj\13\13-2-7-1.dwg，ywj\13\13-2-7-2.dwg。

🎬 **视频文件**：光盘\视频课堂\第 13 章\13.2.7。

案例操作步骤如下。

step 01 打开的 13-2-7-1 文件——"组合实心体模型"，如图 13-68 所示。

step 02 选择【修改】|【实体编辑】|【删除面】菜单命令，删除实体圆角面，如图 13-69 所示。

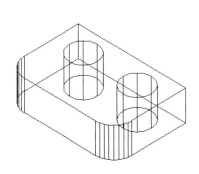

图 13-68 打开的 13-2-7-1 文件

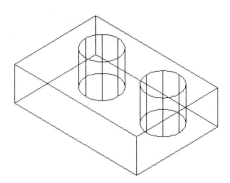

图 13-69 删除结果

  使用【删除面】命令，可以在实体表面删除某些特征面，如倒圆角和倾斜形成的面。

13.3 本 章 小 结

本章介绍了在 AutoCAD 2014 中编辑三维对象的方法，其中主要包括编辑三维曲面图形和编辑三维实体等内容。通过本章的学习，读者可以掌握 AutoCAD 2014 三维图形的基本编辑命令。

第 14 章
三维图形观察与渲染

    本章主要介绍动态观察视图，使用相机观察三维图形的方法以及渲染三维图形的方法。通过本章的学习，应该熟悉动态观察视图的方法，了解相机定义三维视图的方法，掌握查看三维图形效果和应用视觉样式的方法以及掌握渲染三维对象的方法。

14.1　使用三维观察与导航工具

使用三维观察与导航工具，可以在图形中导航、为指定视图设置相机以及创建动画以便与其他人共享设计。还可以围绕三维模型进行动态观察、回旋、漫游和飞行，设置相机，创建预览动画以及录制运动路径动画，用户可以将这些分享给其他人以从视觉上传达出自己的设计意图。

三维观察与导航工具允许用户从不同的角度、高度和距离查看图形中的对象。用户可以使用以下三维工具在三维视图中进行动态观察、回旋、调整距离、缩放和平移。应用三维动态可视化工具，用户可以从不同视点动态观察各种三维图形。

选择【视图】|【动态观察】菜单命令，如图 14-1 所示，可以启动这三种观察工具。

启动"三维动态观测器"工具后，如图 14-2 所示。拖动鼠标，移动光标，坐标系原点、观察对象相应转动，实现动态观察，对象呈现不同观察状态。释放鼠标，画面定位。

图 14-1　【动态观察】子菜单

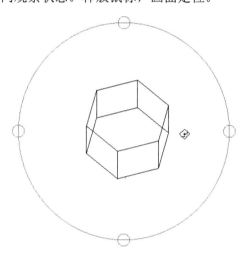

图 14-2　三维动态观察

14.1.1　受约束的动态观察

选择【视图】|【动态观察】|【受约束的动态观察】菜单命令，可以在当前视口中激活三维动态观察视图。

当【受约束的动态观察】处于活动状态时，视图的目标将保持静止，而相机的位置(或视点)将围绕目标移动。但是，看起来好像三维模型正在随着鼠标光标的拖动而旋转。用户可以以此方式指定模型的任意视图。此时，显示三维动态观察光标图标。如果水平拖动光标，相机将平行于世界坐标系的 XY 平面移动。如果垂直拖动光标，相机将沿 Z 轴移动，如图 14-3 所示。

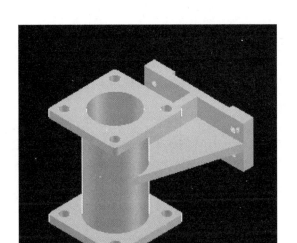

图 14-3　受约束的动态观察

14.1.2　自由动态观察

选择【视图】|【动态观察】|【自由动态观察】菜单命令，可以在当前视口中激活三维自由动态观察视图。如果用户坐标系(UCS)图标为开，则表示当前 UCS 的着色三维 UCS图标显示在三维动态观察视图中。

三维自由动态观察视图显示为一个导航球，它被更小的圆分成 4 个区域，如图 14-4所示。

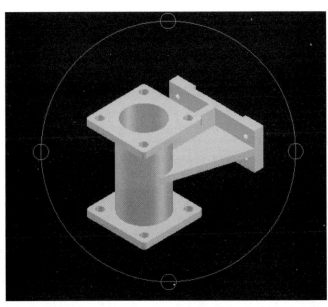

图 14-4　自由动态观察

计算机辅助设计案例课堂

14.1.3　连续动态观察

选择【视图】|【动态观察】|【连续动态观察】菜单命令，可以启用交互式三维视图并将对象设置为连续运动。

在绘图区域中单击并沿任意方向拖动鼠标，来使对象沿正在拖动的方向开始移动。释放鼠标，对象在指定的方向上继续进行它们的轨迹运动。为光标移动设置的速度决定了对象的旋转速度。

可通过再次单击并拖动来改变连续动态观察的方向。在绘图区域中右击并从快捷菜单中选择选项，也可以修改连续动态观察的显示。

14.1.4　使用相机

在 AutoCAD 2014 中，使用相机功能可以在模型空间放置一台或多台相机来定义 3D 透视图。输入"camera"命令后，命令行提示如下。

```
命令： _camera
当前相机设置： 高度=0.0  焦距=50.0  毫米
指定相机位置：
指定目标位置：
输入选项 [?/名称(N)/位置(LO)/高度(H)/坐标(T)/镜头(LE)/剪裁(C)/视图(V)/退出(X)] <
退出>： v
```

可以指定的相机属性如下。

(1)　位置：用于指定查看 3D 模型的起始点。可以把该位置作为用户观看 3D 模型所在的位置，以及查看目标位置的点。

(2)　目标：用于通过在视图中心指定坐标来确定查看的点。

(3)　镜头长度：是传统相机术语，用于指定用度数表示的视野。镜头长度越大，其视野越窄。

(4)　前向与后向剪裁平面：如果启用剪裁平面，可以指定它们的位置。在相机视图中，相机和前向剪裁平面之间的任何对象都是隐藏的。同样，后向剪裁平面与目标之间的任何对象也都是隐藏的。

14.1.5　漫游和飞行

在 AutoCAD 2014 中，用户可以在漫游或飞行模式下，通过键盘和鼠标控制视图显示或创建导航动画。

选择【视图】|【漫游和飞行】|【漫游】或【飞行】命令，将打开【定位器】选项板，如图 14-5 所示。

选择【视图】|【漫游和飞行】|【漫游和飞行设置】菜单命令，打开【漫游和飞行设置】对话框。可以设置显示指令窗口的进入时间，窗口显示的时间，以及当前图形设置的步长和每秒步数，如图 14-6 所示。

图 14-5 【定位器】选项板

图 14-6 【漫游和飞行设置】对话框参数设置

14.2 查看三维图形效果

在绘制三维图形时，为了能够使对象便于观察，不仅需要对视图进行缩放、平移，还需要隐藏其内部线条、改变实体表面的平滑度。

14.2.1 消隐

消隐图形命令用于消除当前视窗中所有图形的隐藏线。

选择【视图】｜【消隐】菜单命令，即可进行消隐，如图 14-7 所示。

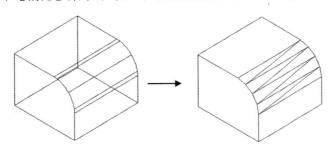

图 14-7 消隐后的三维模型

14.2.2 改变三维图形的曲面轮廓素线

当三维图形中包含弯曲面时(如球体和圆柱体等)，曲面在线框模式下用线条的形式来显示，这些线条称为网线或轮廓素线。使用系统变量 ISOLINES 可以设置显示曲面所用的网线条数，默认值为"4"，即使用 4 条网线来表达每一个曲面。该值为"0"时，表示曲面没有网线，如果增加网线的条数，则会使图形看起来更接近三维实物，改变曲面轮廓线的三维实物对比如图 14-8 所示。

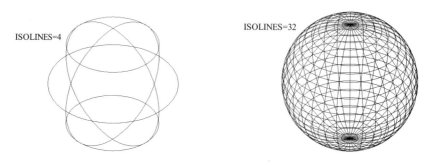

图 14-8　改变曲面轮廓线的三维实物对比

14.2.3　以线框形式显示实体轮廓

使用系统变量 DISPSILH 可以以线框形式显示实体轮廓，如图 14-9 所示。此时需要将其值设置为"1"，并用"消隐"命令隐藏曲面的小平面。

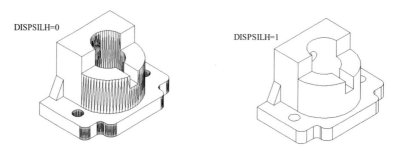

图 14-9　以线框形式显示实体轮廓

14.2.4　改变实体表面的平滑度

要改变实体表面的平滑度，可通过修改系统变量"FACETRES"来实现。该变量用于设置曲面的面数，取值范围为"0.01～10"。其值越大，曲面越平滑，如图 14-10 所示。

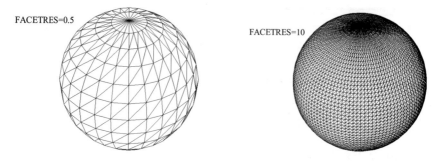

图 14-10　改变实体表面平滑度的效果对比

14.3　渲　　染

渲染工具主要进行渲染处理，添加光源，使模型表面表现出材质的明暗效果和光照效果。AutoCAD 2014 中的【渲染】子菜单如图 14-11 所示，其中包括多种渲染工具设置。下面介绍几种主要工具的简单设置。

1．光源设置

选择【视图】|【渲染】|【光源】菜单命令，打开【光源】子菜单，可新建多种光源。

选择【光源】子菜单中的【光源列表】命令，打开【模型中的光源】对话框，如图 14-12 所示，在其中可以显示出场景中的光源。

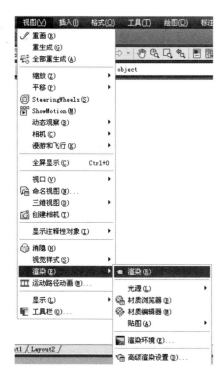

图 14-11　【渲染】子菜单

图 14-12　【模型中的光源】对话框

2．材质设置

选择【视图】|【渲染】|【材质编辑器】菜单命令，打开【材质编辑器】对话框，如图 14-13 所示。单击【创建或复制材质】按钮，即可复制或新建材质；单击【打开或关闭材料浏览器】按钮，即可查看现有的材质。将编辑好的材质应用到选定的模型上。

3．渲染

设置好各参数后，选择【视图】|【渲染】|【渲染】菜单命令，即可渲染出图形，如

图 14-14 所示。

图 14-13 【材质编辑器】对话框   图 14-14 渲染后的图形

14.4 三维图形观察与渲染综合案例

观察模式案例 1——使用三维导航工具

案例文件：ywj\14\14-1.dwg。

视频文件：光盘\视频课堂\第 14 章\14.1。

案例操作步骤如下。

step 01 打开的 14-1 文件——"组合体模型"，如图 14-15 所示。

step 02 选择【视图】|【动态观察】|【受约束的动态观察】菜单命令，在当前视口中激活三维受约束动态观察视图，如图 14-16 所示。

step 03 选择【视图】|【动态观察】|【自由动态观察】菜单命令，在当前视口中激活三维自由动态观察视图，如图 14-17 所示。

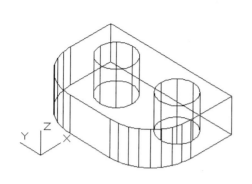

图 14-15 打开的 14-1 文件

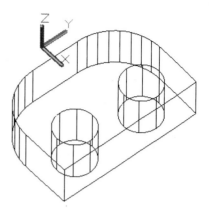

图 14-16 受约束的动态观察

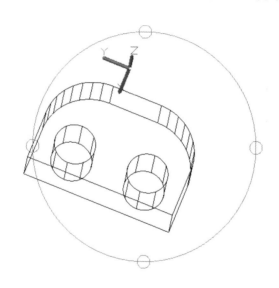

图 14-17 自由的动态观察

观察模式案例 2——使用相机定义三维视图

案例文件：ywj\14\14-2.dwg。

视频文件：光盘\视频课堂\第 14 章\14.2。

案例操作步骤如下。

step 01 打开的 14-2 文件，如图 14-18 所示。

step 02 选择【视图】|【创建相机】菜单命令，创建并保存对象的三维透视图，如图 14-19 所示。

step 03 选择【视图】|【相机】|【调整视距】菜单命令，放大实体，如图 14-20 所示。

step 04 单击【绘图】区域中的【相机】图样 ，弹出【相机预览】对话框，在【视觉样式】下拉列表框中选择【概念】选项，预览结果如图 14-21 所示。

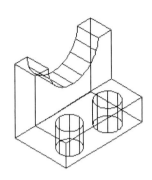

图 14-18　打开的 14-2 文件

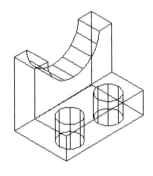

图 14-19　创建的相机

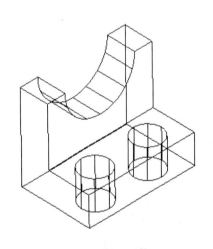

图 14-20　视距调整

图 14-21　【相机预览】对话框参数设置及预览

观察模式案例 3——腔体模型运动路径动画

✏ 案例文件：ywj\14\14-3.dwg。

🎬 视频文件：光盘\视频课堂\第 14 章\14.3。

案例操作步骤如下。

step 01 打开的 14-3 文件——"腔体零件图"，如图 14-22 所示。

step 02 选择【视图】|【创建相机】菜单命令，创建相机，如图 14-23 所示。

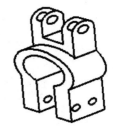

图 14-22　打开的 14-3 文件　　　　　　　图 14-23　创建的相机

step 03 选择【绘图】|【多段线】菜单命令。绘制腔体的运动路径，如图 14-24 所示。

step 04 选择【视图】|【运动路径动画】菜单命令，弹出【运动路径动画】对话框，如图 14-25 所示。

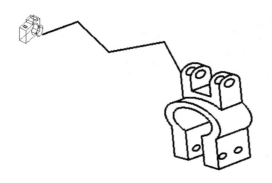

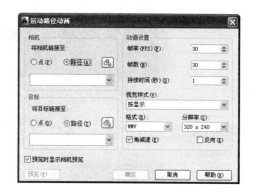

图 14-24　绘制的多段线　　　　　　　图 14-25　【运动路径动画】对话框

step 05 单击对话框中的【相机路径选择】按钮，选择绘制的多段线作为相机运动路径，并将其命名为"路径 1"，如图 14-26 所示。

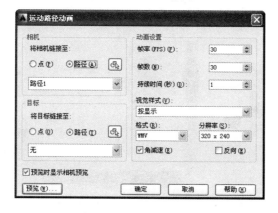

图 14-26　相机路径选择

step 06 单击【确定】按钮，保存腔体的运动路径动画。相机运动路径动画如图 14-27 所示。

图 14-27 相机运动路径动画

观察模式案例 4——漫游飞行与渲染

📖 案例文件：ywj\14\14-4.dwg。

🖌 视频文件：光盘\视频课堂\第 14 章\14.4。

案例操作步骤如下。

step 01 打开的 14-4 文件，如图 14-28 所示。

step 02 选择【视图】|【漫游和飞行】|【漫游】菜单命令，在当前视口中激活漫游命令，如图 14-29 所示。

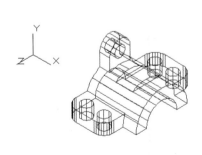

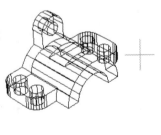

图 14-28 打开的 14-4 文件   图 14-29 激活漫游命令

step 03 选择【视图】|【漫游和飞行】|【飞行】菜单命令，在当前视口中激活飞行

命令，如图 14-30 所示。

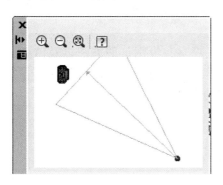

图 14-30 激活飞行命令

step 04 选择【视图】|【消隐】菜单命令，清除隐藏线，如图 14-31 所示。

step 05 选择【视图】|【渲染】|【渲染环境】菜单命令，弹出【渲染环境】对话框，在该对话框中设置参数，如图 14-32 所示。单击【确定】按钮。

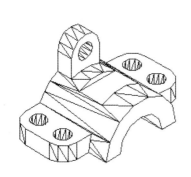

图 14-31 消隐结果

图 14-32 【渲染环境】对话框参数设置

step 06 选择【视图】|【渲染】|【渲染】菜单命令，对模型进行渲染，渲染后的效果如图 14-33 所示。

图 14-33 渲染后的效果

14.5 本 章 小 结

　　本章主要介绍了动态观察视图，使用相机观察三维图形的方法以及渲染三维图形的方法。通过本章的学习，读者应该熟悉动态观察视图的方法，了解如何使用相机定义三维视图，并掌握查看三维图形效果和应用视觉样式的方法。

第 15 章

绘制三维零件综合案例

　　创建三维零件模型是现代机械设计的一项重要内容，要掌握三维零件模型的绘制与编辑方法，就必须掌握二维与三维图形的绘制与编辑方法，而且还要掌握一定的技巧，即创建时首先要对零件做形体及空间分析，同时还要掌握用户坐标的创建方法，理解 3 个坐标轴的空间方法及位置。在世界坐标系或用户坐标系中都可以创建三维零件模型，读者可通过大量的实践掌握创建方法与技巧。

15.1 三维几何模型分类

在 AutoCAD 中，可以创建 3 种类型的三维模型，即线框模型、表面模型及实体模型。这 3 种类型的模型在计算机上的显示方式是相同的，即以线架结构显示，但用户可用特定命令使表面模型及实体模型的真实性表现出来。

15.1.1 线框模型

线框模型是一种轮廓模型，即用线(3D 空间的直线及曲线)表达三维立体，不包含面及体的信息。该模型不能消隐或着色。又由于其不含有体的数据，因此也不能得到对象的质量、重心、体积、惯性矩等物理特性，不能进行布尔运算。图 15-1 显示了立体的线框模型，在消隐模式下也能看到后面的线。线框模型结构简单，易于绘制。

15.1.2 表面模型

表面模型是用物体的表面表示物体。表面模型具有面及三维立体边界信息，表面不透明，能遮挡光线，因而表面模型可以被渲染及消隐。对于计算机辅助加工，用户可以根据零件的表面模型形成完整的加工信息，但是不能进行布尔运算。如图 15-2 所示是个表面模型的消隐效果，前面的表面筒遮住了后面长方体的一部分。

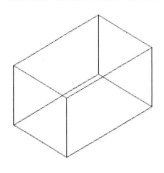

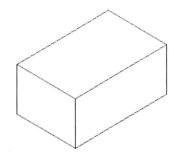

图 15-1 立体的线框模型   图 15-2 表面模型的消隐效果

15.1.3 实体模型

实体模型具有线、表面、体的全部信息。对于此类模型，可以区分对象的内部及外部，可以对它进行打孔、切槽和添加材料等布尔运算，可以对实体装配进行干涉检查，分析模型的质量特性，如质心、体积和惯性矩。对于计算机辅助加工，用户还可利用实体模型的数据生成数控加工代码，进行数控刀具轨迹仿真加工等。如图 15-3 所示是实体模型。

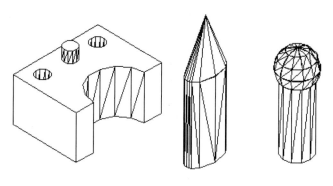

图 15-3   实体模型

15.2   三维机械模型分类

典型的机械零件包括轴套类、盘类、叉架、箱体类零件等，这里介绍轴套类与盘类零件。

15.2.1   轴套类

轴套类零件一般有轴、轴承、衬套等零件。

轴承的种类很多，主要用于支撑轴类零件，根据其摩擦性质的不同，可以把轴承分为滑动轴承和滚动轴承两大类。

滚动轴承广泛运用于机械支承，可用于支承轴和轴上的零件，从而实现旋转或者摆动等运动。为满足机械装置受力要求，滚动轴承出现了多种类型，各有不同的特征。按轴承的形状可分为深沟球轴承、推力球轴承、圆柱滚子轴承、滚针轴承、滚锥轴承、自动离心滚子轴承等。

滚动轴承通常由外圈、内圈、滚动体和支持架 4 个部分组成，如图 15-4 所示。内圈装于轴颈上，配合较紧；外圈与轴承座孔配合，通常配合较松。轴承内外圈都有滚道，滚动体沿滚道滚动。支持架的作用是均匀地隔开滚动体，防止其相互摩擦。

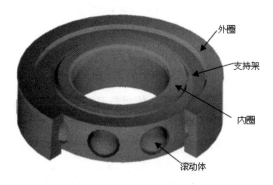

图 15-4   滚动轴承组成

滚动轴承的结构大致有几个共同的特征：环形体(内圈和外圈)，滚动体(滚珠、滚柱)，支持架。环形体可以通过创建两个圆柱的差集，再与滚道的形状进行差集运算来构建，另外也可通过旋转操作进行环形体的创建。滚动体要视不同滚动体的形状而创建，有球体、圆柱体、圆锥体等。保持架一般是通过拉伸或旋转轮廓，再进行滚动体孔的绘制来创建，通常要用到环形阵列。

绘制阶梯轴可以先绘制每个阶梯的圆柱体，然后再将这些圆柱体合并，并在需要创建键槽的轴节上绘制键槽，一般通过差集运算来创建键槽，或者通过旋转轴的二维轮廓线来绘制键槽，如图 15-5 所示。

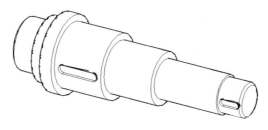

图 15-5　阶梯轴

15.2.2　盘类

盘类零件一般可以通过多个圆柱体的布尔运算来绘制，然后再根据不同盘类零件进行其余特征的绘制。如皮带轮的绘制过程一般是：通过圆柱体的差集运算创建总体轮廓，再创建轮槽和皮带槽，如图 15-6 所示。

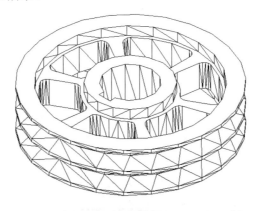

图 15-6　皮带轮

15.3　三维零件模型综合案例

创建三维零件模型案例 1——绘制底座模型

📁 案例文件：ywj\15\15-1.dwg。

🎬 视频文件：光盘\视频课堂\第 15 章\15.1。

案例操作步骤如下。

step 01　将当前视图切换为东南视图。选择【绘图】|【建模】|【长方体】菜单命令，绘制一个长、宽、高分别为 30、20 和 8 的长方体，如图 15-7 所示。

step 02　单击【绘图】面板中的【直线】按钮，以长方体一直线的中点为起点绘制一条长为 6 的垂直线，并以垂直线端点为起点绘制两条长为 7.5 的直线，来定位圆柱体的圆心位置，绘制的直线如图 15-8 所示。

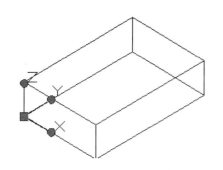

图 15-7　绘制的长方体

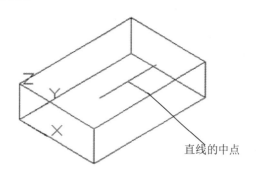

直线的中点

图 15-8　绘制的直线

step 03　单击【建模】面板中的【圆柱体】按钮，以直线的端点为圆心，创建两个半径为 4、高为 8 的圆柱体，如图 15-9 所示。

step 04　选择【修改】|【实体编辑】|【差集】菜单命令，对长方体与圆柱体进行差集运算。删除第 2 步绘制的辅助线并执行 UCS 命令，移动坐标点至(0,0,8)处，如图 15-10 所示。

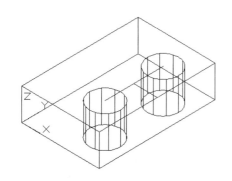

图 15-9　创建的圆柱体

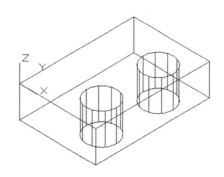

图 15-10　调整坐标位置

step 05　单击【建模】面板中的【长方体】按钮，以坐标原点为起点，创建一个长为 30、宽为 8、高为 14 的长方体，如图 15-11 所示。

step 06　选择【修改】|【实体编辑】|【并集】菜单命令，将刚绘制的长方体与其他图形进行并集运算。将坐标轴 Y 轴旋转 90°，单击【建模】面板中的【圆柱体】按钮，以一直线中点为圆心，创建一个半径为 10、高为 8 的圆柱体，如图 15-12 所示。

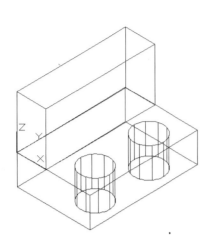

Y 轴旋转后的 UCS

图 15-11　绘制的长方体　　　　　　　　图 15-12　创建圆柱体

step 07 选择【修改】|【实体编辑】|【差集】菜单命令，选择底座与圆柱体，进行
差集运算，效果如图 15-13 所示。

step 08 选择【视图】|【消隐】菜单命令清除隐藏线，完成绘制的三维底座效果如图 15-
14 所示。

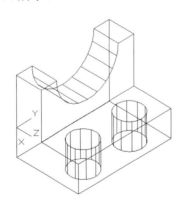

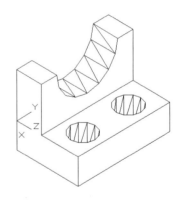

图 15-13　差集运算后效果　　　　　　　图 15-14　绘制完成的三维底座

创建三维零件模型案例 2——绘制螺母模型

📖 案例文件：ywj\15\15-2.dwg。

🎬 视频文件：光盘\视频课堂\第 15 章\15.2。

案例操作步骤如下。

step 01 将当前视图切换为西南视图。单击【绘图】面板中的【圆】按钮 ⊙，绘制半径
为 5 的圆，如图 15-15 所示。

step 02 选择【绘图】|【多边形】菜单命令，绘制一个外接于圆的正六边形，半径为

7.5，如图 15-16 所示。选择【绘图】|【面域】菜单命令，将刚绘制的正六边形和圆转化为面域。

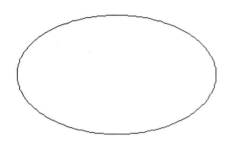

图 15-15　绘制的圆

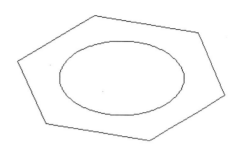

图 15-16　绘制的外接正六边形

step 03 选择【修改】|【实体编辑】|【差集】菜单命令，将刚绘制的面域进行差集运算。选择【绘图】|【建模】|【拉伸】菜单命令，拉伸创建的面域，拉伸距离为 7 个绘图单位，如图 15-17 所示。

step 04 选择【视图】|【消隐】菜单命令，对模型进行消隐着色，完成绘制的螺母模型如图 15-18 所示。

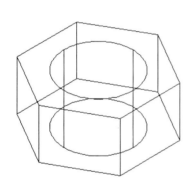

图 15-17　拉伸结果

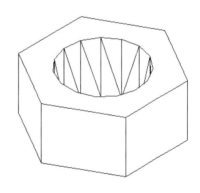

图 15-18　绘制完成的螺母模型

创建三维零件模型案例 3——绘制转轴模型

> 案例文件：ywj\15\15-3-1.dwg，ywj\15\15-3-2.dwg。
>
> 视频文件：光盘\视频课堂\第 15 章\15.3。

案例操作步骤如下。

step 01 打开的 15-3-1 文件——"轴零件图"，如图 15-19 所示。

step 02 将当前视图切换为西南视图。选择【绘图】|【建模】|【拉伸】菜单命令，拉伸零件中间的图形，拉伸距离为 20 个绘图单位，如图 15-20 所示。

step 03 将刚拉伸的轮廓线的图层特性改为"其他层"，并关闭。修剪并删除多余的直线，如图 15-21 所示。

step 04 选择【绘图】|【边界】菜单命令，在闭合的区域拾取一点，创建闭合边界。

选择【绘图】|【建模】|【旋转】菜单命令，以中心线为旋转轴，将闭合边界旋转360°，创建的三维回转实体，如图15-22所示。

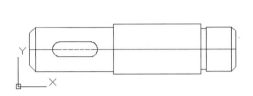

图 15-19　打开的 15-3-1 文件

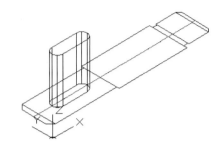

图 15-20　拉伸后的图形

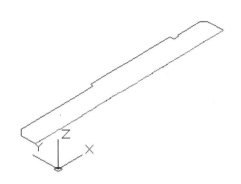

图 15-21　修剪后的图形

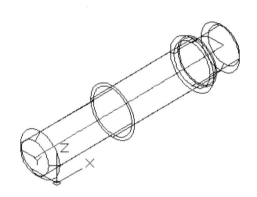

图 15-22　创建的三维回转实体

step 05 ▶ 打开"其他层"图层，如图15-23所示。

step 06 ▶ 选择【修改】|【实体编辑】|【差集】菜单命令，将绘制的两个实体模型进行差集运算，如图15-24所示。

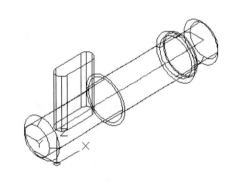

图 15-23　打开"其他层"图层

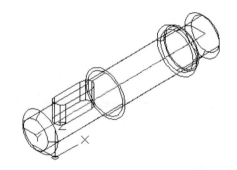

图 15-24　差集运算结果

step 07 ▶ 选择【视图】|【消隐】菜单命令，对模型进行消隐着色，完成绘制的转轴模型如图15-25所示。

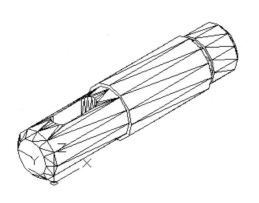

图 15-25　绘制完成的转轴模型

创建三维零件模型案例 4——绘制底座模型

案例文件：ywj\15\15-4.dwg。

视频文件：光盘\视频课堂\第 15 章\15.4。

案例操作步骤如下。

step 01　将当前视图切换为东南视图。在命令行输入"ISOLINES"后按 Enter 键，设置线框密度为 10。单击【绘图】面板中的【直线】按钮，以任意一点为起点，沿 X 轴绘制一条中心线，如图 15-26 所示。

step 02　单击【修改】面板中的【复制】按钮，分别向 Y 轴正负方向各复制上一步绘制的中心线，复制的距离为 35 个绘图单位，绘制的直线如图 15-27 所示。

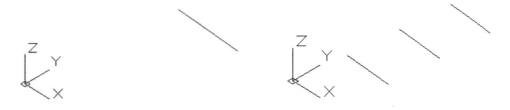

图 15-26　绘制的中心线　　　　　　　图 15-27　复制的中心线

step 03　选择【视图】|【三维视图】|【右视】菜单命令，切换至右视图。单击【绘图】面板中的【圆】按钮，以中心线端点为圆心，分别绘制半径为 12 和 20 的两个圆，如图 15-28 所示。

step 04　以圆心为起点绘制一条贯穿圆的直线，单击【修改】面板中的【修剪】按钮，对圆进行修剪，修剪后的效果如图 15-29 所示。选择【绘图】|【面域】菜单命令，选择修剪后的圆，创建面域。

step 05　将当前视图切换为东南视图。单击【建模】面板中的【拉伸】按钮，以圆所创建的面域为拉伸对象，拉伸距离为 40 个绘图单位，拉伸出实体，如图 15-30 所示。

step 06　选择【视图】|【三维视图】|【俯视】菜单命令，单击【绘图】面板中的
　　　　【多线段】按钮，以边界线为界线，绘制一个边长为30的正方形，如图15-31所示。

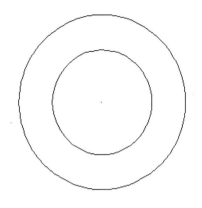

图 15-28　绘制的圆

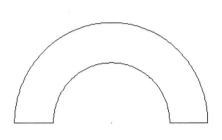

图 15-29　修剪后的效果

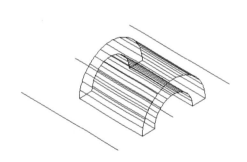

图 15-30　拉伸的圆面域

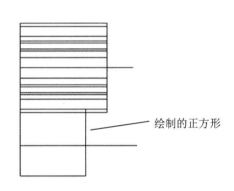

绘制的正方形

图 15-31　绘制的正方形

step 07　单击【修改】面板中的【修剪】按钮，将正方形修剪为如图 15-32 所示的长
　　　　方形。选择【绘图】|【面域】菜单命令，选择修剪后的长方形，创建面域。

step 08　选择【视图】|【三维视图】|【东南等轴测】菜单命令，单击【建模】面板
　　　　中的【拉伸】按钮，以修剪的长方形作为拉伸对象，设置拉伸距离为8个绘图单
　　　　位，得到拉伸后的长方体效果如图15-33所示。

step 09　以圆心为起点绘制一条距离为28个绘图单位的直线，如图15-34所示。

step 10　选择【视图】|【三维视图】|【左视】菜单命令，以上一步绘制的直线的端
　　　　点作为绘制圆的圆心，分别绘制半径为4和8的两个圆，如图15-35所示。

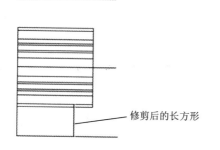

图 15-32 修剪后的长方形

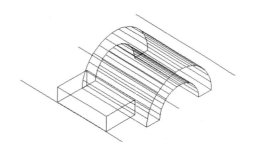

图 15-33 拉伸后的长方体效果

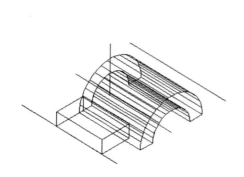

图 15-34 绘制的直线

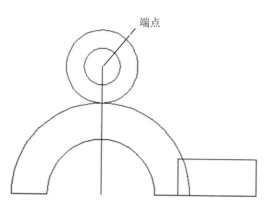

图 15-35 绘制的圆

step 11 单击【绘图】面板中的【多线段】按钮 ⌐ ，以圆的两个象限点为起点和终点，绘制如图 15-36 所示图形。

step 12 单击【修改】面板中的【修剪】按钮 ∕⋯ ，对图形进行修剪，修剪后的效果如图 15-37 所示。选择【绘图】｜【面域】菜单命令，选择修剪后的图形，创建面域。

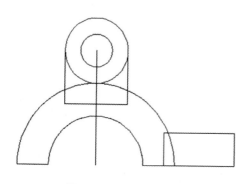

图 15-36 绘制的图形

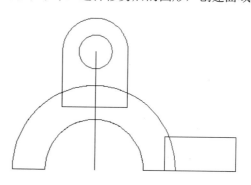

图 15-37 修剪的效果

step 13 选择【视图】｜【三维视图】｜【东南等轴测】菜单命令，单击【建模】面板中的【拉伸】按钮 ⬛ ，拉伸第 12 步修剪完成的图形，拉伸距离为 8 个绘图单位，创建的实体如图 15-38 所示。

step 14 单击【绘图】面板中的【直线】按钮✎，以长方体的一个端点为起点，沿 Z 轴方向任意绘制一条直线，如图 15-39 所示。

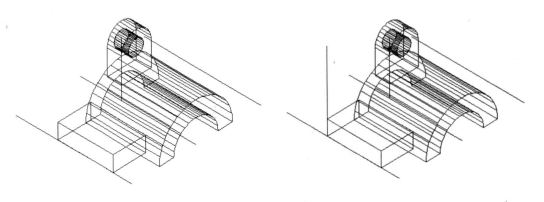

图 15-38　拉伸后的图形　　　　　　　　图 15-39　绘制的直线

step 15 选择【视图】|【三维视图】|【前视】菜单命令，单击【修改】面板中的【复制】按钮❀，选择上一步绘制的直线，向左复制两条直线，复制的距离分别为 15 和 28 个绘图单位；选择边界线，向上复制两条直线，复制的距离分别为 17 和 20 个绘图单位，如图 15-40 所示。

step 16 单击【绘图】面板中的【多线段】按钮•⌐，以复制出的直线的交点为端点绘制长方形，删除多余线段后的效果如图 15-41 所示。

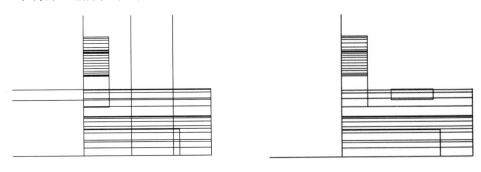

图 15-40　复制的直线　　　　　　　　图 15-41　绘制的长方形

step 17 选择【视图】|【三维视图】|【东南等轴测】菜单命令，单击【建模】面板中的【拉伸】按钮⬚，拉伸上一步绘制的长方形，拉伸距离为 65 个绘图单位，拉伸出的长方体如图 15-42 所示。

step 18 单击【修改】面板中的【圆角】按钮▱，对长方体进行倒圆角，如图 15-43 所示。

step 19 单击【建模】面板中的【圆柱体】按钮▯，以倒圆的圆心为圆心创建两个半径为 4，高为 8 的圆柱体，如图 15-44 所示。

step 20 单击【修改】面板中的【三维镜像】按钮✖，以 ZX 平面为镜像平面，镜像倒圆的长方体和两个圆柱体，如图 15-45 所示。

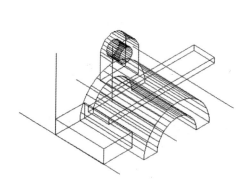

图 15-42 拉伸出的长方体

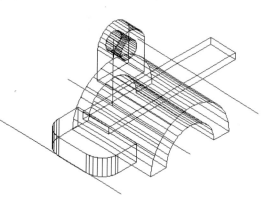

图 15-43 对长方体倒圆角

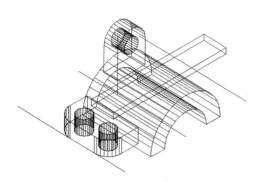

图 15-44 创建的圆柱体

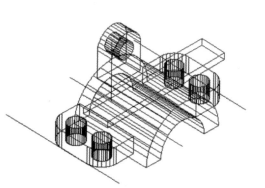

图 15-45 镜像对象

step 21 单击【实体编辑】面板中的【差集】按钮⑩，分别对圆柱体和拉伸对象，长方体和半圆柱体进行差集运算，如图 15-46 所示。

step 22 单击【实体编辑】面板中的【并集】按钮⑩，对所有的实体进行并集运算，如图 15-47 所示。

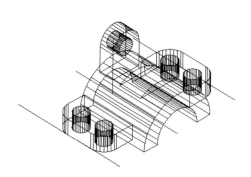

图 15-46 差集运算效果

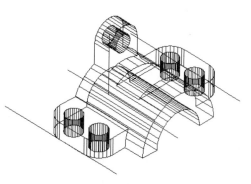

图 15-47 并集运算效果

计算机辅助设计案例课堂

step 23 单击【实体编辑】面板中的【着色面】按钮，选择要着色的对象，如图 15-48 所示。

step 24 选择完着色面后，右击，弹出如图 15-49 所示的【选择颜色】对话框，选择颜色后单击【确定】按钮。着色后的效果如图 15-50 所示。

step 25 删除多余的定位线后，选择【视图】|【消隐】菜单命令，消隐效果如图 15-51 所示，完成底座零件模型的创建。

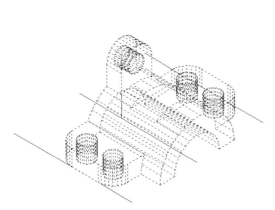

图 15-48 选择的着色面

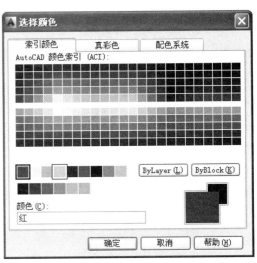

图 15-49 【选择颜色】对话框

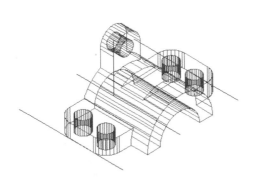

图 15-50 着色后的效果

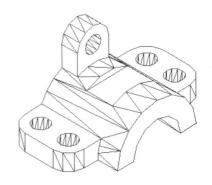

图 15-51 底座零件模型消隐效果

创建三维零件模型案例 5——绘制连接轴套模型

案例文件：ywj\15\15-5.dwg。

视频文件：光盘\视频课堂\第 15 章\15.5。

案例操作步骤如下。

step 01 选择【绘图】|【矩形】菜单命令，以(0,0)为第一个角点，以(80,20)为另一个角点，创建矩形，如图 15-52 所示。

step 02 选择【绘图】|【建模】|【旋转】菜单命令，以 X 轴为旋转轴，将矩形旋转 360°，如图 15-53 所示。

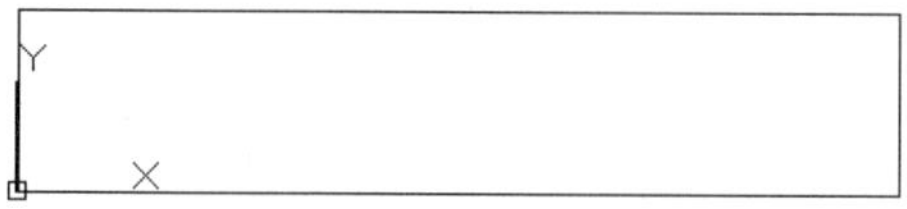

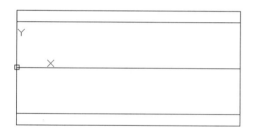

图 15-52　绘制的矩形

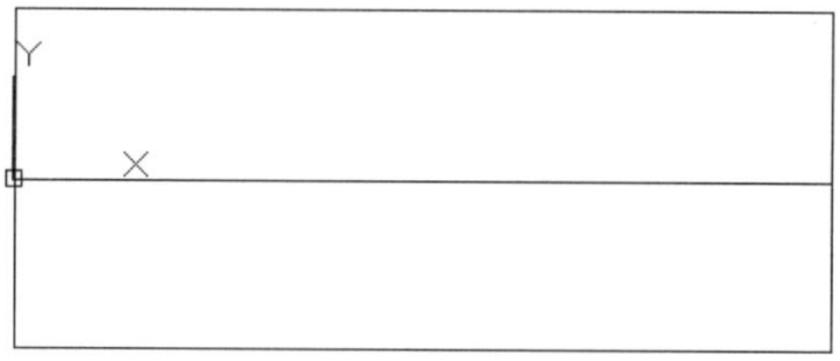

图 15-53　旋转的矩形

step 03 选择【绘图】|【矩形】菜单命令，以(0,0)为第一个角点，以(80,16)为另一个角点，创建矩形。选择【绘图】|【建模】|【旋转】菜单命令，以 X 轴为旋转轴，将矩形旋转 360°，如图 15-54 所示。

step 04 将当前视图切换为西南视图。单击【实体编辑】面板中的【差集】按钮 ⏺，将第 2 步和第 3 步旋转所得圆柱体模型进行差集运算，如图 15-55 所示。

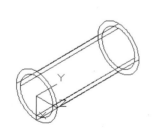

图 15-54　旋转矩形

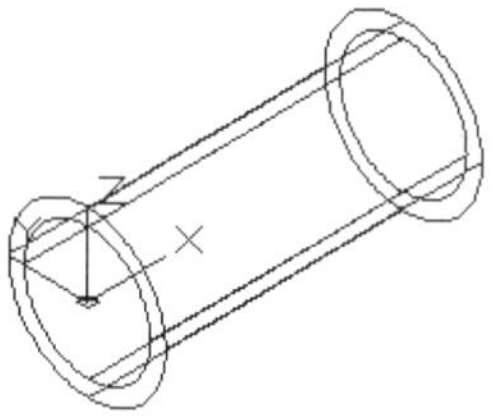

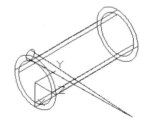

图 15-55　差集运算效果

step 05 选择【工具】|【新建 UCS】|【三点】菜单命令，新建 UCS 坐标，如图 15-56 所示。

step 06 选择【绘图】|【建模】|【圆锥体】菜单命令，以(0,20,-25)为中心点，绘制一个底面半径为 4、高度为 100 的圆锥体，如图 15-57 所示。

图 15-56　新建 UCS 坐标

图 15-57　绘制的圆锥体

step 07 选择【工具】|【新建 UCS】|【世界】菜单命令，将 UCS 坐标切换为"世界"。选择【绘图】|【建模】|【圆锥体】菜单命令，以(60,0,26)为中心点，绘制一个底面半径为 4、高度为-100 的圆锥体，如图 15-58 所示。

step 08 单击【实体编辑】面板中的【差集】按钮 ⓪，将刚创建的圆柱体与圆锥体进行差集运算，如图 15-59 所示。

step 09 选择【视图】|【消隐】菜单命令，对模型进行消隐着色，如图 15-60 所示，完成连接轴套模型绘制。

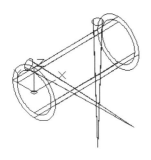

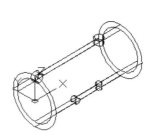

图 15-58 绘制的圆锥体　　　图 15-59 差集运算效果　　　图 15-60 消隐着色后的连接轴套模型

创建三维零件模型案例 6——绘制锥齿轮模型

案例文件：ywj\15\15-6.dwg。

视频文件：光盘\视频课堂\第 15 章\15.6。

案例操作步骤如下。

step 01 在命令行中输入"ISOLINES"后按 Enter 键，设置线框密度为 12。选择【绘图】|【多段线】菜单命令，绘制外轮廓线，如图 15-61 所示。

step 02 将当前视图切换为西南视图。在命令行中输入"PE"按 Enter 键，将绘制的数条轮廓线合并为一条多段线。选择【绘图】|【建模】|【旋转】菜单命令，将闭合的多段线沿 X 轴旋转 360°，如图 15-62 所示。

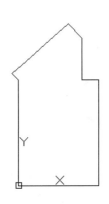

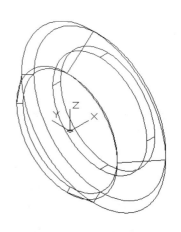

图 15-61 绘制的外轮廓线　　　　　　图 15-62 旋转结果

step 03 将当前视图切换为俯视图。选择【绘图】|【多段线】菜单命令，绘制外轮廓线，如图 15-63 所示。

step 04 ▶ 将当前视图切换为西南视图。选择【绘图】|【建模】|【旋转】菜单命令，将绘制的外轮廓线线沿 X 轴旋转 18°，如图 15-64 所示。

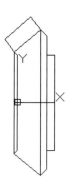

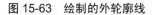

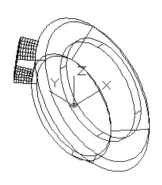

图 15-63　绘制的外轮廓线　　　　　　　图 15-64　旋转后的外轮廓线

step 05 ▶ 选择【修改】|【三维操作】|【三维阵列】菜单命令，将刚旋转的实体环形阵列 10 等份，如图 15-65 所示。

step 06 ▶ 选择【修改】|【实体编辑】|【并集】菜单命令，将绘制的多个实体模型进行并集运算。选择【绘图】|【建模】|【圆柱体】菜单命令，绘制一个底面半径为 7、高度为−12 的圆柱体，如图 15-66 所示。

step 07 ▶ 单击【实体编辑】面板中的【差集】按钮⑩，将刚创建的圆柱体与实体进行差集运算。选择【视图】|【消隐】菜单命令，对模型进行消隐着色，如图 15-67 所示，完成锥齿轮模型的绘制。

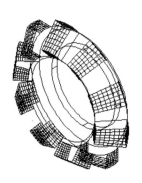

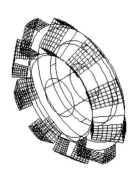

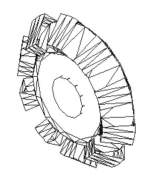

图 15-65　阵列结果　　　　图 15-66　绘制的圆柱体　　　　图 15-67　消隐着色后的锥齿轮模型

创建三维零件模型案例 7——盘形凸轮建模

📝 案例文件：ywj\15\15-7.dwg。

🎬 视频文件：光盘\视频课堂\第 15 章\15.7。

案例操作步骤如下。

step 01 ▶ 单击【绘图】面板中的【圆】按钮 ⊙，以原点为圆心分别绘制半径为 10、15、

20 和 30 的圆,如图 15-68 所示。

step 02 ▶ 选择【绘图】|【样条曲线】菜单命令,绘制闭合曲线,如图 15-69 所示。

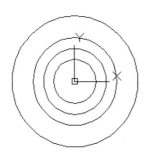

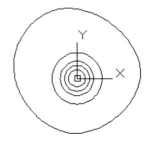

图 15-68　绘制的圆　　　　　　　　　　图 15-69　绘制的闭合曲线

step 03 ▶ 将当前视图切换为西南视图。选择【绘图】|【建模】|【拉伸】菜单命令,
拉伸刚刚绘制的闭合曲线,拉伸距离为 20 个绘图单位,如图 15-70 所示。

step 04 ▶ 选择【绘图】|【建模】|【拉伸】菜单命令,分别拉伸半径为 10、15、20 和
30 的圆,拉伸距离分别为 200、100、50 和 30 个绘图单位,如图 15-71 所示。

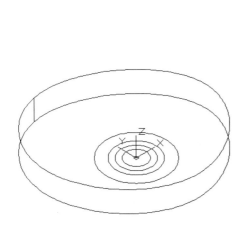

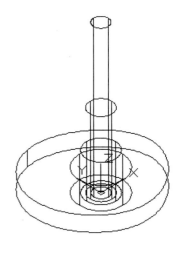

图 15-70　拉伸后的闭合曲线　　　　　　图 15-71　拉伸的圆

step 05 ▶ 选择【修改】|【三维操作】|【三维镜像】菜单命令,镜像刚绘制的拉伸实
体,如图 15-72 所示。

step 06 ▶ 选择【修改】|【实体编辑】|【并集】菜单命令,将所有拉伸实体进行合
并,如图 15-73 所示。

step 07 ▶ 选择【视图】|【消隐】菜单命令,对模型进行消隐着色,如图 15-74 所示,完
成盘形凸轮模型的绘制。

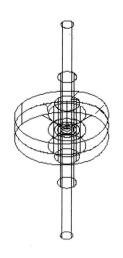

图 15-72　镜像结果

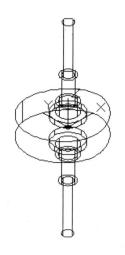

图 15-73　并集结果

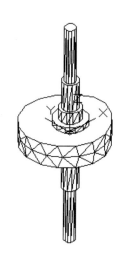

图 15-74　消隐着色后的盘形凸轮模型

创建三维零件模型案例 8——绘制曲杆模型

案例文件：ywj\15\15-8.dwg。

视频文件：光盘\视频课堂\第 15 章\15.8。

案例操作步骤如下。

step 01　将当前视图切换为西南视图。选择【绘图】|【多段线】菜单命令，绘制多段线，如图 15-75 所示。

step 02　选择【修改】|【对象】|【多段线】菜单命令，按命令行提示将刚刚绘制的多段线进行拟合，如图 15-76 所示。

命令行提示如下。

命令：_pedit
选择多段线或 [多条(M)]：
输入选项 [闭合(C)/合并(J)/宽度(W)/编辑顶点(E)/拟合(F)/样条曲线(S)/非曲线化(D)/线型生成(L)/反转(R)/放弃(U)]：f

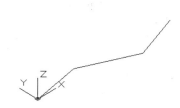

图 15-75　绘制的多段线

图 15-76　拟合结果

step 03　选择【工具】|【新建 UCS】|【Y 轴】菜单命令，将当前坐标系的 Y 轴旋转 270°，如图 15-77 所示。

step 04　选择【绘图】|【矩形】菜单命令，以坐标原点为中心点，绘制长度为 74、宽度为 56 的矩形，如图 15-78 所示。

图 15-77　旋转 Y 轴后效果

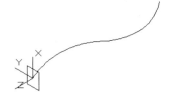

图 15-78　绘制的矩形

step 05 选择【绘图】｜【建模】｜【拉伸】菜单命令，沿拟合的多段线拉伸矩形，如图 15-79 所示。

　　　对矩形进行路径拉伸时，所选择的路径必须与矩形截面垂直。

step 06 继续运用 UCS 命令，将系统坐标绕 Y 轴旋转 90°，如图 15-80 所示。

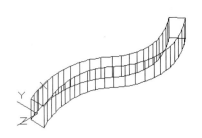

图 15-79　拉伸的矩形

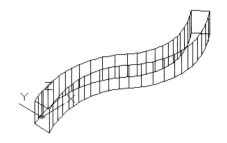

图 15-80　旋转 Y 轴后的效果

step 07 单击【建模】面板中的【圆柱体】按钮，创建半径为 70，高为 90 的圆柱体，如图 15-81 所示。

step 08 选择【绘图】｜【多边形】菜单命令，以圆柱体表面圆心为中心，绘制一个外切于圆的正六边形，半径为 55，如图 15-82 所示。

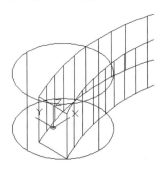

图 15-81　创建的圆柱体

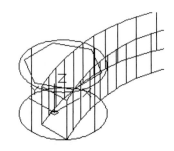

图 15-82　绘制的正六边形

step 09 使用【拉伸】命令，将六边形拉伸为实体，高度为-90，如图 15-83 所示。

step 10 选择【视图】｜【消隐】菜单命令，对模型进行消隐着色，如图 15-84 所示。

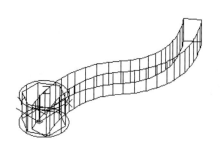

图 15-83　拉伸后的六边形

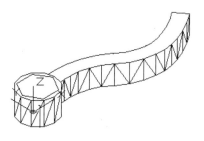

图 15-84　消隐着色后的曲杆模型

step 11 使用【并集】和【差集】命令，对图形进行布尔运算，如图 15-85 所示，完成曲
杆模型的绘制。

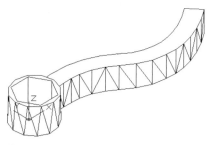

图 15-85　布尔运算后的曲杆模型

创建三维零件模型案例 9——绘制连杆模型

案例文件：ywj\15\15-9.dwg。

视频文件：光盘\视频课堂\第 15 章\15.9。

案例操作步骤如下。

step 01 使用快捷键 C 激活圆命令，绘制半径分别为 18、8.5 和 7.5、4 的两组同心圆，
圆心距离如图 15-86 所示。

step 02 选择【绘图】|【圆】|【相切，相切，半径】菜单命令，绘制半径为 80 的外
切圆和半径为 160 的内接圆，并使用【修剪】命令修剪多余线段，如图 15-87 所示。

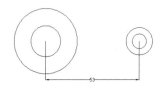

图 15-86　绘制的圆

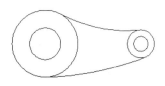

图 15-87　修剪结果

step 03 选择【绘图】|【边界】菜单命令，在闭合的区域拾取一点，创建闭合边界。
再将当前视图切换为西南视图。在命令行中输入 "ISOLINES" 命令，设置线框密度
为 20，设置变量 FACETRES 的值为 "6"。选择【绘图】|【建模】|【拉伸】菜
单命令，将两端圆面域拉伸 13 个绘图单位，将中间的连接体面域拉伸 6 个绘图单

位，如图 15-88 所示。

step 04 使用【移动】命令，将中间连接体模型沿 Z 轴移动 3.5 个绘图单位，如图 15-89 所示。

step 05 使用【差集】命令，创建两端的圆孔。选择【视图】|【消隐】菜单命令，对模型进行消隐着色，如图 15-90 所示，完成连杆模型的绘制。

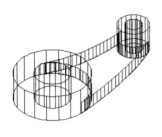 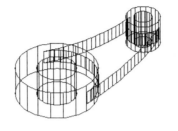 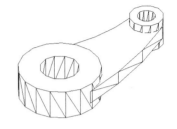

图 15-88 拉伸两端圆面域后效果   图 15-89 位移结果   图 15-90 消隐着色后的连杆模型

创建三维零件模型案例 10——创建密封圈模型

案例文件：ywj\15\15-10.dwg。

视频文件：光盘\视频课堂\第 15 章\15.10。

案例操作步骤如下。

step 01 单击【绘图】面板中的【圆】按钮⊙，绘制半径分别为 4、7、12、82 和 95 的圆，如图 15-91 所示。

step 02 选择【修改】|【阵列】|【环形阵列】菜单命令，以圆心为基点，将半径为 12 的圆环形阵列 6 等份，如图 15-92 所示。

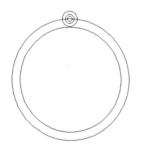 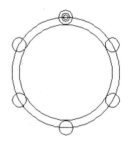

图 15-91 绘制的圆   图 15-92 阵列圆环

step 03 使用【修剪】命令，修剪多余线段，如图 15-93 所示。选择【绘图】|【面域】菜单命令，创建外轮廓面域。

step 04 将当前视图切换为西南视图。选择【绘图】|【建模】|【拉伸】菜单命令，将刚创建的面域和半径为 82 的圆向上拉伸 8 个绘图单位，如图 15-94 所示。

图 15-93 修剪结果

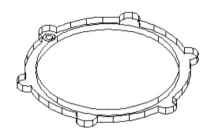

图 15-94 拉伸后的图形

step 05 使用【移动】命令,将半径为 7 的圆轮廓线向上移动 6 个绘图单位。使用【拉伸】命令,将半径为 4 的圆轮廓线向上拉伸 6 个绘图单位,再将刚移动的圆向上拉伸 2 个绘图单位,如图 15-95 所示。

step 06 选择【修改】|【三维操作】|【三维阵列】菜单命令,将刚拉伸的实体环形阵列 6 等份,如图 15-96 所示。

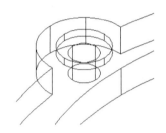

图 15-95 拉伸结果

图 15-96 阵列结果

step 07 使用【并集】和【差集】命令,对图形进行布尔运算。选择【视图】|【消隐】菜单命令,对模型进行消隐着色,如图 15-97 所示,完成密封圈模型的绘制。

图 15-97 消隐着色后的密封圈模型

创建三维零件模型案例 11——绘制轴承圈模型

> 📷 案例文件:ywj\15\15-11.dwg。
> 💿 视频文件:光盘\视频课堂\第 15 章\15.11。

案例操作步骤如下。

step 01 将当前视图切换为西南视图。单击【建模】面板中的【圆柱体】按钮🔘,创建两个半径分别为 80 和 60，高均为 25 的圆柱体，如图 15-98 所示。

step 02 使用【差集】命令，对实体进行差集处理。将当前视图切换为俯视图，单击【绘图】面板中的【圆】按钮⊘，分别绘制半径为 45 和 20 的同心圆，如图 15-99 所示。

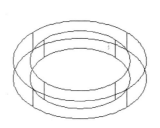

图 15-98 创建的圆柱体

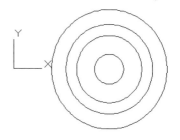

图 15-99 绘制的同心圆

step 03 将当前视图切换为西南视图，将刚绘制的同心圆向上拉伸 25 个绘图单位，如图 15-100 所示。

step 04 使用【差集】命令，对刚拉伸的实体进行差集处理。选择【绘图】|【建模】|【圆环体】菜单命令，创建内侧半径为 52.5，圆管半径为 12.5 的圆环体，如图 15-101 所示。

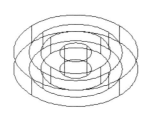

图 15-100 拉伸后的同心圆

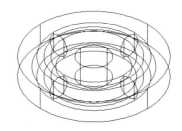

图 15-101 绘制的圆环体

step 05 选择【视图】|【消隐】菜单命令，对模型进行消隐着色，如图 15-102 所示。

step 06 继续运用【差集】命令进行差集运算，结果如图 15-103 所示，完成轴承圈模型的绘制。

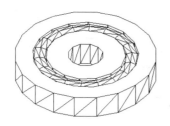

图 15-102 消隐着色后的轴承圈模型

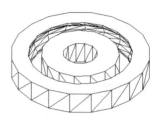

图 15-103 差集运算后的轴承圈模型

15.4　本 章 小 结

　　本章介绍了如何绘制三维机械模型，内容主要包括长方体、圆柱体等基本三维实体的绘制，以及倒圆角、偏移、镜像、复制、布尔运算和渲染等三维实体编辑的方法。通过这些案例的制作，读者可以熟练掌握三维机械模型的绘制方法。